도시정책과
지역경쟁력

도시정책과
지역경쟁력

■ 이 해 종 지음

인 간 중 심 의 도 시 정 책 을 기 대 하 며

일반적으로 지역격차는 지역간의 발전차이를 말한다. 좁은 의미의 지역격차는 경제적측면,
특히 소득을 중심으로 한 격차를 의미하고, 넓은 의미에서는 주민의 삶의 질(QOL)을
중심으로 한 전반적 격차를 의미한다고 할 수 있다.

KSi 한국학술정보㈜

도시성장이 야기하는 많은 도시문제로 인해서 국가는 물론 지방자치단체는 그 해결에 어려움을 겪고 있다. 따라서 국가발전을 견인하고 지역을 발전시킬 수 있는 정책이 필요한 것이다. 지역경쟁력이 국가경쟁력으로 이어지기 때문이다.

이제는 지역경쟁력을 제고시키는 데 불필요한 정책은 재검토되어야 한다. 지역경쟁력이 국가를 발전시키는 중요한 출발이기 때문이다.

좁은 국토면적에서 합리적으로 토지를 이용하면서 지역을 발전시킨다는 것은 쉬운 일이 아니다. 특히 최근 30년간 도시화가 가속화되어 개발비용이 증가되어 합리적인 도시정책방향을 모색해야 하는 시점이기에 그런 것이다.

더욱이 이제는 개발과 보전이라는 대비되는 개념 속에서 환경의 가치는 더욱 중요해진 것이다. 인간의 필요에 의해서 만들어진 도시이기에 이러한 현상이 가속되는 것이다.

합리적이고 인간중심의 도시정책을 통하여 내실 있고 합리적인 지역정책을 추진해야 한다. 걷고 싶은 도시, 쾌적하고 안전한 친환경적인 도시를 이제는 만들 시기가 된 것이다. 그런 의미에서 경관법(2007)의 제정은 중요한 계기가 될 것이라고 생각한다. 물론 아직까지 경관의 중요성이 사회적 공감대를 폭넓게 형성하지 못하고 있지만, 점진적인 변화를 기대해 본다.

결국에는 도시미관을 되살리는 중요한 근간이 될 것이며, 국토기본법(2002)의 제정취지와도 잘 연계될 수 있을 것이라는 생각도 든다.

일본에서는 30년 넘게 경관행정을 추진하고 있으며, 도시의 매력도 재창출되고 있음을 간과해서는 안 된다. 개발논리로 역사 경관 자원이 훼손되고, 도시 미관이 거친 형국으로 변화되고 있는 현실을 감안할 때 민의를 대변하는 지방의회에서는 관련 조례를 정비하여 시민과 함께하는 인간중심의 도시정책을 마련해야 한다.

지역정책에 큰 영향을 미치는 수도권정책 역시 합리적으로 추진되어야 한다. 수도권정책 역시 수도권집중에 따른 비수도권의 문제 등 그동안 국토의 불균형문제는 새로운 정부가 들어설 때마다 반드시 해결해야 하는 과제처럼 여겨진 것이 사실이다.

이제는 수도권의 경쟁력과 비수도권의 경쟁력의 비교도 필요한 것이다. 그 가운데서 단순한 규제완화가 아닌 합리적인 수도권 규제정책으로 빛을 발할 수 있는 것이다. 우리 사회는 강력한 중앙집권체제와 수도권 일극집중 등으로 인해, 수도권은 심각한 과밀의 문제와 함께 지방은 정체와 저발전의 위기에 직면하고 있다.

수도권집중도는 수도권 전체 면적의 17.8%인 지역에 수도권 전체 인구의 87.2%, 제조업체의 84.4%가 집중되어 있다. 이로 인해 수도권과 비수도권 간, 지역과 지역 간 갈등이 심화되어 왔고, 국토의 효율성 저하로 인한 국가경쟁력 약화를 경험하였다.

이제 지방화와 균형발전은 당위의 문제가 아니라 국가생존을 위한 절박한 시대적 과제로 부상하게 된 것이다. 이를 위해서는 인구·교통·산업의 과집중으로 인해 각종 도시문제와 물류비용의 증가를 야기하고 있는 지금의 수도권문제 해결을 위한 정책적 전환이 필요하다.

국가경쟁력 강화를 위해 수도권정책은 기존의 틀에서 벗어나 세계대도시권과의 경쟁 및 지방과 수도권의 공동번영(win-win strategy)이란 실질적인 구도로 전환해야 하는 것이다.

단순 총량 규제가 가지고 있는 정책적 한계도 마찬가지다. 수도권 내에서도 규제할 지역을 정확하게 파악하여, 수도권정책을 내실 있게 추진하여 수도권과 비수도권이 공동번영할 수 있도록 해야 한다.

끝으로 이 연구를 다시 한 번 빛을 볼 수 있도록 도와주신 한국학술정보(주)의 채종준 사장님과 신재훈 선생님께도 감사드립니다.

2008. 6.

동해의 햇살을 머리에 이고……

松竹

목 차

인간중심의 도시정책을 기대하며 / 5

Contents

Contents

제1장

수도권과 지방의 지역격차 해소를 통한 지역경쟁력 강화

-수도권과 비수도권의 지역격차 연구

I. 지역격차 연구의 의의

　지역균형발전을 위한 수도권집중 억제는 산업화가 본격적으로 시작된 1960년대부터 지금까지 국토 및 지역정책에서 가장 중시되었던 정책목표였다. 수도권에 대한 인구와 산업의 과도한 집중과 그로 인한 지역 간 불균등 발전의 심화현상을 해소하기 위하여 수도권 규제정책을 추진하여 왔다. 그 일환으로 수도권의 기능을 분산시키려는 정책과 비수도권지역의 발전을 촉진시키려는 정책을 국토 및 지역정책의 두 가지 핵심 축으로 삼아 왔다. 그러나 이러한 정책들을 오랫동안 추진해 왔음에도 불구하고, 수도권과 비수도권 간의 격차는 줄어들지 않았으며 오히려 더욱 심화되어 왔다. 정부주도의 성장거점개발정책은 총량적 성장의 효율성 중심의 발전전략을 추진하였고, 대도시중심의 불균형적 배분정책을 실시하여 지역격차를 유발하게 된 것이다.

　일반적으로 지역격차는 지역 간의 발전 차이를 말한다. 좁은 의미의 지역격차는 경제적 측면, 특히 소득을 중심으로 한 격차를 의미하고, 넓은 의미에서는 주민의 삶의 질(QOL)을 중심으로 한 전반적인 격차를 의미한다고 할 수 있다. 이와 같이 지역격차개념은 전통적으로 소득 등 경제적 개념을 중심으로 전개될 경우에는 지역 간의 질적인 차이, 그리고 주민들의 삶에 밀접한 영향을 주는 부분에 대해서는 체계적 규명이 어렵다는 비판을 받기도 한다.

　지역격차의 개념은 소득의 요소를 넘어서서 중추관리기능, 분업구조, 지역복지, 생활의 질 등을 포괄하는 광의의 개념으로 발전되는 경향이 있는 것이다. 이러한 의미에서 지역격차는 양적, 질적인 측면 등 종합적인 측면에서 파악해야 하는 어려움도 있다.

　이제 빠른 도시화 속에서 도시와 농촌의 구별은 무의미할지도 모른다. 관련법의 개정 및 새로운 제정은 도시와 농촌의 문제를 같은 맥락에서 접근할 필요가 있기 때문이다. 정부에서는 2000년 용인난개발 이후 국토공간을 친환경적으로 개발하고 관리한다는 목표 아래 기존의 국토이용관리법을 폐지하는 한편 국토기본법(2002)을 새로 만들고, 하위법인 도시계획법마저 폐기하고 국토의 계획 및 이용에 관한 법률(2002)을 제정하여 시행하고 있다.

이것은 도시지역뿐만 아니라 농촌지역까지 지방자치단체장에게 도시계획 수립이라는 계획고권을 부여하기 위한 결과인 것이다. 과거의 난개발이 도시화 속에서 도농통합지역에서 발생했고, 특히 농촌지역에서 도시로 편입되는 준농림지역에서 많이 발생한 결과에 기인한다. 결과적으로 국토공간을 유린한 난개발로 민간기업은 자본주의 논리로 사익을 창출하였고 수도권지역의 과집중은 더욱 증폭된 것이 사실이다.

현재 서울의 인구는 감소추세를 보이고 있으나, 경기도에는 용인 서북부지역의 과도한 인구집중이 예상되고 있으며, 동탄신도시, 김포신도시, 파주신도시, 판교신도시 등의 건설로 지금의 교외화 현상 및 지방에서의 집중현상은 더 가속될 것으로 보인다. 한편 수도권 주민의 상수원을 가지고 있는 강원도의 경우는 인구가 152만 명 정도를 보이는 등 지속적인 인구 감소와 함께 접경지역의 군사시설보호구역, 제3차 국토종합개발계획까지 사회간접자본(SOC)투자의 열악함 등으로 인접한 수도권과의 지역격차는 크게 벌어지고 있는 실정이다.

더욱이 노무현 정부에서 발표한 충청권의 행정중심복합도시 건설은 강원지역과의 접근성이 더 멀어지는 관계로 기회비용의 증가 및 파급효과가 전무한 실정이므로 지역정책 차원에서 강원발전의 역차별의 논의까지 전개되는 실정이다. 그동안의 국토정책에서 강원권 발전을 위한 정책 추진이 부족한 가운데, 정부는 행정중심도시 건설이라는 충청권의 개발전략과 수도권 규제완화라는 2가지 정책효과를 정치적으로 접근했기에 이런 문제가 발생하는 것이다. 정부의 균형발전논의 자체가 가진 정책적 한계 때문에 더욱 그런 것이다. 수도권정책은 계획적 논리로 접근해야만 상생(WIN-WIN)정책이 구현될 수 있는 것이다.

〈표-1〉 지역격차의 발생원인

주요 원인	지역격차 발생의 주요 내용
① 인구적 요인	○ 노동의 참여 정도, 인구구조, 인구이동(농촌의 유동인구), 도시화(pulling factor, push factor)
② 경제적 요인	○ 공간(지역)경제에 대한 개념파악이 부정확: ⇒ 재화의 흐름에 있어서 시장원리가 작용하여 지역 간의 격차가 자동으로 해결될 것으로 봄 ㉠ Anglo-Saxon's bias: A. Marshall(1936)의 경제원리에서 시장경제의 영역이 공간 및 시간으로 구성되어 있는 것으로 보고, 공간영역보다 시간영역을 중요하게 여기고 공간영역의 중요성을 간과한 점임. 이러한 것은 A. Smith의 『국부론』이 등장한 이후 180년 만에 비로소 공간경제문제를 다룬 W. Isard(1956)의 Location & Spatial Economy가 소개되었다고 볼 수 있음 ㉡ 신고전학파: 초기 단계에 시장원리가 작동되지 않아 지역적 이중구조(regional dualism) 및 불균형의 문제가 발생하지만 장기적으로 경제가 성장하여 불균형은 소멸된다고 봄 ○ 총량적 성장 위주의 경제정책 ㉠ 불균형성장전략: 국가 전체의 성장극대화는 중심지 경제의 성장극대화를 통해 가능 ㉡ 발전에 관한 공간이론(spatial theory of development)에서 지역의 집중화(concentration) 초래 ⇒ 內國植民地化(internal colonization) ○ 경제적 구조: ⇒ 우리나라의 경우 수도권의 경제집중에 따른 문제로 지역격차 발생(GRDP 비교, 현재는 분배소득통계가 시산되지 않으므로 생산소득개념으로만 파악 가능, 따라서 1인당 GRDP를 산정하면 안 됨) ㉠ 기반산업의 종류 ㉡ 기반산업의 성장 여부 ㉢ 기반산업의 경쟁력
③ 지리적 요인	○ 부존자원, 입지적 요인, 자원, 토질, 경제적 중심지로부터의 거리 ○ 도시규모에 따라 지역격차의 정도가 다르게 나타남: 비교대상의 공간적 범위가 넓을수록 격차가 작게 나타남
④ 제도적 요인	○ 사회심리적, 문화적 요인, 지역주민의 발전의지, 가치관, 문화적 특성 ○ 선진국의 격차문제 → 사회계층 간의 격차문제 ㉠ 지역격차 ㉡ 산업격차(농·공) ㉢ 개인 간 격차: 상속된 부, 개인의 능력, 교육 및 훈련의 정도, 나이 및 건강 ㉣ 상대적 격차문제: 불균형이 경제의 자율적 조절기능에 의해 균형 상태를 회복하지 못할 때(G. Myrdal)-누적적 순환관계 ○ 우리나라의 격차에 관한 중요 정책 부문: ㉠ 우리나라의 국토공간상의 거점개발방식의 한계 ㉡ 수도권과 비수도권의 불균형성장문제, 과밀과소지역의 발생문제

자료: 산업연구원(2004), "경제성장과 지역간 격차", 재작성.

제3차 수도권정비계획에서는 수도권의 난개발을 방지하고 수도권과 비수도권의 공동번영이라는 큰 틀의 정비를 새롭게 해야 할 것이다. 기존의 연구들이 대개 지역격차의 자체 문제에 머물고 있어 수도권과 비수도권 간의 격차문제를 간과하고 있고 수도권억제정책에 대해 규제완화라는 성급한 결론을 도출하고 있기 때문이다. 수도권 성장관리 차원(Growth Management)에서 합리적인 규제의 틀이 마련되어야 한다.

여기에서는 지역격차에 대한 실증적이고 체계적인 연구 분석방법을 제시하고자 하며, 행정중심도시 건설계획으로 역차별의 논리가 크게 증폭되고 있는 강원권과 수도권의 지역격차문제를 다루고자 한다.

종합적이고 실증적인 연구 분석에 한계가 있으며, 이것은 후속연구를 통해 보완, 진행하고자 한다. 향후 연구에서는, 지역격차에 대한 세부적인 연구로 지역격차의 구조가 어떻게 달라지고 수도권과 강원권과는 이것이 어떤 의미를 가지고 전개되는 지를 실증적으로 분석하고자 한다.

Ⅱ. 지역격차에 대한 선행연구

1. 지역격차에 대한 선행연구

지역격차에 대한 연구는 〈표-2〉에서 살펴볼 수 있는 바와 같이 주로 지역개발과 지역경제 측면에서 연구가 진행되어 왔다. 정부의 균형발전의 시책으로 추진하는 행정중심도시 건설의 문제도 지역격차 연구에 있어서 검토가 필요한 정책과제라 할 수 있다(국가균형발전위원회, 2005.3). 이 자료에는 행정중심도시 건설에 따른 수도권과 비수도권의 문제를 다루면서 강원도지역 등 일부지역은 기본 데이터를 누락시키고 있어서 행정중심도시 건설에 따른 국가균형발전의 의지와 지역격차 해소에 다소간의 의문이 들게 한다.

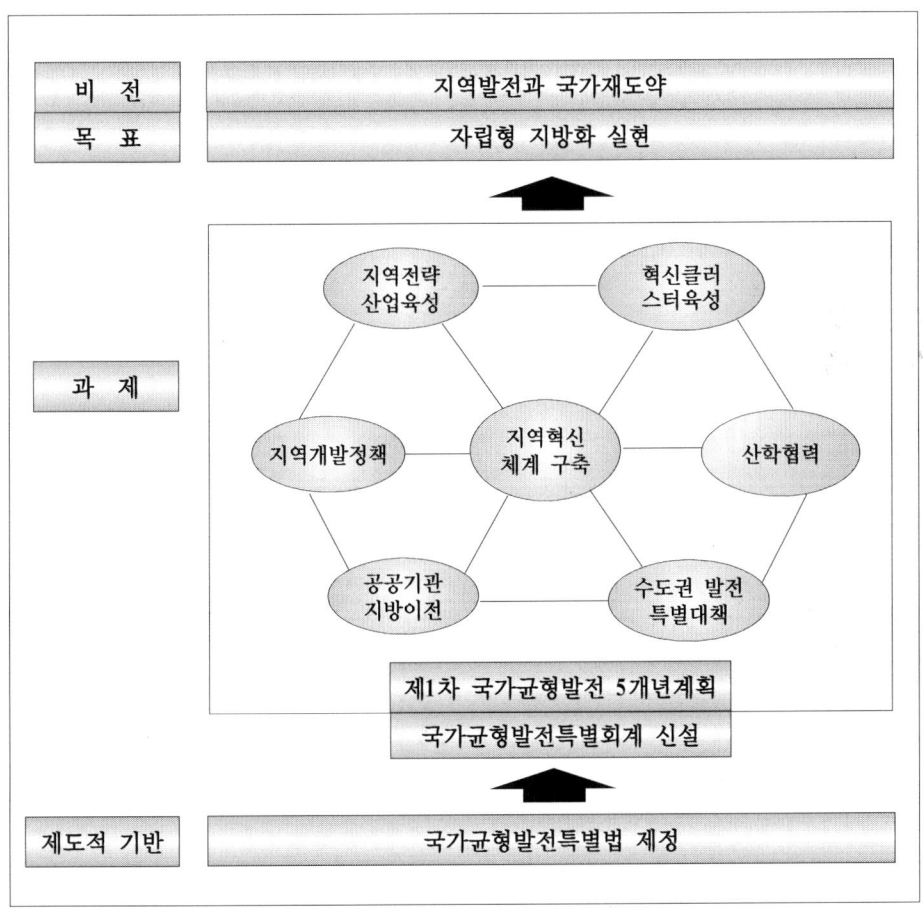

자료: 국가균형발전위원회(2005), "국가균형발전정책 추진현황", 국회특위(지역균형발전소위) 보고자료.

〈그림-1〉 노무현 정부의 국가균형발전의 비전과 과제

〈표-2〉 지역격차에 대한 주요 선행연구의 소개

구 분		연구목적	연구방법	주요 연구내용
주요 선행 연구	1	〈논문명: Williamson(1965), "Regional Inequality and the Process of National Development: A Description of the Patterns", *Economic Development and Cultural Change*〉 〈연구목적〉: 경제발전단계와 지역 간 소득격차와의 인과관계를 국제비교를 통해 실증분석	- 경제성장률과 지니계수와의 상관관계 분석 - 24개국 실증비교분석 - 미국사례	- 국민경제 발전단계(후진국→중진국→선진국)에 따라 지역격차는 확대→안정→축소의 역U자형 - 경제성장은 지역격차를 해소(국가 간, 지역 간) - 미국의 횡단면분석에서도 동일 결론
	2	〈논문명: 허재완(1989), "경제성장과 지역격차의 인과관계에 관한 실증분석", 국토계획〉 〈연구목적 및 결론〉: 연구의 목적은 경제성장은 지역격차를 야기하는 일방적 인과관계인지, 아니면 경제성장과 지역격차가 쌍방적 관계인지를 검증했으며 경제성장은 지역격차확대라는 관계를 확인	- Granger인과모형사용 - 미국사례	- Granger인과모형을 사용하여 두 변수 간의 인과관계를 추적 - 경제성장이 지역격차를 초래한다는(성장→격차)일방적 인과관계
	3	〈논문명: 김영용 외(1996), "한국의 경제성장과 지역소득격차", 한국지역개발학회〉 〈연구목적〉: 연구목적은 우리나라의 지역균형성장 경로의 안정성 여부를 검증하고 경제성장과 지역 간 소득격차의 상반성에 대한 분석	- Fukuchi=Nobukuni의 성장모형 추정 - 한국사례	- 경제성장과 지역 간 소득격차 간에는 상반성이 존재 - 지역균형발전을 위해서는 생산요소의 지역 간 이동이 필요
	4	〈논문명: Yamada 외(2000), "전후 일본의 지역 간 소득격차 추이와 그 요인", 일본 응용지역학연구〉 〈연구목적〉: 연구목적은 Willamson의 역U자형과 경제성장, 지역 간 소득격차와의 상호관계를 일본 지역 데이터를 사용하여 실증분석	- 6개의 변수(경제성장·소득수준·인구·산업구조·도시화·정책)를 사용하여 추정 - 일본사례	- 경제성장의 가속은 지역 간 격차를 확대하는 경향 - 지역격차 해소의 주요 변수는 중앙정부의 정책 - 지역격차 축소를 위해서는 경제성장을 통한 정부개입이 필요
	5	〈논문명: 허문구 외(2004), "경제성장과 지역 간 격차", 산업연구원〉 〈연구의 목적〉: 경제성장과정에서 나타나는 지역격차의 축소 및 확대의 배경이 되는 산업구조, 인구이동(도시집중), 사회자본투자의 지역배분 등의 요인 분석을 통하여 경제성장과 지역격차의 인과관계를 도출하여 지역균형발전의 정책효율성 제고 및 이에 따른 수도권역차별 논쟁에 대한 해법 제시	- 문헌조사 및 외국의 사례 분석 - 통계·계량 등을 통한 요인 분석	- 지역성장 및 지역격차 이론 - 지역 간 격차 현황 및 추이분석 - 지역경제성장과 지역 간 격차의 실증분석 / 지역경제성장과 지역변동패턴(성장률에 따른 소득 및 인구의 동적 경로 추적) ◐ 이 연구는 지역격차에 대한 실증적인 연구를 하였으나 통계활용에 있어서 GRDP 분석에서 1인당 생산소득을 중심으로 분석하여 분석과정에 문제발생소지가 있음

자료: 산업연구원(2004), "경제성장과 지역간 격차", 재작성.

2. 지역격차 분석기법

1) 변이계수(coefficient of variation)분석기법

지역 간의 개발격차를 분석하는 데에는 통계학적으로 다양한 기법들이 이용될 수 있다. 다만 지역개발시책별 파급효과를 계량화하기란 거의 불가능하다는 점이다. 이 것은 지역개발에 나타난 효과는 여러 가지 시책이 종합적으로 작용한 결과이기 때 문에 시책별로 영향을 분리해 낼 수 없기 때문이다. 지역 간의 격차나 불균형을 측 정하는 데 이용되는 변수는 앞에서 살펴본 바와 같이 매우 다양하다. 흔히 이용되 는 변수로는 소득수준, 인구분포, 고용수준의 차이, 시설 및 투자수준 등이다. 일반 적으로 지역 간 격차를 측정하기 위해 변이계수분석기법(coefficient of variation)을 활용하는데, 이 기법은 절대치를 비교하는 데 따라 발생하는 문제점을 해소할 수 있다. 이 방법은 표준편차를 이용한 방법인데 앞서 표에서 제시한 바와 같이 변이 계수의 산출식은 〈표-3〉과 같다.

〈표-3〉 지역격차의 발생원인

$$C.V. = \frac{\sqrt{(\sum(X_i - \overline{X})^2)/n}}{\overline{X}}$$

C.V.(Coefficient of Variation): 변이계수
X_i: i지역의 변수

$\overline{X}$: 평균
n: 지역의 수

이 분석방법은 전국평균수준에 대한 지역수준의 분포상태를 나타내는 데 매우 유 용한 방법으로 분산을 전체평균으로 나누어 주기 때문에 평균의 크기가 변하더라도

지역별 수준이 크게 영향을 받지 않으며, 분산의 분해를 시도할 경우 지역 내 격차와 지역 간 격차를 비교할 수 있다는 장점이 있다. 그 밖에 극한값을 이용하여 행해지는 극한치분석법에는 단순히 최고치와 최저치의 차이로 표현하는 변이구간(Range of Variation)분석법을 비롯하여 이를 변형하여 단점을 보완한 변이비율분석법, 구간평균법, 상대적 비율법 등이 있다.

또한 평균개념을 사용하여 행해지는 평균분석법에는 전체평균으로부터의 이탈 정도를 측정하는 평균편차분석법과 평균편차법의 단점을 보완한 평균편차계수분석법, 편차의 자승치를 이용하는 분산분석법과 표준편차분석법, 가중변이계수분석법, 로그변이계수분석법 등이 있으며 절대치의 단점을 해소한 변이계수분석법 등이 있다.

그러나 이들 분석기법은 각기 장단점을 가지고 있어서 절대적으로 선호되는 기법은 존재하지 않는다. 지역격차 측정기법 및 분석기법별 장단점을 정리하면 〈표-4〉과 같다. 여기에서는 일반적으로 활용되는 소득수준격차 통계는 지역내총생산(GRDP)이다. 소득수준에 관한 자료는 1980년대 중반까지 내무부의 비공개 내부 자료가 있었으나 1990년대부터는 신뢰성이 높은 통계청의 지역내총생산(GRDP)자료가 발표되고 있다. 소득수준격차 분석을 위해 최대치와 최소치의 비율인 변이비율분석방법과 표준편차를 이용한 변이계수분석방법 등이 활용가능하다. 1990년대 이후 지역소득통계(생산소득: GRDP) 중 시·도 통계는 통계청에서, 시·군 통계는 각 지방자치단체에서 추계하여 발표하고 있다. 다만 시·군의 통계가 일시에 발표되고 있지 않아서 지역분석에 어려움이 있으며, 분석대상지역은 전국 시·도 단위가 가능하다. 한편 많은 연구자들이 분석기초로 활용하는 1인당 지역내총생산(GRDP)은 시산통계자료의 한계가 있으므로 유의해야 한다. 그 이유는 후술하고자 한다.

<h1 align="center">〈표-4〉 지역격차 측정기법</h1>

측정방법		주요내용
측정대상		• 분배소득(GRP / 1인: 현재는 GRP 추계를 안 함), 민간자본 / 1인, SOC / 1인, 인구, 생산량 (액 / 1인), 부가가치 / 1인 등
극 한 치 분 석 방 법	변이구간	• 최고치와 최저치의 차이로 비교: ($Rd = Xmax - X\ min$)
	변이비율	• 최고치와 최저치의 비율 사용: ($Rd = Xmax / X\ min$)
	구간평균	• $\dfrac{(임의의\ 상위구간의\ 평균값)}{(임의의\ 하위구간의\ 평균값)} \cdot (임의의\ 상위구간\ 평균) - (임의의\ 하위구간\ 평균)$
	상대적 비율법	• ($Rd = Xmax / Xmean$) ($Rd = Xmax - Xmean$)
상 대 적	평균편차	• 평균편차(mean deviation, M.D) · 전체평균으로부터 이탈 정도 측정 ($Rd = 1 / n \cdot \sum\lvert X_i - Xmean\rvert$) $D = \dfrac{\sum_i \lvert X_i - \overline{X}\rvert f_i}{\sum_i f_i}$ X_i: i 계급의 중앙값 $\overline{X}$: 모집단의 평균치 f_i: i 계급의 도수
	평균편차 계 수	• 평균편차계수(Coefficient of mean deviation: Vm): 상대적 평균편차 ($Rd = 1 / n \cdot \sum(X_i - Xmean) / Xmean$) $V_m = \dfrac{D}{\overline{X}} = \dfrac{\sum_i \lvert X_i - \overline{X}\rvert f_i}{\sum_i f_i} / \overline{X}$
	분 산	• 편차의 자승치 사용 ($\sigma^2 = \sum n_j o_j^2 + \sum n_i \{X_i - Xmean\}^2$)
분 산 도 측 정 방 법	표준편차	• 표준편차(standard deviation: ο) · ($\sigma = \sqrt{\{\sum\{X_i - Xmean\}^2 / n\}\}$) 　　　ο → 모집단　　　　　S → 표본집단 $\sigma = \dfrac{\sqrt{\sum_i (X_i - \overline{X})^2 f_i}}{\sum_i f_i} = \sqrt{\dfrac{\sum_i X_i^2 f_i}{\sum_i f_i} - \overline{X}^2}$
	변이계수	• 변이계수(coefficient of variation: CV)) · 평균에 대한 상대적 크기로 측정: ($CV = \sigma / Xmean$) $V = \dfrac{\sigma}{\overline{X}} = \dfrac{\dfrac{\sqrt{\sum_i (X_i - \overline{X_i^2})}}{\sum_i f_i}}{\overline{X}}$ *상대적 분산도의 측정방법에 있어서 가장 많이 쓰이는 것은 변이계수 ① J. G. Williamson의 공식(24개국에 대한 지역격차 조사) $V_w = \dfrac{\sqrt{\sum_i (y_i - \overline{y})^2 f_i / n}}{\overline{y}}$ y_i: i 지역의 1인당 소득 $\overline{y}$: 1인당 평균국민소득 f_i: i 지역의 인구 w: 국가 총인구

측정방법		주요내용
분산도 측정방법	변이계수	② 伊藤善市의 計算方式 $$d = \dfrac{\sum_i |y_i - y_o| N_i / N}{\sum_i \dfrac{N_i}{N}}$$ y_i: i 지역의 1인당 분배소득 y_o: 전국1인당 분배소득 N_i: i 지역의 인구 N: 전국인구
	가중변이 계 수	• 변이계수의 변형 $$WCV = \dfrac{\sqrt{\{\sum\{Y_i - Ymean\}^2 \cdot X_i / n\}}}{Ymean}$$
	로그변이 계 수	• 변이계수의 변형 $$CV \ ln = \dfrac{\sqrt{\{\sum\{ln\ Y_i - ln\ Xmean\}^2\}}}{Xmean}$$
효과 계수	변수간 평균편차	• 0: 격차가 無: (Rd = $\sum$| Xi − Yi | / n)
	Florence 계 수	• 1: 격차가 無, 0: 완전불평등: (F=1−1/2 $\sum$|X' − Y'|, 단 X'=Xi / $\sum$Xi, Y'=Yi / $\sum$Yi)
	지니계수	• 0: 격차가 無, 1: 완전불평등: (G=1/2 $\sum$i$\sum$jXiXj |Yi / Xi − Yj / Xj|)
	상관계수	• 1: 격차가 無, 0: 완전불평등: (R =($\sum$Xi · Yi) / $\sqrt{\sum Xi2 \sum Yi2}$)
분해 계수	Theil U 계 수	• 0: 격차가 無, 1: 완전불평등: (U =$\sqrt{(\sum Xi · Yi)2}$ / $\sqrt{\sum Xi2 / n}$ · $\sqrt{\sum Yi2 / n}$)
	Theil T 계 수	• 0: 격차가 無, log n: 완전불평등, 단 지역의 수가 n: (T=1/(n · Xmean) · $\sum$Xi · log(Xi / Xmean))

2) 삶의 질(QOL: Quality of Life) 측정지표

지역격차 분석에는 지역소득 등을 대상으로 행해지는 것이 대체적인 분석방법이었다. 그러나 근래에는 지역격차를 단순히 소득수준의 격차로 보기보다는 주민의 삶의 질이라는 부분이 더 강조될 필요가 있다.

<표-5> 삶의 질 분석지표

부 문	지 표
○ 사회환경 부문	● 인구 1000인당 전화회선 · 인구 1000인당 자가용 대수 · 주택 보급률
○ SOC 부문	● 자가용당 도로연장 · 도로 포장률 · 상수도 보급률
○ 지역경제기반	● 제조업 종사율
○ 교육 부문	● 초등학생 1000명당 교원 수 · 인구 1000명당 대학생 수
○ 의료 부문	● 인구 1000인당 의료시설 수 · 인구 1000인당 의사 수
○ 공공서비스 부문	● 인구 1000인당 공무원 수
○ 재정력	● 재정자립도 · 인구 1000인당 세출액
○ 문화 부문	● 인구 1000인당 도서관 장서 수 · 인구 10000인당 박물관 수

<표-6> 표준점수가산법(Standard Score Additive Method)

$$I_{ssij} = \frac{I_{ij}}{I_{LWST}} \times 100$$

I_{ssij}＝j지역의 i번째 지표의 표준점수

I_{ij}＝j지역의 i번째 지표값

I_{LWST}＝i번째 지표 중 최젓값

$$V_j = \sum_{k=1}^{n} C_{kj}$$

V_j＝j지역의 종합적 지역개발수준

$\sum_{k=1}^{n}$＝j지역의 k 부문 지역개발수준

소득수준 분석과 더불어 삶의 질이라는 부문에 대한 분석을 함께 수행하여 소득 수준 분석에 따른 단점을 보완할 수 있을 것이다. 삶의 질과 관련성이 있는 요인들 을 8개 부문으로 구분하였다. 사회·환경, SOC, 지역경제, 교육, 의료, 공공서비스, 재정, 문화 등이 그 항목이다. 기존 연구에서 활용된 지표 중 자료의 사용빈도와 타 당성, 가용성 등을 검토하여 다음의 13개 지표들이 선정가능하며 통계기반에 따라 변화될 수 있다. 이를테면 정보화 부문을 추가로 선정이 가능하다. 삶의 질을 분석 하는 데 이용된 변수들은 스미스(Smith)의 표준점수가산법(Standard Score Additive

Method)을 활용하여 표준화하고 시간의 경과에 따라 상대적인 비교가 가능하다. 표준화된 지표의 산출에 이용된 방법은 다음과 같다.

표준화된 지표별 점수는 부문별로 합산하여 부문별 표준점수를 계산하고 각 부문별 표준점수를 다시 합산하여 종합적 표준점수의 측정이 가능하다. 여기서 측정된 표준점수는 다시 변이계수(Coefficient of Variation)를 활용하여 지역개발 격차가 측정가능하다.

3) 인구분포

일반적으로 흔히 제기하고 있는 지역격차 측정의 중요한 변수의 하나인 인구분포에 대한 지역 간 격차 변화이다. 이 분석을 위해서는 앞에서 소득격차 분석에 이용된 표준편차분석기법과 아울러 도시규모분포(City Size Distribution)분석의 두 가지 방법으로 각각 인구분포 및 도시규모분포에 대한 격차의 변화에 대한 접근이 필요하다. 도시규모분포 분석방법에 사용된 추정식은 다음과 같다.

〈표-7〉 도시규모분포 분석방법

$$P = \frac{R}{1-k}$$

P = 인구규모, R = 순위, k = 계수임

3. 지역격차 분석의 한계 – 지역소득통계문제(GRP와 GRDP 문제)

지역격차 연구에서 중요한 부문을 형성하고 있는 소득 관련의 기초 통계기반에 한계가 있다. 경제개발을 통한 지역 간 소득격차의 의미로 사용된 개념들은 통상 1인당 주민소득의 차이를 비롯한 경제지표로 측정을 해 왔던 것이다. 그러나 분배소득(GRP)통계를 시산하지 않는 상황에서 1인당 주민소득을 계정발표하는 오류를 지방자치단체는 물론 최근의 연구결과에서도 볼 수 있다. 이것은 현재의 소득통계가 생산소득(GRDP)통계라는 것을 간과한 결과라고 할 수 있다. 생산소득통계에서는 타지역 주민이 해당 지역에 와서 생산활동에 종사하는 경우 해당 지역의 지역내총생산 추계에 포함되기 때문이다. 분배소득통계는 지역경제권에 해당되는 통계기반을 정립할 수가 없어서 추계에 어려움이 있는 것이다. 지역통계를 가공통계로 시산할 경우 통계의 오류를 범할 수 있기 때문이다. 국민총생산(GNP)과 국내총생산(GDP)과의 추계과정을 지역총생산(GRP)과 지역내총생산(GRDP) 관계로 연계해서 살펴보면 알 수 있는 것이다.

다만 앞서 제기한 바와 같이 생산소득인 지역내총생산(GRDP)의 경우도 시·도 간 통계만 지속적으로 발표하고 있어서 현재는 시·도 간의 거시적 측면의 지표를 통해서만 지역격차 분석이 가능하다. 한국표준산업분류(KSIC)에 근거한 시·군·구별 지역내총생산(GRDP)통계를 일률적으로 발표하고 있지 않아서 지역소득통계를 활용하는 데 문제가 있는 것이다. 향후 동일기준, 동일시점, 동일추계방법으로 정비된 시·군·구별 지역내총생산(GRDP)통계기반이 마련되어야 할 것이다. 이것은 지역격차 해소를 위한 제반 지역분석 및 지역정책 수립에 있어서 중요한 기초 통계가 되기 때문이며, 시·도별 지역격차 추계와 연계해서 시·군·구별 지역격차 분석이 가능해질 수 있는 것이다.

Ⅲ. 수도권과 강원도의 지역격차 분석

1. 지역소득분석(GRDP 분석)

1971년에서 1996년까지 지니계수[1]와 변이계수[2]를 통하여 지역 간 소득격차의 불균형지표를 보면 지역 간 소득격차가 1990년대에 새롭게 벌어지고 있는 것으로 나타났다. 1970년대부터 1980년대 초반까지 지역 간 소득격차가 급격히 확대되다 1990년대 들어서서는 다소 완화되다가 1991~1996년 사이 지역소득불균형이 심화되고 있는 추세이다. 1991~1996년에 지니계수는 0.087에서 0.095로 상승하고 변이계수는 0.152에서 0.165로 모두 격차가 확대된 것으로 나타나고 있다.

수도권과 비수도권 간의 지역격차는 그동안 산업화의 과정에 가장 두드러진 문제이며 노무현 정부에서 추진한 국가균형발전이란 정책적 기조도 여기에서 출발한다고 할 수 있다. 국가의 균형발전이 행정기관의 이전으로 그 효과를 전부 기대할 수 없음을 간과해서는 안 된다.

지역내총생산(GRDP) 자료를 살펴보면, 연구대상으로 삼은 강원도의 경우 전국에서 차지하는 강원도의 지역내총생산의 비중은 2.4%로 상대적으로 열악함을 보여주고 있으며, 산업기반이 취약함을 알 수 있다.

---

1) 지니계수는 전체 인구의 평균소득격차를 이용하여 계산(인구비율과 동일한 정도로 소득이 분포하는 경우 0의 값을 가지게 됨).
2) 변이계수는 표준변차를 산술평균으로 나눈 값(지역내총생산이 균등하게 분포된 경우 0의 값을 가지게 됨).

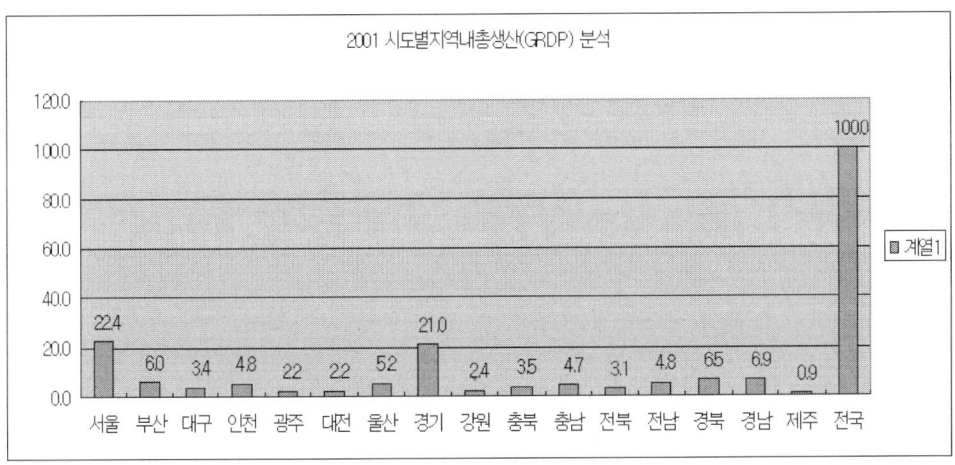

자료: 통계청, 지역내총생산(GRDP), 2003.

〈그림-2〉 지역내총생산 분석

　우리나라는 1960년대 이후 각종 경제개발 및 국토개발정책의 최우선 목표는 급속한 공업화를 통한 선진국으로의 도약이었다. 그에 따른 압축적 경제성장과정에서 우리 사회는 도시화와 산업화로 인한 지역불균형성장과 함께 인구의 수도권 및 대도시집중으로 인해, 과밀과소지역의 출현과 함께 국토공간구조의 변화, 토지이용패턴의 변화, 환경오염 심화 등과 같은 각종 문제를 안게 되었다. 중앙정부에 의한 개발행정 주도와 경부축과 수도권, 도시지역에 대한 편중된 개발로 인하여, 경부축과 비경부축 그리고 수도권과 지방 간의 격차, 수도권 및 대도시권을 중심으로 한 사회간접자본 부족, 중앙 및 지역과 지역 간 대립 갈등의 심화 등 각종 사회적 문제점들도 이 과정에서 발생한 경제성장의 부(負)의 효과라 할 수 있다.

　결과적으로 이러한 문제는 소득의 격차로 나타날 수밖에 없는데, 인구 및 산업의 수도권집중→기회의 격차→소득의 격차→수도권집중 강화→국토의 불균형발전이라는 결과가 연속적으로 발생하는 것이다.

〈표-8〉 시·도별 지역내총생산(GRDP) 추세분석

(단위: 백만 원)

구 분	1998	1999	2000	2001	2002
전 국	100	100	100	100	100
전국(국방, 수입세 포함)	104.13	104.47	105.15	105.22	105.15
서울특별시	**22.30**	**21.78**	**21.70**	**21.39**	**21.94**
부산광역시	6.41	6.24	6.02	6.13	6.07
대구광역시	3.51	3.46	3.41	3.44	3.49
인천광역시	**4.65**	**4.45**	**4.44**	**4.78**	**4.86**
광주광역시	2.17	2.20	2.27	2.30	2.26
대전광역시	2.31	2.28	2.31	2.38	2.42
울산광역시	5.00	5.14	5.06	5.06	4.86
경기도	**19.44**	**20.09**	**21.08**	**20.89**	**21.13**
강원도	**2.73**	**2.63**	**2.56**	**2.57**	**2.51**
충청북도	3.62	3.72	3.64	3.54	3.48
충청남도	4.43	4.59	4.71	4.82	4.80
전라북도	3.47	3.46	3.38	3.31	3.19
전라남도	5.29	5.23	5.05	4.88	4.59
경상북도	6.43	6.72	6.67	6.64	6.64
경상남도	7.26	7.03	6.75	6.97	6.84
제주도	0.98	0.99	0.95	0.91	0.92

자료: 통계청(2005), 통계시스템, 재작성.

〈표-9〉 권역별 지역총생산 비중 변화

(단위: %)

구 분	전 국	수도권	강원, 제주	호남권	중부권	영남권
1970	**100.0**	**37.2**	**5.9**	15.3	11.7	30.0
1975	**100.0**	**39.3**	**5.3**	14.1	10.5	30.8
1980	**100.0**	**43.5**	**4.8**	12.0	8.8	30.9
1985	**100.0**	**42.0**	**4.8**	12.3	9.9	31.0
1990	**100.0**	**46.2**	**4.0**	11.0	8.8	29.9

구 분	전 국	수도권	강원, 제주	호남권	중부권	영남권
1995	100.0	45.7	3.8	11.3	9.7	29.6
1999	100.0	46.3	3.6	10.9	10.6	28.6

자료: 내무부, "주민소득 연보(1970-85)" 및 통계청, 통계 데이터베이스.

〈표-10〉 시·도별 지역내총생산(GRDP) 산업별 구성비 분석

(단위: %, %포인트)

구 분	구성비	95년(A)			96년(B)			증 감(B-A)		
		농림어업	광공업	기타부문	농림어업	광공업	기타부문	농림어업	광공업	기타부문
서 울	23.7	0.4	11.1	88.5	0.4	10.7	89.0	0.0	-0.4	0.5
부 산	6.7	2.9	22.4	74.7	3.0	20.0	77.0	0.1	-2.4	2.3
대 구	3.9	1.0	25.0	74.0	1.0	23.4	75.6	0.0	-1.6	1.6
인 천	4.9	17	48.8	49.5	1.8	47.8	50.4	0.1	-1.0	0.9
광 주	2.3	2.9	26.7	70.5	2.2	26.1	71.7	-0.7	-0.6	1.2
대 전	2.1	0.8	23.3	75.9	0.9	21.9	77.2	0.1	-1.4	1.3
경 기	17.3	3.9	46.9	49.2	3.6	46.8	49.6	-0.3	-0.1	0.4
강 원	2.8	12.1	20.3	67.7	11.4	19.9	68.7	-0.7	-0.4	1.0
충 북	3.4	12.1	39.2	48.8	11.3	41.3	47.4	-0.8	2.1	-1.4
충 남	4.5	18.9	27.3	53.8	17.0	27.3	55.7	-1.9	0.0	1.9
전 북	3.7	17.9	25.3	56.7	17.4	25.8	56.7	-0.5	0.5	0.0
전 남	5.3	21.7	28.7	49.6	21.3	25.4	50.3	-0.4	-0.3	0.7
경 북	6.6	15.3	37.2	47.5	14.0	37.7	48.3	-1.3	0.5	0.8
경 남	11.7	7.2	54.7	38.1	7.1	53.7	39.2	-0.1	-1.0	1.1
제 주	1.0	33.1	3.9	63.0	27.2	3.8	69.0	-5.9	-0.1	6.0
합 계	100	6.7	31.2	62.2	6.4	30.8	62.8	-0.3	-0.4	0.6
전 국		6.4	29.8	63.7	6.1	29.4	64.5	-0.3	-0.4	0.8

자료: 통계청(1998), "한국주요경제지표", 재작성.
  주: 전국분은 국방부문 및 수입세가 포함된 수치임.

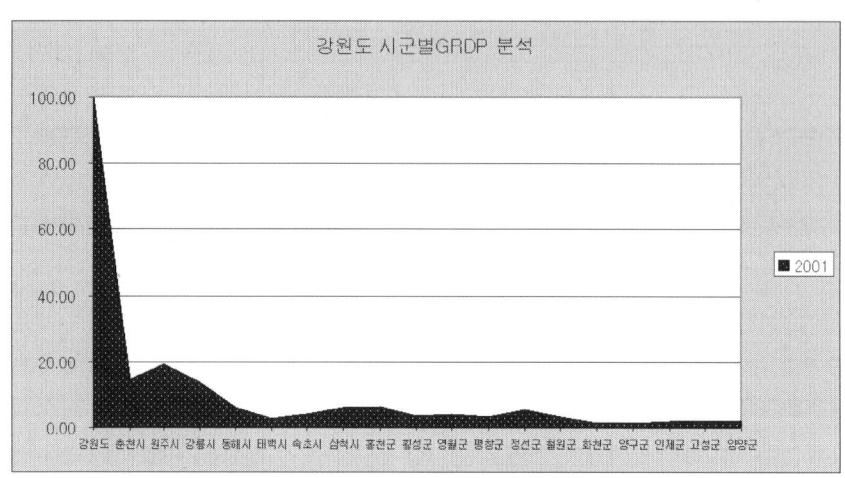

<그림-3> 강원도 시·군별 지역내총생산(GRDP) 구성(2001년 기준)

<표-11> 강원도 시·군별 지역내총생산(경상가격) 구성비

생산액	1997	1998	1999	2000	2001
강원도	100	100	100	100	100
춘천시	15.48	15.63	14.32	14.05	14.49
원주시	21.23	22.45	18.97	19.75	19.11
강릉시	13.53	14.00	12.58	12.76	13.71
동해시	5.71	6.26	6.51	6.54	6.02
태백시	2.46	2.11	3.02	3.03	2.80
속초시	4.37	4.56	5.45	5.30	4.24
삼척시	5.77	4.91	5.68	5.34	5.99
홍천군	4.48	5.65	6.67	5.60	6.26
횡성군	4.27	4.09	4.33	4.15	3.59
영월군	4.09	3.94	4.03	4.12	3.93
평창군	4.04	3.53	4.00	3.92	3.22
정선군	3.00	2.51	2.71	3.23	5.41
철원군	3.24	2.70	2.95	3.15	3.05
화천군	1.38	1.41	1.51	1.38	1.34
양구군	1.31	1.15	1.19	1.19	1.20
인제군	1.51	1.46	1.82	1.87	1.74
고성군	2.36	1.97	1.99	2.05	1.80
양양군	1.76	1.69	2.24	2.56	2.10

2. 국토종합개발계획상 투자비 분석

국토종합개발계획에는 투자의 효율성을 고려해야 하는바, 우리나라는 3차에 걸친 국토종합개발계획(제3차 국토계획은 상반기 투자기준)에서 약 397조의 투자를 하였으나 이 투자에 따른 파급효과, 즉 투자에 따른 국민경제 기여효과, 지역경제기여도, 고용효과 등에 대한 종합적인 분석이 미흡했고, 투자의 효율성에 근거한 투자배분에 한계가 있음을 알 수 있다.

1996년의 경우 국토계획투자 대비 국세 및 지방세 징수액의 실적을 수도권과 비수도권으로 나누어서 살펴보면, 수도권이 비수도권보다 징수액이 월등히 높았음을 알 수 있다. 특히 국세의 경우 수도권은 21조 원의 국토계획투자로 28조 원의 국세징수액을 가져왔는데, 비수도권은 36조 원을 투자하여 18조 원의 국세를 징수한 것으로 나타났다.

〈표-12〉 국토계획상 투자비 총괄분석

(단위: 백만 원)

구 분	'72~'76(1차계획)	'77~'81(1차계획)	'82~'91(2차계획)	'92~'96(3차계획)	총 계
투자비	5,421,119	11,957,496	149,494,083	230,642,201	397,514,899

자료: 국토계획투자실적을 종합함(시산분).
주: 자료관계로 1972~1981년은 1975년 불변가격임. 나머지 연도는 경상가격임.

〈표-13〉 제3차 국토계획 중 전반기 지역별 연차별 투자실적('92~'96년)

(단위: 백만 원 / 경상가격)

구 분	1992		1993		1994		1995		1996		합계(92~96)	
	투자비	비 중	투자비	비 중	투자비	비 중	투자비	비 중	투자비	비 중	투자비	비 중
총 계	37080921	100.0	39035636	100.0	44689090	100.0	52903229	100.0	56985989	100.0	230642201	100.0
서 울	7370270	19.9	6755697	17.3	7323444	16.6	8643435	16.3	9094032	16.0	39286878	17.0
부 산	2907132	7.8	3337538	8.5	3248420	7.3	4234160	8.0	4662916	8.2	18340166	8.0
대 구	1664838	4.5	2091255	5.4	3127423	7.0	3088470	5.8	2776784	4.9	12748701	5.5
인 천	2064002	5.6	2004275	5.1	2514348	5.6	2819950	5.3	3195852	5.6	12598427	5.5

구 분	1992 투자비	비 중	1993 투자비	비 중	1994 투자비	비 중	1995 투자비	비 중	1996 투자비	비 중	합계(92~96) 투자비	비 중
광 주	1385072	3.7	1139892	2.9	1634036	3.7	2014637	3.8	1638036	2.9	7811673	3.4
대 전	2441621	6.6	1597281	4.1	1520393	3.4	1477592	2.8	1498085	2.6	8534972	3.7
경 기	6668806	18.0	7119200	18.2	7167794	16.0	7720027	14.6	8447914	14.8	37123741	16.1
강 원	898445	2.4	1245738	3.2	1174577	2.6	1979017	3.7	2083325	3.7	7381102	3.2
충 북	937110	2.5	1238062	3.2	1274126	2.9	1654025	3.1	1696709	3.0	6800032	2.9
충 남	1988990	5.4	2867231	7.3	3563029	8.0	38511460	7.3	4957045	8.7	17227755	7.5
전 북	1452660	3.9	1631502	4.2	1917084	4.3	2491464	4.7	2582254	4.5	10074964	4.4
전 남	1940211	5.2	2053571	5.3	2260359	5.1	2342482	4.4	2449776	4.8	11346399	4.9
경 북	1891528	5.1	2405554	6.2	3274382	7.3	3637149	6.9	4346354	7.6	15554967	6.7
경 남	2500671	6.7	2517438	6.4	3250055	7.3	4576790	8.7	5052599	8.9	17894958	7.8
제 주	382116	1.0	419693	1.1	500195	1.1	680234	1.3	726338	1.3	2708576	1.2
기 타	587449	1.6	611709	1.6	839425	1.9	1692337	3.2	1477970	2.6	5208890	2.3

자료: 국토개발연구원(1997), 『제3차 국토종합개발계획 추진성과 분석 연구』, 재작성.
주: 자료관계로 1972~1981년은 1975년 불변가격임. 나머지 연도는 경상가격임.

〈표－14〉 국토계획투자 대비 국세 및 지방세 징수규모 · 비율 비교

(단위: 조 원, %)

지 역	1992 국토계획 투자비 (A)	국 세 징수액 (B)	비 중 (B / A)	지방세 징수액 (C)	비 중 (C / A)	1996 국토계획 투자비 (D)	국 세 징수액 (E)	비 중 (E / D)	지방세 징수액 (F)	비 중 (F / D)
수도권 (경기도)	16.1 (6.6)	16.5 (3.3)	102 (50)	4.9 (1.5)	31 (24)	20.7 (8.4)	27.7 (5.1)	134 (60)	9.3 (3.5)	45 (42)
비수도권	20.9	8.8	42	4.5	21	36.2	17.9	49	8	22

자료: 국토개발연구원(1997), 『제3차 국토개발계획 추진성과 분석 연구』, 내무부, 『지방세정연감』을 기초로 분석

이 자체로 보면 국토종합개발계획투자의 효율성이 비수도권보다는 수도권에 있는 것으로 해석할 수도 있으나, 비수도권의 경우 지역격차의 편차가 지속적으로 발생하고 있음을 알 수 있다. 향후 국토균형개발을 위한 효과성 측면 및 지역여건을 고려한 투자가 필요한 것이다.

그동안의 국토정책의 정책적 한계는 ① 지역 간 불균형의 심화 ② 난개발 및 환경오염의 심화 ③ 교통인프라 부족으로 국가경쟁력 약화 ④ 국토관리의 안전성 결여

등을 들 수 있다. 수도권과 비수도권 특히 강원권의 경우는 제4차 국토계획(2000~2020)이 본격 추진하는 시점에서 제3차 국토계획상(자료분석기간: 1992~1996)의 시계열분석을 해 볼 때, 수도권과 비수도권 특히 수도권과 강원권과의 투자격차가 크게 발생하고 있음을 알 수 있다.

〈표-13〉을 통해 살펴보면, 수도권 중 서울 17%, 인천 5.5%, 경기도 16.1% 등 수도권이 전체 국토투자비에서 차지하는 비중이 38.6%인 데 비해, 강원도는 3.2%를 현시하고 있어서 수도권과 강원권과 투자격차가 발생하고 있음을 알 수 있다.

강원도의 경우 많은 오지지역이 있음을 감안할 때, 국토개발의 투자격차로 인해 향후 수도권과 강원권과 지역격차가 더욱 크게 발생할 수 있음을 알 수 있으며, 그동안의 지역의 낙후성에는 국토개발의 불균형투자도 한 요인임을 알 수 있다.

한편 법적·제도적 정비를 통해 계획적 관리의 토대가 마련된 강원도의 접경지역의 경우는 접경지역계획과 연계해서 지속적인 투자확대가 필요하다. 사회간접자본(SOC)에 대한 지속적인 투자가 이루어질 때, 그동안 국토개발정책에서 소외되고 낙후된 강원권의 지역격차문제 및 국토의 균형발전목표도 달성할 수 있기 때문이다.

3. 수도권집중 및 인구분석

수도권의 인구 및 산업의 집중은 1960년대 이후 제반 여건이 유리한 수도권에 각종 개발이 편중되어 나타난 결과라고 볼 수 있다. 수도권의 면적은 전국의 12%에 불과한데 인구는 47%, 제조업체는 57%, 대학은 41%, 공공기관은 85% 등 생산요소 및 중요 기능이 과도하게 밀집되어 있다. 특히 수도권의 인구증가율은 감소추세이나 아직도 전국평균증가율의 3배에 달하고 매년 30만 명씩 인구가 증가하고 있는 실정이며, 수도권집중현황 및 수도권인구추이는 〈표-15〉 및 〈표-16〉과 같다.

〈표-15〉 수도권집중도

구 분		전 국 (A)	수도권 (B)	서 울 (C)	인 천	경 기	집중도 B/A	집중도 C/A
국토면적〈'03〉	(km²)	99,601	11,723	605	987	10,131	**11.8%**	0.6%
인 구〈'03〉	(천 인)	48,824	23,240	10,277	2,601	10,362	**47.6%**	21.0%
산 업〈'02〉	취 업(천 인)	22,052	10,475	4,757	1,191	4,527	**47.5%**	21.6%
	실 업(천 인)	702	402	232	45	125	**57.3%**	33.0%
	지역생산(10억 , '02)	516,647	251,709	105,872	22,388	123,449	**48.7%**	20.5%
제조업〈'02〉	사업체	110,356	62,553	20,249	9,586	32,718	**56.7%**	18.3%
	종업원(천 인)	2,696	1,263	291	207	765	**46.8%**	10.8%
서비스업〈'02〉	사업체	701,645	330,564	167,791	34,245	128,528	**47.1%**	23.9%
	종업원(천 인)	2,856	1,574	956	117	501	**55.1%**	33.5%
대학교〈'03〉	학교수	163	66	38	4	24	**40.5%**	23.3%
	학생수(천 인)	1,808	689	445	36	208	**38.1%**	24.6%
의료기관〈'02〉		47,430	22,402	12,072	2,105	8,225	**47.2%**	25.5%
금 융〈'03〉	예 금(10억)	548,098	374,219	278,292	19,350	76,577	**68.3%**	50.8%
	대 출(10억)	538,261	357,888	236,369	25,294	96,225	**66.5%**	43.9%
차량수〈'03〉	총대수(천대)	14,587	6,784	2,777	774	3,233	**46.5%**	19.0%
	승용차(천대)	10,279	5,023	2,144	546	2,333	**48.9%**	20.9%
공공청사〈'03〉	소 계	403	344	254	9	81	**85.4%**	63.0%
	중앙행정기관	56	47	32	1	14	**83.9%**	57.1%
	소속기관	136	118	69	4	45	**86.8%**	50.7%
	정부투자기관	26	23	18		5	**88.5%**	69.2%
	정부출연기관	93	70	56	2	12	**75.3%**	60.2%
	정부출자기업	16	15	12	1	2	**93.8%**	75.0%
	개별공공법인	76	71	67	1	3	**93.4%**	88.2%
*인구밀도(인 / km²)		490	1,982	16,987	2,635	1,023		

자료: • 국토면적: 행정자치부 지적통계자료('02.12.31.)
• 인 구: 통계청, 2003년 주민등록인구 · 산업: 통계정보시스템 경제활동인구, 지역내총생산
• 제조업 사업체 수 및 종사자 수: 광업 · 제조업통계조사보고서
• 서비스업 사업체 수 및 종사자 수: 통계정보시스템 사업체 기초 통계조사보고서
• 대학교: 교육통계연보의료기관: 통계정보시스템 시 · 도별 의료기관 분포상황
• 금 융: 한국은행, 지역금융통계
• 차량 수: 건설교통부 통계자료(교통)

<表-16> 수도권집중도 변화추이

		1998	1999	2000	2001
인 구	전 국	47,174	47,543	47,977	48,289
(주민등록('96이후)	수도권	21,532	21,828	22,216	22,525
및 총조사('90, '95))	수도권 / 전 국	**45.6%**	**45.9%**	**46.3%**	**46.6%**
(천 인)	서 울	10,321	10,321	10,373	10,331
	서 울 / 전 국	21.9%	21.7%	21.6%	21.4%
	서 울 / 수도권	47.9%	47.3%	46.7%	45.9%
지역내총생산	전 국	376,717	425,345	465,488	486,416
(10억)	수도권	170,455	197,698	223,267	232,763
('95년불변가격)	수도권 / 전 국	**45.2%**	**46.5%**	**48.0%**	**47.9%**
	서 울	83,006	90,895	97,057	99,269
	서 울 / 전 국	22.0%	21.4%	20.9%	20.4%
	서 울 / 수도권	48.7%	46.0%	43.5%	42.6%
제조업사업체수	전 국	79,544	91,156	98,110	105,873
	수도권	42,684	50,689	55,874	59,755
	수도권 / 전 국	**53.7%**	**55.6%**	**57.0%**	**56.4%**
	서 울	14,878	17,488	18,401	19,396
	서 울 / 전 국	18.7%	19.2%	18.8%	18.3%
	서 울 / 수도권	34.9%	34.5%	32.9%	32.5%
제조업종사자	전 국	2,324	2,508	2,653	2,648
(천 인)	수도권	1,030	1,136	1,235	1,220
	수도권 / 전 국	**44.3%**	**45.3%**	**46.6%**	**46.1%**
	서 울	241	269	279	276
	서 울 / 전 국	10.4%	10.7%	10.5%	10.4%
	서 울 / 수도권	23.4%	23.7%	22.6%	22.6%
대학생수	전 국	1,478	1,588	1,665	1,730
(재적학생수)	수도권	586	631	653	670
(천 인)	수도권 / 전 국	**39.6%**	**39.7%**	**39.2%**	**38.7%**
	서 울	381	409	423	433
	서 울 / 전 국	25.8%	25.8%	25.4%	25.0%
	서 울 / 수도권	65.0%	64.8%	64.8%	64.6%
의료기관	전 국	38,037	40,244	42,082	43,677
	수도권	17,610	18,408	19,471	19,890
	수도권 / 전 국	**46.3%**	**45.7%**	**46.3%**	**45.5%**
	서 울	9,908	10,323	10,749	11,460
	서 울 / 전 국	26.0%	25.7%	25.5%	26.2%
	서 울 / 수도권	56.3%	56.1%	55.2%	57.6%
금융대출	전 국	200,289	250,240	310,804	357,384
(십억원)	수도권	123,202	155,736	202,797	231,261
	수도권 / 전 국	**61.5%**	**62.2%**	**65.2%**	**64.7%**
	서 울	91,918	113,002	147,874	159,420
	서 울 / 전 국	45.9%	45.2%	47.6%	44.6%
	서 울 / 수도권	74.6%	72.6%	72.9%	68.9%

자료: ● 지역내총생산: 통계정보시스템 지역내총생산
   ● 제조업 사업체 수 및 종사자 수: 통계정보시스템 광공업
   ● 대학생 수: 통계정보시스템 대학 재학생 수
   ● 의료기관: 통계정보시스템 의료기관 수

인구 및 산업의 과도한 집중은 교통난, 주택난, 환경오염 등 집적이익을 넘어서는 불이익을 초래하고 있다. 교통난의 심화는 수도권의 교통혼잡 및 물류비용의 증가로 생산성을 저하시켜 기업의 국제경쟁력을 약화시키고, 주민생활환경 및 삶의 질을 저하시키는 결과를 가져왔다.

　　또한 수도권 내부적으로 서울과 주변지역은 인구와 시설이 과밀하게 집중되어 있는 반면, 수도권 외곽지역은 개발이 미흡하여 불균형적인 공간구조를 형성하고 있다.

　　이러한 과도한 집중은 지가를 상승시키는 등 사회간접자본 확충에 과도한 재원이 소요되고, 한정된 국토공간을 비효율적으로 이용하여 지역발전이 침체되는 등 문제점이 가중되고 있다.

〈표-17〉 지역별 공공기관 분포현황

계	수도권	충청권	영남권	호남권	기 타
403개	344(270)	42	10	5	2

※ 이전 완료 후 수도권비중 변동: 기관 수 85%, 직원 수 74% ⇒ 기관 수, 직원 수 모두 30~35%

자료: 국가균형발전위원회(2005)

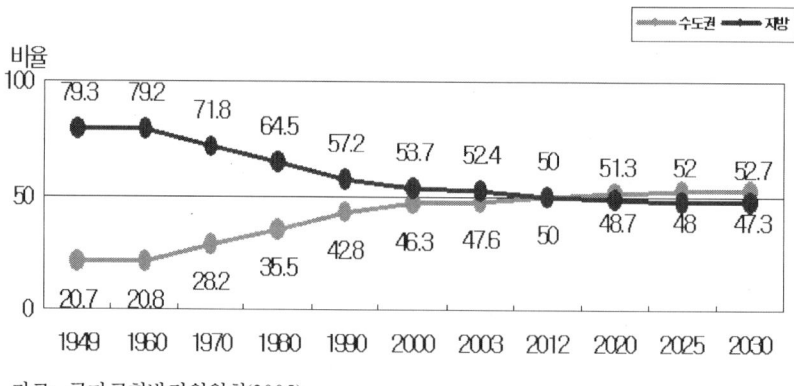

자료: 국가균형발전위원회(2005)

〈그림-4〉 수도권인구집중 추이

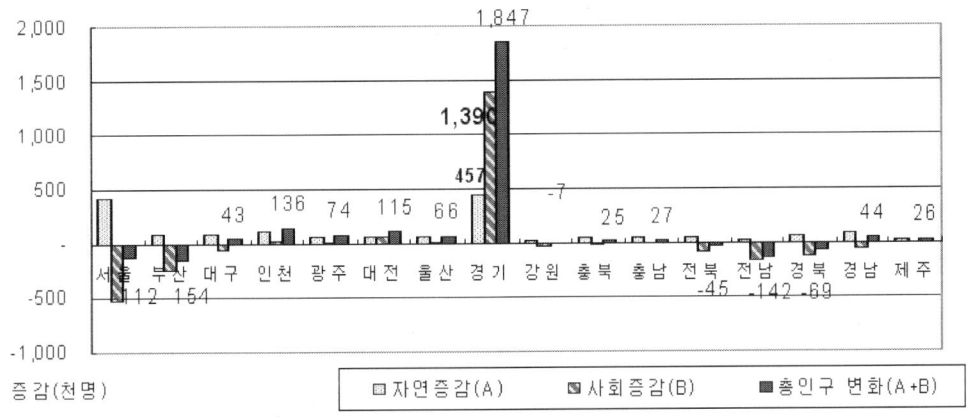

<그림-5> 수도권과 비수도권의 인구변화(1998~2003)

4. 지방재정지표 분석

재정지표는 일반적으로 자치단체의 다양한 재정여건과 운영상황을 객관적이며 통일된 기준으로 표현하여 지방자치단체 간의 비교를 가능하게 하고 보다 나은 재정상태로 발전하기 위한 방향과 목표를 제시하는 데 목적이 있다.

재정분석지표는 통일된 기준과 산식(算式)에 의거하여 지방자치단체의 세입·세출 등 재정상태를 분석하는 것으로 지방자치단체 간의 상호비교 및 검증에 유효한 자료이다. 따라서 재정지표상 다른 지방자치단체에 비하여 재정구조가 취약하거나 자구노력 등 그 정도가 미흡한 경우 이를 개선하기 위한 동기와 재정개선목표 설정에 직·간접적인 기준으로 활용할 수 있다.

2004년 기준 재정자립도의 전국평균은 57.2%이며, 전국 및 시·도별 평균을 산출하는 경우에는 순계예산규모로 산출하고, 단체별로 산출하는 경우에는 총계예산규모로 산출하고 있다. 지방자치단체 예산편성지침의 '예산과목구분 및 설정' 기준에 의

거하여 2001년부터 의존재원으로 분류하고 있는 재정보전금을 세외수입에서 제외하고 산출한다.

　　재정의 규모나 재정자립도의 차이뿐 아니라 지방세 수입구성의 불균형도 심화되는 것으로 나타나고 있다.

<표-18> 재정지표의 분석체계

구 분	재정지표	산출방식
세 입	재정자립도	$\dfrac{지방세+세외수입}{일반회계 총계예산규모} \times 100$
	주민 1인당 자체수입액	$\dfrac{일반회계 자체수입(지방세+세외수입)}{인구수}$
	주민 1인당 지방세부담액	$\dfrac{지방세액}{인구수}$
	주민 1인당 세외수입액	$\dfrac{일반회계 세외수입액}{인구수}$
세 출	기본적 세출소요 비중	$\dfrac{경상예산+채무상환}{일반회계 총계예산규모} \times 100$
	투자비 비중	$\dfrac{사업예산 총계규모}{일반회계 총계예산규모} \times 100$
	경상비 비중	$\dfrac{경상예산(인건비+경상적경비)}{일반회계 총계예산규모} \times 100$
	의회비 비중	$\dfrac{의회비+의회사무처경비}{일반회계 총계예산규모} \times 100$
	예비비 확보율	$\dfrac{예비비}{일반회계 총계예산규모} \times 100$
	주민 1인당 세출예산액	$\dfrac{일반회계 총계예산규모}{인구수}$
세 입 · 세 출	자체수입 대 인건비 비교	$\dfrac{인건비}{자체수입(지방세+세외수입)}$

자료: 행정자치부(2004).

<표-19> 재정지표분석

(단위: %)

10개 단위지표			전국 평균(248)	특별· 광역시(7)	도(9)	시(74)	군(89)	자치구(69)
건전성	자주성 영 역	재정자립도	47.17	80.10	43.86	40.81	18.76	45.08
		재정력지수	60.38	107.29	63.66	53.15	17.49	46.42
	안정성 영 역	경상수지비율	28.24	12.12	15.52	36.40	38.32	66.24
		세입세출·충당비율	92.67	93.92	94.31	91.47	93.17	88.39
		지방채상환비비율	5.27	8.22	4.28	4.75	4.60	0.81
효율성	생산성 영 역	재정계획운영비율	108.64	95.99	103.40	113.04	117.81	131.67
		세입예산반영비율	98.57	99.38	96.95	98.54	99.87	98.28
		투자비비율	62.49	46.96	68.56	69.02	72.52	58.46
	노력성 영 역	자체수입증감	126.74	130.91	155.82	111.29	105.98	101.08
		경상경비증감율	111.15	115.36	109.70	111.80	111.00	108.79

자료: 행정자치부(2004).

<표-20> 지방자치단체별 재정자립도 최고·최저

(단위: %)

구 분	특별시	광역시	도	시	군	자치구
평 균	94.5	68.8	41.3	38.8	16.6	42.6
최 고	94.5(서울)	72.7(부산)	78.0(경기)	70.4(성남)	48.6(울주)	92.7(서울 중구)
최 저	–	54.6(광주)	14.2(전남)	12.3(삼척)	7.1(신안)	19.4(광주 남구)

자료: 행정자치부(2004).

<표-21> 수도권과 강원도 재정자립도 비교(2004)

(단위: %)

시·도별	시·도별평균 (순계규모)	특별시 광역시 (총계규모)	도 (총계규모)	시 (총계규모)	군 (총계규모)	자치구 (총계규모)
단체별평균	57.2	81.4	41.3	38.8	16.6	42.6
서 울	95.5	94.5	–	–	–	50.3
부 산	75.6	72.7	–	–	42.5	36.8

시·도별	시·도별평균 (순계규모)	특별시 광역시 (총계규모)	도 (총계규모)	시 (총계규모)	군 (총계규모)	자치구 (총계규모)
대 구	73.2	71.4	—	—	33.0	34.0
인 천	75.9	**70.8**	—	—	20.8	38.3
광 주	59.8	54.6	—	—	—	26.8
대 전	74.4	69.6	—	—	—	34.4
울 산	69.6	65.8	—	—	48.6	38.1
경 기	78.8	—	**78.0**	52.0	21.3	—
강 원	28.9	—	**24.2**	26.7	17.3	—
충 북	31.3	—	26.2	35.3	18.1	—
충 남	30.5	—	26.2	29.2	18.4	—
전 북	25.9	—	18.9	26.8	14.3	—
전 남	21.1	—	14.2	29.6	11.4	—
경 북	29.4	—	22.3	30.5	15.0	—
경 남	38.3	—	34.1	36.2	14.4	—
제 주	34.7	—	29.1	30.2	17.7	—

자료: 행정자치부(2004).

Ⅳ. 지역격차 해소를 위한 정책적 과제

1. 계획적인 수도권관리시스템 마련

수도권집중으로 인한 지역격차를 해소하기 위하여 국토계획과 지역정책 등을 통해 다양한 노력들을 기울여 왔으나 아직까지 수도권집중은 완화되고 있지 않은 현실에 있다. 따라서 실질적으로 수도권과 비수도권 간의 격차 실태를 분석하고 수도권집중에 따른 문제점과 폐해를 구체적으로 살펴볼 필요가 있다. 이를 통해 국가균형발전의 해법을 찾고 지역격차 해소를 위한 정책적 방안 마련이 필요한 것이다.

국가균형발전의 일환으로 추진하는 다양한 정책과도 연계한다고 할 수 있다.[1] 따라서 실질적인 수도권과 비수도권 간 지역격차의 문제를 인구, 삶의 질, 중추관리기능, 산업과 고용, 신지식기반 등에 대한 체계적으로 접근해야 한다. 수도권의 사회·경제적인 복잡다단함으로 인해 최근의 지역격차의 구조가 1990년대 이후에 들어서서 지식기반형 격차구조로 달라지고 있기 때문이다. 이것은 결국 수도권집중으로 인해 과밀에 따른 물류비 상승, 기회비용의 낭비 등 사회적 비용의 증가, 지역거점도시의 미발달로 인한 국가 전체의 효율성 저하 등 갖가지 문제를 야기하였으며, 수도권억제정책의 기조도 상당히 완화된 것에 기인할 수 있는 것이다. 이것은 김영삼 정부 이후 경제적 규제완화와 함께 도시계획적인 규제완화가 이루진 것에도 기인한다. 이 과정에서 수도권의 총량규제정책은 수도권의 계획적 관리의 한계를 드러냈으며 이와 동반한 국토이용관리법의 방만한 운영에 따라 2000년의 용인난개발 및 국토난개발을 가져오게 한 것이다. 2002년 기존의 국토이용관리법을 대체하여 국토기본법이 제정된 것은 친환경적으로 국토공간을 관리하겠다는 측면에서 긍정적인 변화라 할 수 있다.

다만 노무현 정부에 들어와서 추진된 행정수도 이전 및 행정복합도시(행정중심도시) 건설은 수도권의 계획적 관리의 한계를 드러내고 있으며, 충청권에 건설추진하려는 행정중심도시의 건설계획은 강원도와 같이 지리적 격차로 접근성이 결여되는 지역에서는 역차별 내지 지역격차의 문제가 더 확대될 수 있으므로 행정중심도시 건설은 신중하게 추진해야 한다.

더욱이 2000년 난개발 이후 5년이나 미룬, 수도권지역에서 추진하려던 제3차 수도권정비계획을 조속히 수립하여[2] 수도권의 계획적 관리의 추진과 함께 수도권과 비수도권의 상생발전을 도모할 수 있는 정책을 수립해야 한다. 이 계획은 국가경쟁력을 제고하고 비수도권과의 균형발전을 모색하는 토대가 될 수 있기 때문이다. 제3차 수도권정

---

1) 노무현 정부에서는 국가균형발전의 비전을 '역동적 지역발전을 통한 국가재도약'으로 삼고 있으며, 목표와 기본 전략을 '지역혁신을 통한 자립형 지방화 실현'(국가균형발전위원회, 2005.2)에 두고 있다.

2) 건설교통부 업무보고(2005.3.7)에서는 제3차 수도권정비계획이 2005년 상반기에 수립될 것으로 밝히고 있다.

비계획의 수립을 통해 합리적인 규제를 통한 수도권의 계획적 관리가 필요하다.

정치적인 논리 이전에 계획적인 논리로 수도권과 비수도권의 정책을 추진해야 하는 것이다. 강원권의 경우 수도권 주민을 위한 한강수계관리 등으로 인해 지역발전의 규제가 발생하고 있는 점을 감안할 때, 수도권권역 중 자연보전권역의 물이용부담금을 활용한 재정지원처럼 제3차 수도권정비계획 수립 시 이에 연계한 특별회계를 편성하여, 이 지역과의 상생의 발전을 도모할 필요가 있다.

2. 지방분권과 지역특화를 통한 지역격차 해소

노무현 정부에서는 수도권과 지방의 갈등과 대립구조를 해소할 수 있는 상생적인 발전방안으로 행정수도 대안, 국가균형발전, 지방분권, 동북아 경제중심 프로젝트를 통합 패키지 정책으로 추진하여 정책 추진의 효율성 제고에 초점을 맞추고 있으나 (국가균형발전위원회, 2005), 지역정책에서 적지 않은 문제를 드러낸 것이 사실이다.

이를 개선하기 위해서는 지역여건에 맞는 지방분권과 지역특화를 통해 지역균형발전이 이루어질 수 있도록 해야 할 것이다.

한편 중앙정부와 지방정부가 파트너십과 상호연계에 의한 협치(協治)방식으로 추진하는 제1차 국가균형발전5개년계획('04～'08)은 행정중심도시 건설을 반대하는 지방자치단체와의 정부 간 협력적 관계 구축에는 적지 않은 갈등이 예상된다.

더욱이 혁신주도형 지역발전을 위해 지역특성에 맞는 전략산업을 육성한다는 전제 아래 지역의 비교우위와 산업기반, 차세대 성장동력산업 등을 고려하여 전국 16개 광역시·도별로 4개의 전략산업을 선정하여 육성한다는 계획도 수립되었는데, 강원도의 경우는 바이오, 의료기기, 신소재 / 방재, 관광문화가 그것이다.

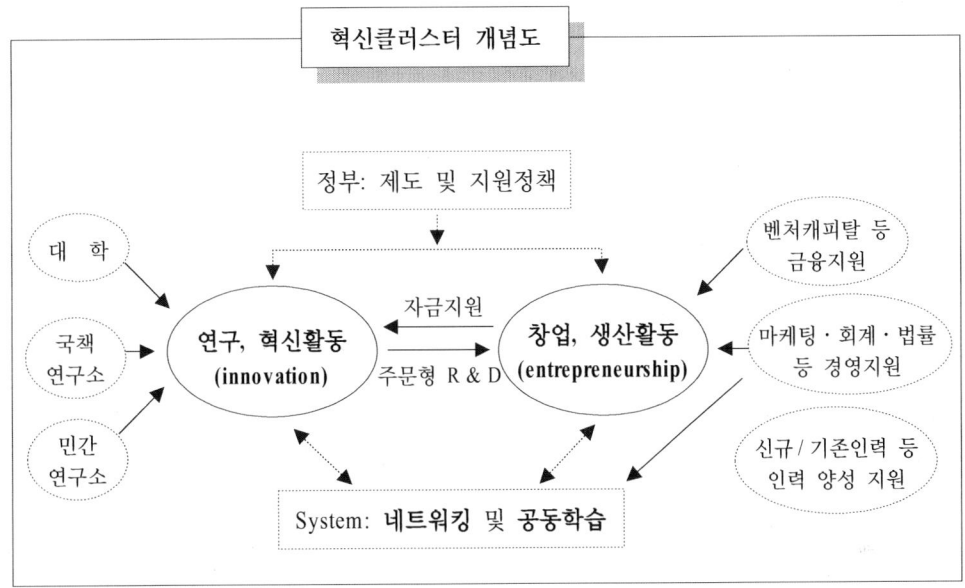

자료: 국가균형발전위원회(2005).

〈그림-6〉 노무현 정부의 혁신클러스터 개념도

이 계획에는 지방자치단체 간의 중복되는 전략산업은 중점 분야를 차별화한다고 하지만, 중복선정에 따른 세부추진과정에서 여러 가지 문제가 초래될 수 있다. 이 5개 년계획의 성공적 추진을 위해 균형발전특별회계('05년 5.5조 원, '08년 7조 원 규모)를 계획하고 있으나(국가균형발전위원회, 2005), 효율적인 재원배분문제도 검토해야 한다. 바이오산업과 정보기술산업은 각각 12개, 10개 지방자치단체가 전략산업으로 선정하였으나, 세부 중점 분야를 지역여건에 맞게 차별화시켜야 한다. 생산과 연구개 발기능이 단절된 현재의 연구단지와 국가공단 등에 있어서는 두 기능이 유기적으로 결합된 혁신클러스터(innovative cluster)로 전환해야 하므로 사업집행의 총체적인 시 뮬레이션이 필요한 것이다.

1차 시범사업 대상이 과학연구단지(대덕), 국가산업단지(창원, 울산, 구미, 광주, 반월·시화, 군산, 원주)가 중심이 되므로 강원도의 경우 지역발전의 전기가 마련되도록 내실 있는 준비와 대비가 필요하다. 물론 핵심선도기술 개발, 공공연구센터 유치, 전문인력 양성, 정주여건 개선 등 추진 등 지역의 특성화 발전 및 지역경제 활성화를 위해 추진하는 지역특화발전특구제도(04년 9월 23일부터 법 시행)에도 행정력을 집중하여 집행력 제고 및 정책의 실효성이 높아지도록 해야 한다.

3. 사회간접자본(SOC)의 투자 확대를 통한 지역격차 해소

사회간접투자는 정주환경 개선과 지역경제 활성화를 통한 지역성장 촉진을 목적으로 하는 것이다. 특히 지역소득 창출을 위한 인프라 구축은 접근성 제고를 위해 필요한 것이다.

따라서 국가계획의 구체적인 추진을 통해서 지역의 인프라가 생활권 중심으로 우선적으로 구축되어야 하며, 장기적으로는 국토개발 축과 연계한 인프라 구축이 이루어져야 한다.

우선적으로는 강원도의 지역현안사항인 지역 간 단절된 교통망의 조기건설과 함께 지역특수성에 따른 남북교류의 경쟁력 확보 측면에서 단절된 교통망과 신규 국가기간망의 지속적 확충이 추진되어야 한다. 지역격차를 해소하는 데 있어서 중요한 투자인 것이다. 제4차 국토계획에 있어서 강원도는 지방의 9대 광역권의 일환으로 강원·동해안권이라는 특별권역의 지정과 함께 이 지역은 국제적 휴양·관광거점으로 육성하는 한편 환동해권의 경제 및 문화교류기반을 구축한다는 데 기치를 두고 있다.

그동안 국토정책의 틀 속에서 많은 잠재력이 있음에도 불구하고 국토정책상의 미반영된 지역의 현안문제를 상위계획에서 다룰 수 있는 계기가 된 점은 긍정적인 요소이다. 특히 동북아 및 남북협력의 관광지 조성 등이 이루어질 전망이므로, 금강산－설악산 연계 관광, 해상 크루즈(한－중－일－러 등 국제 관광루트), DMZ의 평화생태공원 관리 등 강원도는 백두대간의 큰 골격을 형성하는 국토축에서 미래의 땅이 아닌 우리 민족의 생명의 땅으로 국토비전을 수정하여 관광잠재력을 극대화시켜야 한다. 이와 같은 관광인프라 구축에 있어서 강원도와 수도권의 관계는 협력적 네트워크 차원에서 투자관행이 이루어져야 한다. 주말이면 붐비는 영동고속도로와 국도 46호선의 정체가 수도권지역으로까지 여파가 미치므로, 수도권광역교통계획 차원에서 접근성 개선을 위한 투자 확대가 필요하다.

특히 춘천－하남 간 고속도로의 건설 등 투자우선순위에서 다른 계획보다 후순위로 건설되는 점은 아쉬운 점이지만, 이 고속도로의 개통 후에 국도 46호선(일명 경춘국도)은 중점경관도로로 기능을 변화시켜 대성리－청평－가평－강촌－춘천 연계개발(경기도－강원도 협력적 관광개발)을 검토해 볼 필요가 있다.

중앙고속도로의 춘천－철원 연결은 접경지역의 생활여건 개선 등 지역격차 해소와 함께 통일시대에 대비한 인프라 구축이 될 것이다.

영동고속도로 확장, 동해고속도로 구간중에서 동해－삼척 구간의 조기개통은 영동권의 접근성 및 물류체계의 개선에 크게 기여할 것으로 예견되므로, 철도연계교통망의 개선 및 전철화 사업도 병행해서 추진할 필요가 있다. 장기적으로는 대중국 관계(TCR) 및 대러시아 관계(TSR)를 고려할 때, 평택항과 동해항을 연계하는 철도교통망의 신설도 고려할 수 있을 것이다.

4. 지방재정의 확충을 통한 지역격차 해소

지방자치단체의 지역격차를 해소하는 데 있어서 중요한 지방재정의 확충이라 할 수 있다. 지방자치단체에서 각종 지역개발사업을 추진에 있어서 자체투자재원을 통해서 충당한다는 것이 어렵기 때문이다. 특히 강원도와 같이 재정자립도가 취약한 지방자치단체의 경우에는 지역발전을 위한 자체 재원조달에 어려움이 크기 때문이다. 따라서 자체세원발굴 등도 중요하지만 열악한 지방재정하에서는 지방재정 확충을 위한 중앙정부의 적극적인의 지원이 필요한 것이다.

<표-22> 지방자치단체 회계별 채무현황

(단위: 억 원)

시·도별 \ 구분	계	일반회계	기타특별회계	공기업특별회계
합 계	(100%) 160,913	(48.5%) 78,010	(27.8%) 44,686	(23.7%) 38,217
서 울	11,014	566	9,388	1,060
부 산	20,502	10,211	4,747	5,544
대 구	22,880	8,468	11,149	3,263
인 천	6,719	3,494	16	3,209
광 주	9,106	4,672	2,891	1,543
대 전	7,347	2,193	3,200	1,954
울 산	5,126	2,522	829	1,775
경 기	22,214	11,447	5,424	5,343
강 원	8,126	5,683	371	2,072
충 북	3,123	2,071	280	772
충 남	6,107	2,949	1,375	1,783
전 북	6,362	4,340	635	1,387
전 남	7,111	2,940	1,826	2,345
경 북	10,581	6,858	632	3,091
경 남	7,959	5,173	635	2,151
제 주	6,636	4,423	1,288	925

자료: 행정자치부(2004)

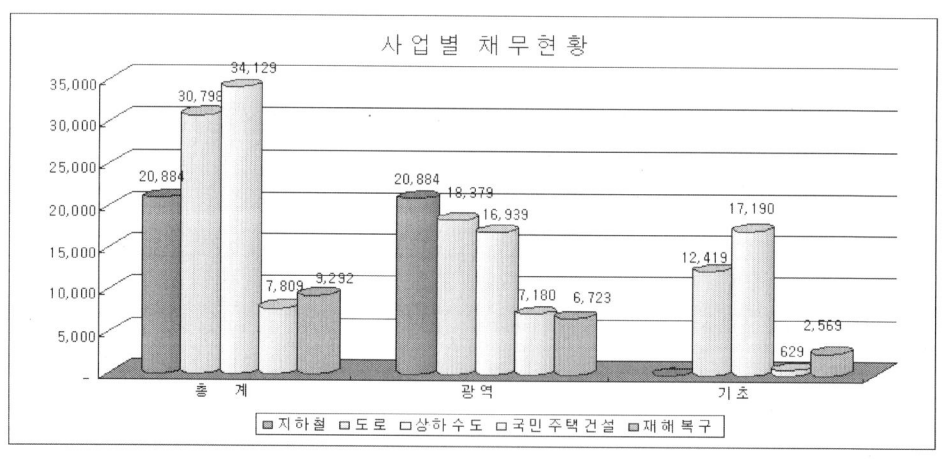

자료: 행정자치부(2004)

<그림-7> 지방자치단체 사업별 채무현황

V. 결 론

우리 사회는 강력한 중앙집권체제와 수도권 일극집중 등으로 인해, 수도권은 심각한 과밀의 문제와 함께 지방은 정체와 저발전의 위기에 직면하고 있다. 수도권집중도는 변화되지 않고 있으며, 특히 수도권 전체 면적의 17.8%인 지역에 수도권 전체 인구의 87.2%, 제조업체의 84.4%가 집중되어 있다. 이로 인해 수도권과 비수도권 간, 지역과 지역 간 갈등이 심화되어 왔고, 국토의 효율성 저하로 인한 국가경쟁력 약화를 경험하였다.

지방화와 균형발전은 당위의 문제가 아니라 국가생존을 위한 절박한 시대적 과제로 부상하게 된 것이다. 이를 위해서는 인구·교통·산업의 과집중으로 인해 각종 도시문제와 물류비용의 증가를 야기시키고 있는 지금의 수도권문제 해결을 위한 정책적 전환이 필요하다.

국가경쟁력 강화를 위해 수도권정책은 기존의 틀에서 벗어나 세계대도시권과의 경쟁 및 지방과 수도권의 공동번영(win-win strategy)이란 실질적인 구도로 전환해야 하는 것이다.

우리나라의 경우 경제적 발전수준에 있어서의 지역격차는 현상 그 자체로서뿐만 아니라 지방자치제의 성공적인 수행을 가로막는 걸림돌이 되고 있다. 지방정부가 지역개발의 목표를 효과적으로 수행하기 위해서는 제도적으로 보장된 권한뿐만 아니라 그 권한의 행사에 필요한 재원을 반드시 확보해야 한다.

지역적 특수여건으로 지금까지 산업·인구의 공동화 등 지역격차문제가 발생하게 된 것이다. 경제적인 측면에서 상대적으로 낙후된 지역은 물질적인 개발을 적극적으로 추진함으로써 여타 지역과의 격차를 가능한 한 줄여야 한다. 따라서 중앙정부가 지역격차 완화를 위한 적극적인 역할을 할 수 없는 경우 그 지역은 영원히 낙후된 지역으로 남게 될 가능성이 크게 된다.

연구대상으로 삼고 있는 수도권과 강원도와의 지역격차문제는 서로 연접한 지역인데도 매우 심각함을 알 수 있으며, 이제는 강원도 지역주민들에게 실질적인 혜택을 줄 수 있는 시스템이 마련되어야 할 것이다. 부족한 사회간접자본(SOC)의 지속적인 투자와 함께 수계관리, 관광연계개발, 인프라 구축 등 수도권과의 강원권 간의 협력적 관계 구축을 통한 상생의 발전이 필요한 것이다. 따라서 정부에서 추진하는 행정중심건설문제는 수도권의 계획적 관리의 한계가 발생할 수 있으므로 재고되어야 하며 정치적 논리의 전제보다는 계획적 논리가 전제된 국토균형발전의 원칙이 필요한 것이다. 특히 분권화 시대에 걸맞은 지역특화를 도모하고, 협력적 관계 구축이라는 통합모형 정립에 목표를 두고, 강원권의 교통, 산업, 관광자원의 효율적인 관리방안을 모색해야 한다.

이것은 거시적으로는 남북협력사업의 경쟁력 있는 교두보를 확보하는 것이다. 물론 지방분권과 함께 지역격차를 논의할 때에는 다양한 측면에서 검토해야 한다.

소득수준으로 대변되는 지역의 경제력 수준뿐만 아니라 지역주민의 복지, 환경상태, 기본 수요 등 각종 측면에서 주민들의 생활여건과 후생에 영향을 미치는 제 변수들이 종합적으로 고려되어야 한다는 것이다. 이는 곧 지역격차를 파악함에 있어서 지역 간 경제적 격차를 넘어서 생활의 질이라는 측면에서의 격차로 넓게 파악해야 하기 때문이다. 후속연구에서는 이 부문의 종합적인 연구를 진행하고자 한다.

❖ 참고문헌 ❖

1. 건설교통부(2005), "대통령업무보고자료".
2. 경기도(1998), "시·군단위지역내총생산(GRDP)".
3. 국가균형발전위원회·건설교통부(2005), "수도권발전대책 추진방향".
4. 국토연구원(1997), "지역균형발전시책의 평가와 발전방향".
5. 국가균형발전위원회(2005), "국가균형발전정책 추진현황"(국회특위 보고자료).
6. 김태명 외(1992), "한국의 지역개발격차, 한국지역개발학회지".

7. 이해종 외(1993), "지역내총생산(GRDP)추계편람", 내무부.

8. 한국은행(1991), "국민계정해설".

9. 한국지방행정연구원(1988), "지방재정력측정지표에 관한 연구".

10. 한국지방행정연구원(1988), "도시생활의 질 측정지표에 관한 연구".

11. 한국지방행정연구원(1991), "지역총생산(GRP) 추계에 관한 연구".

12. 행정자치부.2004), "지방채무현황".

13. 행정자치부(2004), "지방재정지표".

14. 허문구 외.(2004), "경제성장과 지역간 격차", 산업연구원.

제2장

지방행정서비스의 혁신을 통한 지역경쟁력 강화

－ 고객만족을 위한 지방행정서비스의 혁신방안

Ⅰ. 문제의 제기

참여정부의 가장 중요한 정책적인 변화는 모든 정책 분야에서 중앙정부와 지방정부가 정책혁신을 표방하고 있다는 점이다. 이 과정에서 부처 간 및 부처 내의 혁신평가로 인해 중앙정부와 지방정부는 다양한 분야의 혁신결과를 창출하고 있는 실정이다. 중요한 것은 지역혁신과 지방정부혁신은 구별할 필요가 있다는 점이다. 지역혁신(RIS: Regional Innovation System)이 지방자치단체구역 내의 경제발전과 지역개발을 총칭하는 것이라면(Porter, 2000), 지방정부혁신은 지역사회 내의 공공기관 특히 집행기관의 쇄신을 뜻한다고 볼 수 있기 때문이다(이종수, 2004: 241).

행정자치부에서 추진한 지방행정혁신평가 역시 후자에 국한해서 평가하는 것이다. 변화관리개념을 도입하여 각 기관을 혁신수준별로 구분하여 각각의 수준과 단계에 맞는 컨설팅, 매뉴얼 보급 등 걸림돌이나 장애물을 제거하여 내부로부터 혁신을 지속화하고 있으며, 행정자치부의 지방행정혁신은 내부적 혁신에 중점을 두게 되는 것이다. 따라서 지방행정혁신의 주체는 지방행정공무원으로 공무원이 주체가 되어 혁신을 주도적, 자율적으로 이끌어 가도록 여건을 조성하는 것이다. 이를 위해 일방적인 개혁이 아니라 국정운영의 모든 주체들이 실질적으로 참여하는 협력적 거버넌스 개혁을 강조하고 있다.

서서히 뜨거워지는 물속에서 아무런 느낌도 없이 있다가 죽게 되는 삶아진 개구리(Boiled Frog)의 교훈을 잊어서는 안 될 것이다. 조직혁신을 통한 변화관리가 중요함을 잊지 말아야 할 것이다.

이 연구에서는 다양한 혁신논의보다는 행정주체의 혁신을 통한 고객(주민)만족을 위한 지방행정혁신방안에 대하여 살펴보고자 한다.

II. 혁신의 이론적 검토 및 지방행정혁신의 필요성

1. 혁신이론

혁신(innovation)은 업무과정이나 산출, 행태, 프로그램, 기술 등의 측면에서 바람직한 상태를 새롭게 도입하는 과정 및 결과를 지칭한다고 할 수 있다(이종수, 2004: 242). 역사적으로 혁신이론은 지역개발과도 연계고리를 형성한다고 할 수 있다. 슘페터(1943)의 혁신연구는 지역혁신의 많은 좌평을 형성했다고 할 수 있다. 그는 혁신의 개념적 도구와 주요 명제들을 제시하여, 사회변화의 일반이론을 구축한 것이다. 1980년대 이후 첨단산업의 기능 중에서 첨단산업이 갖는 유퍼스나무효과(upas-tree-effects) 방지는 지역쇄신의 큰 변화를 가져오는 결과를 형성하게 된다는 전제가 있기에 많은 지방자치단체에서는 첨단산업유치에 큰 노력을 한 바 있다[3](이해종, 1997). 1980년대의 첨단산업 육성전략은 1990년과 2000년으로 넘어가면서 지식기반사회의 형성 및 그에 따른 지식기반산업의 육성전략으로 큰 변화를 형성하게 된다. 첨단산업이 2차 산업중심의 R&D비중이 높은 산업중심이라면 지식기반산업은 1, 2, 3차 산업을 망라하여 지식이 기반된 산업이 전제가 되는 것이다. 이것은 21세기의 혁신구도와 연계된 것으로 아이디어의 창출을 통한 사회 전반의 혁신드라이브가 형성되는 계기를 마련했다고 해도 무리는 아니다. 이와 같은 사회구조의 변화를 전제로 혁신을 설명하는 이론적 지류를 살펴볼 수 있는데, 이종수(2004)는 대체로 혁신

---

3) 유퍼스나무는 열대지방의 독성이 강한 나무로 주변지역에는 다른 풀들이 식생할 수 없을 정도로 주변을 황폐화시킨다고 할 수 있다. 따라서 유퍼스나무효과 방지는 사양산업을 유퍼스나무에 비유한 것으로 첨단산업을 육성할 경우 산업종사자들이 블루칼라에서 화이트칼라중심으로 구성원이 바뀌게 되어 지역의 인재쇄신은 물론 지역산업의 사양화를 방지하여 지역혁신, 지역쇄신이 전개됨을 전제로 한 것이다. 따라서 유퍼스나무효과 방지는 지역혁신을 추구하는 데 근간이 되며, 경쟁력 있는 산업구조, 지역구조의 개편이 전제됨을 뜻한다고 할 수 있다. 첨단산업 육성의 중요성에 비유한 사례인 것이다.

의 과정 및 단계(how)를 이루는 연구와 혁신의 촉발요인 및 내용을 다루는 연구(what)로 대별한 바 있다. 전자는 혁신이 창안되고 확산되는 일련의 시간적인 차원을 다루는 것이고(이승종, 2004), 후자는 혁신을 잉태시키는 요인과 혁신의 내용을 다루는 것으로 볼 수 있다(이종수, 2004).

2005년부터 행정자치부에서 실시하는 지방행정혁신평가는 혁신의 과정(how)의 평가를 강조하고 있으며, 혁신사례를 다양한 채널을 통해 지방자치단체에 전파하려는 노력을 하고 있음을 알 수 있다. 혁신의 과정에 대해 슘페터 스스로는 창안(invention) → 혁신(innovation) → 확산(diffusion)의 세 단계를 제시한 바 있는데, 창안은 새로운 변화와 착상을 의미하는데, 여기에는 새로운 개발과 모방도 중요하다. 모방과 벤치마킹을 통한 비용절감, 위험부담의 감소, 정당화를 도모할 수 있기 때문이다(이종수, 2004). 최근에는 모방과 벤치마킹을 넘어서는 행정혁신을 추구하는 방향으로 전개하고 있음을 볼 수 있다.

기업혁신의 방법을 행정혁신에 도입한 결과에 기인한다고 볼 수 있다. 두 번째 단계의 혁신이란 새롭게 발견된 요소나 과정을 경제적으로 적용하고 활용하는 단계이다(이종수, 2004). 마지막 단계는 시간의 흐름과 더불어 사회구성원 사이에 혁신이 전파되는 단계이다(이종수, 2004). 이와 같은 혁신의 단계는 지방행정혁신의 중요한 고리를 형성하고 있으며, 지방행정혁신대회는 다른 지방자치단체의 혁신행정을 벤치마킹할 수 있는 중요한 기회가 된다.

혁신의 내용(what)에 대한 연구는 주로 혁신의 대상, 추진주체, 결정요인 등을 대상으로 한다. 혁신은 대상과 방향에 따라 산출의 혁신, 업무과정의 혁신, 조직의 혁신 등으로 분류되기도 한다(Pennnings, 1998: 50, 이종수, 2004). 다양한 형태의 평가준거가 나오게 되는 사례가 된다. 현재 개발된 지방행정혁신 평가지표는 2005년부터 실시되었기에 지표개발에도 더욱 많은 노력이 필요함을 알 수 있다. 선정된 지표에 따라 평가결과가 달라지고 그것에 따라 행정혁신의 전반적인 방향이 다르게 전개될 수 있기 때문이다.

2. 지방행정혁신의 필요성

지방행정혁신이란 새로운 행정관행을 지방행정조직 내에 성공적으로 정착시키는 것으로 지역경쟁력과 고객(주민)의 만족을 위하여 과거에는 행하지 않았던 새로운 행정관행(조직문화, 제도, 업무과정, 조직구조, 관리기법 등)을 지방자치단체의 행정부문에 도입하여 실행하고 정착시켜 나가는 총체적 활동을 의미한다고 할 수 있다 (행정자치부, 2006: 12).

이와 같이 혁신의 의미는 사전적으로는 제도나 방법, 조직이나 풍습 따위를 고치거나 버리고 새롭게 하는 데 있다. 현대적으로는 기존의 업무수행 절차를 근원적으로 재고(fundamental rethinking), 철저한 재설계를 통해 비용·품질·서비스·속도 등을 극적으로 개선하는 과정(process)으로 사용하였다.

일반적으로 개선은 긴 기간 동안 점진적인 변화를, 혁신은 짧은 시간에 근본적으로 변화하는 것을 가리킨다(관점의 차이). 옛사람들은 짐승의 몸에서 갓 벗겨낸 가죽(皮)에서 털과 기름을 제거하고 무두질로 부드럽게 잘 다듬은 가죽을 새롭게 한다는 의미로 혁신(革新)이라는 용어를 사용한다. 기업에 있어서의 혁신은 원가를 줄여 제품이 더 높은 가치를 창출하도록 하여 시장을 선점하는 것으로 생산기술의 변화뿐만 아니라 시장이나 신제품의 개발, 신자원의 획득, 생산조직 개선 또는 신제도 도입 등을 포함하는 넓은 개념의 기술혁신을 뜻한다.

지방행정혁신은 행정여건 및 고객의 니즈 변화와 함께 행정도 변화해야 하는 당위성의 귀결이라 할 수 있다. 지방행정혁신의 필요성을 살펴보면 다음과 같다(행정자치부, 2006: 13-16).

첫째, 혁신은 새로운 행정환경에 변화에 살아남기 위한 생존전략(환경변화 측면)이다. 광속도로 이루어지는 지식정보화, 국경과 경계가 없는 무한경쟁의 세계화(Globaliation), 행정수요의 다양화와 복잡화 등 급변하는 행정환경은 새로운 행정의 틀과 관행, 의식의 변화를 요구하고 있는 것이다. 더욱이 주민과의 최접점 행정서비스라는 특성을 지니고 있는 지방행정은 주민의 기대와 요구수준과 만족수준이 급속히 변화되는 상황에서 과거의 방식과 관행을 유지하고 새로운 패러다임을 갖추지 못한다면, 주민들의 신뢰를 얻지 못하고 행정과 주민 간의 신뢰격차는 더욱 커지게 될 것이기 때문이다.

둘째, 세계10위권의 선진국가로 진입하기 위해서는 혁신강국이 전제(국가발전 측면)되어야 한다는 점이다. 선진 20개국의 경우 1만 불에서 2만 불의 달성기간이 평균 9.4년인 반면에 우리나라는 1만 불 달성 이후 10년간 1만 불에 머물러 있는 실정이다. 지식정보화 시대에 있어서 2만 불의 선진국 진입은 혁신강국을 통한 혁신주도형 성장전략으로 이룰 수 있는바, 지방행정의 혁신을 통해 이것은 달성이 가능하다는 것이다.

셋째, 지방행정혁신은 지방분권과 지역혁신의 성공적 정착을 위한 전제조건(지역발전 측면)이라는 점이다. 지방화의 진전에 따라 지방자치단체의 자율·분권이 확대되고 있으며, 이로 인해 지방자치단체의 권한과 기능이 점차 확대되고 있다. 따라서 지방분권의 수용능력을 높이고 지방행정혁신을 통해 지방행정역량을 극대화할 필요가 있다. 그러므로 지방행정혁신은 지방자치단체가 지방분권과 지역혁신을 통해 주민만족과 성과중심의 행정서비스를 극대화시킬 수 있는 토대가 된다고 하겠다.

넷째, 성과와 경쟁중심의 지방행정혁신은 공직자 개개인의 생존과 발전의 담보(공직시스템 측면)가 된다는 점이다. 공공기관에도 경쟁이 치열해지면서 조직 내의 경쟁력이 중요 요소로 대두되고 있으며, 이러한 경쟁력을 높이기 위한 동기부여책의 일환으로 공직시스템 또는 연공서열제를 넘어 성과와 실적, 공개와 경쟁중심으로 변하고 있다. 따라서 공직자의 인재상 또한 변화와 혁신을 통한 경쟁력 있는 인재상으로 변화되고 있기 때문이다.

이와 같은 급변하는 환경에 부응하여 새로운 관행과 의식을 갖고 있는지를 늘 고려해야 하고 지방분권과 지역혁신을 성공적으로 뒷받침할 수 있는 지방자치단체의 행정역량은 충분한 수준인지를 늘 판단해야 한다. 더욱이 지방자치단체를 신뢰하고, 공무원 개개인의 존재가치를 높게 평가하고 있는지도 고려해야 한다. 이것은 결국 지방자치단체의 혁신역량과 혁신수준을 판단하게 하는 준거가 될 것이기에 냉철하게 현실을 고려한 진단이 필요하다. 이것은 지방행정혁신평가(성과평가)[4]에서도 그

대로 드러나게 될 것이다. 3개 분야(혁신역량, 혁신과제, 혁신체감도)의 평가기준을 살펴보면, 혁신역량 평가에서는 기관의 혁신기반 및 혁신관리 역량에 대한 전반적인 수준을 평가하는바, 실적보고서의 서면평가, 현장확인 등을 통해 종합적으로 평가하게 된다[5](행정자치부, 2006: 6–18).

혁신과제의 중점평가 부문에서는 지방공통혁신과제의 추진을 위한 기반 구축 및 그간의 실적 등을 평가하는바, 지정과제 중 지방자치단체별 선택적 혁신과제 및 자체혁신과제의 추진상황을 평가하게 된다. 혁신체감도의 평가는 서비스만족도가 중점평가대상으로 전화설문조사를 통해 이루어지게 된다.

Ⅲ. 고객만족을 위한 지방행정혁신방안

1. 고객서비스(CS) 본질의 이해, 행정도 서비스라는 인식 필요

우리의 고객은 누구인가? 고객이란? 여기에 큰 관심으로 가져야 한다.

좁은 의미의 고객, 넓은 의미의 고객을 구별해야 한다. 넓은 의미의 고객은

---

4) 행정자치부에서 지방행정혁신평가단에서는 246개 지방자치단체(16개 시·도, 230개 시·군·구)를 3개 부분(혁신역량, 혁신과제, 혁신체감도)의 2006년도 추진실적(2006.1.1~10.31)을 평가하였다(2006.11.1~12.28).

5) 2006년도 행정자치부 지방행정혁신평가에서는 시·도 및 시·군·구 혁신담당부서에서 지방행정평가정보시스템(VPS: Virtual Policy Studio)을 통해 지방행정혁신실적으로 입력한 사항을 일정시간 타 지방자치단체에서도 열람할 수 있도록 하는 한편, 열람기간 중에 이의신청을 사항을 제기할 수 있도록 하였다. 따라서 이 기간에는 자체입력내용이나 다른 지방자치단체의 입력사항을 볼 수 있으며, 문제점 및 부적정한 내용(입력단위 착오, 허위자료 등) 등에 이의신청을 할 수 있다. 평가단에서는 후속조치로 현장확인 시 관련 내용을 확인한 후에 평가점수를 조정하게 된다.

① 우리와 접촉하는 조직 외부의 모든 사람(좁은 의미의 고객)

② 우리와 접촉하는 조직 외부의 모든 협력 업체

③ 조직 내에서 대하게 되는 모든 사람, 타 부서 및 동료 모두를 뜻한다.

특히 다음과 같이 고객서비스는 4대 구성요소로 볼 수 있는데,

① 서비스의 질(SERVICE QUALITY)

② 고객의 만족(CLIENT SATISFACTION)

〈표-1〉 고객만족의 표준사례 및 개인의 자세

구 분	주요내용
호텔의 고객만족 서비스 표준사례	❑ 고객을 만날 때마다 미소로써 인사하고 환영의 인사말을 사용한다. ❑ 고객을 대할 때는 항상 친절하고 성실한 자세로 임하고 예의바른 말씨와 태도로써 대한다. ❑ 모든 고객의 질문과 요구에 올바르고 신속하게 답하며 그 문제의 해결에 개인적인 책임감을 갖는다. ❑ 고객의 요구를 예견하고 요청하기 전에 고객의 요구를 해결한다. ❑ 고객이 집 같은 편안함을 느끼도록 봉사한다. ❑ 고객의 불만사항에 대한 요청은 무조건 수정한다.
프로의식 (직원개인자세)	❑ 열정적임 ❑ 직무에 대한 깊은 이해 및 풍부한 상품지식 ❑ 업무에 대한 숙달 ❑ 고객에 대한 이해 ❑ 책임감 및 신뢰감 ❑ 유연성 및 융통성 ❑ 진지한 반응 ❑ 친절 ❑ 주의 깊음 ❑ 업무의 정확성 ❑ 업무지식 ❑ 단정한 용모 및 명랑함 ❑ 능률적인 업무처리

〈표-2〉 고객서비스 30대 실천항목

주요내용
1) 고객의 문제를 해결해 주려는 진지한 의욕이 있는가?
2) 고객은 만족하고 있다는 확신이 있는가?
3) 고객에 대한 상냥한 미소를 머금고 있는가?
4) 까다로운 고객을 대할 때 전문가적 자세로 임하고 있는가?
5) 고객을 대할 때 따뜻한 눈길을 보내고 있는가?
6) 고객과의 대화 시 고객을 존중하고 있는가?
7) 수시로 고객에게 감사를 표시하고 있는가?
8) 해박한 업무 관련 지식을 나타내고 있는가?
9) 우리가 고객의 요청을 존중하고 있다는 점을 느끼도록 하고 있는가?
10) 기회 있을 때마다 고객의 의견을 묻고 있는가?
11) 고객의 의견과 관심사에 귀 기울이고 있는가?
12) 고객의 요청에 대한 해답이 불가능할 경우 요령을 피우지 않고 솔직 담백한 자세를 취하고 있는가?
13) 고객의 요구를 충족시키지 못할 경우에 부정적인 언사를 피하고 있는가?
14) '아닙니다'라는 말은 정중하게 하는가?
15) 고객 응대 시에는 적극적인 태도로 임하고 있는가?
16) 고객 응대 시에는 고객의 입장에서 임하고 있는가?
17) 고객의 이름을 자주 불러 줌으로써 귀하게 모시고 있다는 인상을 주고 있는가?
18) 고객이 말한 내용을 반복해 줌으로써 내용을 확인하고 있는가?
19) 고객의 제안에 대하여 적극적인 조치를 모색하고 있는가?
20) 고객정보를 적시에 적절한 사람에게 전달하고 있는가?
21) 고객이 원하는 바를 분명하게 밝히도록 돕고 있는가?
22) 고객과의 대화 시 전문영어나 속어를 가급적 사용하지 않고 있는가?
23) 고객의 요구에 대해 정확히 파악하고 있는가?
24) 고객의 관심사에 대해 신속하게 처리하고 있는가?
25) 서비스 기준의 향상을 위해 진지하고 충분한 노력을 기울이고 있는가?
26) 서비스의 질적 향상을 위해 충분한 노력을 기울이고 있는가?
27) 타 부서의 업무노력에 대해 충분히 이해하고 있는가?
28) 현재 고객에게 제공하는 서비스의 질에 대해 자부심을 갖고 있는가?
29) 현재 고객에게 제공하는 서비스의 속도에 대해 자부심을 갖고 있는가?
30) 고객 컴플레인에 대해 신속한 해결방안을 모색하고 있는가?

자료: wisdom21(2006), 재작성.

③ 프로의식(PROFESSIONALISM)

④ 우리, 우리들 자신(YOU, YOURSELF)이라 할 수 있다.

이런 측면에서 고객을 위한 서비스의 질과 서비스 표준을 설정해야 한다. 서비스의 질은 신속하고 친절하고 이해심 있는 정신에 의해 결정되며, 서비스 표준의 설정은 무형의 서비스를 가시화시키려는 노력이라 할 수 있다.

고객만족이란 서비스 요원의 자질에 따라 그 심적인 만족이 좌우되는 것이며, 그 만족도는 서비스 요원의 기본적 능력과 이 능력을 최대로 발휘하는 의욕에 의해 고객만족의 크기가 결정된다(서비스 요원의 자질 = 고객만족의 최대 요건).

〈표-2〉에서 열거된 30개 항목에 대한 점검 및 실제 상황에 입각한 토의과정이 있어야 한다.

2. 고객(주민)지향의 지방행정혁신방안 모색

고객지향행정이란 국민을 고객으로 인식하여 고객의 입장에서 고객의 의견을 반영하여 그들의 요구에 적합하고 가장 절실한 서비스를 제공해 주는 것을 말한다.

최근에는 민간 부문에서 인터넷 등을 이용한 고객서비스의 혁신적 변화로 국민들은 서비스 기대를 스스로 높여 왔고, 그 결과 국민들은 행정에 대하여 서비스의 객체가 아니라 주체로서의 서비스를 받을 권리를 주장하였다. 따라서 행정기관은 이를 위하여 행정서비스에 대한 선택권과 통제권, 개인 맞춤형 서비스 등의 조건을 충족시킬 수 있는 서비스 역량을 확보해야 했다.

결국 이러한 고객지향행정서비스는 행정신뢰를 높임으로써 궁극적으로는 지방행정경쟁력을 제고하고 고객의 참여의지를 확보하는 데 크게 기여할 수 있다.

고객중심의 한 차원 높은 행정서비스를 제공하고, 시정의 투명성 확보와 경쟁력 제고로 시민과 함께 하는 활기차고 신뢰받는 열린 시정 구현에 있다.

다만 공직사회의 혁신이 어려운 이유는 행정문화와 관행으로 계층적 권위주의, 정적 인간주의, 전시적 의식주의, 의존적 보신주의 등이 있다. 특히 행정조직 내 자연발생적·진화적으로 형성된 하나의 질서로 뿌리 깊은 관행도 무시할 수 없다.

더욱이 직무환경상 제약으로 일을 많이 할수록 언론·감사·주민 등에 많이 노출되고 시달린다는 것이다. 한편 혁신을 바라보는 공무원의 고정관념에서 벗어나야 한다는 점이다.

일방주의(지시, 지침, 명령, 감시 위주), 냉소주의(동참의지 결여, 주체가 아닌 객체로 인식), 형식주의(실질적 변화·개선 성과보다 문서·보고서·외형상 지표에 집착), 폐쇄주의(정보·경험·자료의 공유와 전파에 인색)가 그것이다. 이 모든 사례는 지방행정혁신을 위해 개선되어야 하는 것이다.

고객(주민)이 체감할 수 있는 지방행정혁신 추진방안을 제시해 보면 다음과 같다.

첫째, 주민과 함께 하는 혁신을 통해 주민 속으로 혁신 확산이 필요하다.

혁신전담조직 설치 등 주민서비스 제고를 위한 '고객만족 행정' 강화와 함께 혁신과정 참여확대 등 주민들이 동참할 수 있는 '열린 혁신' 추진이 필요하다. 혁신온라인공유방 공개, 혁신모바일서비스 등 혁신홍보 등에도 역점을 둘 필요가 있다.

〈표-3〉 고객지향의 지방행정의 사례(강원도 동해시)

구 분	주요내용
1.고객중심 행정서비스의 알찬 실천	▫ **한 차원 높은 행정서비스 제공** ○ 민원처리결과의 메일링 서비스 및 SMS(문자정보) 제공 ○ 유기민원 처리기간 단축 등 민원서비스 혁신(202종) ○ 창구민원업무의 전산화 확대: 호적, 토지관리, 건축물, 세외수입 등 ○ 투명·공정한 계약사무 운영: 청렴서약제, 발주계획 사전예고제 등 ▫ **시민만족의 시정 추진** ○ 시정상담기능의 강화: 열린 시장실 및 생활민원상담실 운영 ○ 생활법률 무료상담실 운영으로 시민권익 보호 ○ 생활현장 확인행정 강화로 시정 사각지대 해소 ○ 불합리한 규제의 지속적 정비 ○ 불법행위 단속 강화: 불법 주정차·광고물·쓰레기투기 등 ▫ **'참여식' 친절교육 실시** ○ 워크숍 등 참여식 교육의 능동적 형태로 전환 ○ 친절한 공무원상 정립: 모니터링을 통한 인센티브 또는 페널티 부여 ○ '맞춤식' 민원공무원 친절봉사 교육: 전문가 초빙
2.시민과 함께 하는 참여시정 운영	▫ **시민의 시정참여기회 확대** ○ 행정서비스헌장 실천 정착을 위한 시민평가제 도입·운영 ○ 시정주요업무의 객관적 평가를 위한 '시민만족도' 조사 실시

구 분	주요내용
2.시민과 함께 하는 참여시정 운영	○ 시민감시기능 강화: 시민감사청구제, 주민투표제 운영 ○ 행정정보공개 및 각종 위원회의 시민단체 참여 확대 □ **차별화되고 열린 주민자치센터 운영** ○ 자치위원회 위원 의욕 고취: 지역공동체 형성과 공동관심사 해결 ○ 프로그램의 다양화 및 권역별 특성화: 평생교육장으로 발전 ○ 다양한 테마프로그램 운영: 노인, 주부, 주민, 청소년 등 □ **한마음 생활공동체 의식 함양** ○ 동해사랑·향토사랑 운동 추진: 출향인 고향사랑 교류사업 및 가정단위 '친척인연 맺어주기' ○ 담장허물기 운동 민간 확대 추진 ○ '군의 시민화 운동' 활성화: 시민 병영체험, 모범장병 시정체험 및 팸투어, 환경정비 지원
3.지방분권시대를 주도하는 자치역량 제고	□ **'최고와 1등'을 찾는 정책개발** ○ 열린 사고와 능동적인 자세로 미래를 펼쳐 가는 각종 시책 구상 ○ 시정 발전방안 발굴 워크숍·연찬회 개최 ○ 지방재정 확충 등 시책발굴을 위한 '창안시책 보고회' 개최 □ **조직의 활력화와 효율적 운영** ○ 보람과 희망이 있는 좋은 직장 만들기: 동호회 지원, 직원대화의 날 운영 등 ○ 행정환경 변화에 부응하는 조직체계 구축: 조직진단 확행 ○ 공정하고 객관적인 양성평등의 공정한 인사제도 확립 ○ 제안제도 활성화 및 우수공무원 인센티브 제공 □ **전문행정인 육성 및 협력기능 강화** ○ '맞춤형' 공무원 해외연수훈련기회 확대 및 자유출장제 실시 ○ 외국어구사능력 향상 교육 강화 및 정보화 능력 배양 ○ 공직자 의식개혁과 전문화를 위한 저명인사, 각계전문가 초빙 특강 □ **지방재정의 효율적 운용** ○ 안정적인 세입기반 확충: 납세편의시책 확대, 신세원 및 탈루세원 발굴 ○ 과감한 세출구조 조정 및 경상적 경비 절감: 5~10% ○ 예산편성 및 재정운영의 투명성 확대: 예산·결산서 고시 ○ 사회단체보조사업 성과 분석을 통한 객관성·투명성 확보 　- 사회단체 보조금 상한제 도입(ceiling제), 심사위원회 부의 결정
4.'디지털 동해' 구현	□ **열린 정보화 사업 추진** ○ 눈높이 맞춤형 '시민정보화' 교육 실시: 연 35,500명 ○ 정보화 환경의 다양화: 유관기관·단체 교육 확대 ○ 시민 인터넷 정보검색대회 개최 □ **정보화 지식기반 구축** ○ '디지털 동해' 구현을 위한 정보시스템 인프라 구축 　- 로드맵에 의한 '행정종합정보화사업'의 조기 완료 　- IT 인프라 강화로 유기적인 시스템 통합관리기반 구축(7개 사업) ○ 민원편의 Non-Stop 무인민원발급 서비스 확대(8종) ○ 행정사무의 완전 전자화(전자결재) ○ 홈페이지 안정화 및 고객별 맞춤형 이용체계 구축: 다중발송, 외국어 추가 ○ 기록물 전산화 사업의 완벽한 시스템 구축(2004 국무총리 표창)

구 분	주요내용
5.시민의 안전을 위한 재난·재해활동 강화	□ 재난·재해의 예방태세 확립 ○ 수방 5개년계획 수립(2004~2008) ○ 집중호우·대형태풍에 대비한 상습침수지구 예방대책 수립 추진 ○ '재난·재해 없는 마을' 시범마을 선정 및 육성(3개 마을) ○ 민방위시설·장비 관리 강화: 비상경보시설 등 3개 시설 109개소 □ '04년 태풍 '메기' 완벽한 수해복구 추진: 79개 사업 □ 재해위험지구 정비: 3개 지구(묵호, 부곡, 향로) ○ 법면보호 7,500㎡, 암거통수단면개량 320m, U형개거수로 150m □ 부곡천 하천암거 배수개선사업: 120m(5억 원)

자료: 동해시청(2005), 시정보고서, 재작성.

둘째, 성과 창출형 지방혁신으로 혁신의 내재화를 촉진해야 한다. 팀제 및 통합행정혁신시스템 등 지방형 성과관리시스템 구축이다. 특히 공통혁신과제는 현지 실천성 위주로 조정, 자체혁신과제는 지역특성에 맞는 과제를 발굴·추진해야 할 것이다. 물론 CEO 자율경영 확립 등 성과중심의 지방공기업 경영체제 정착이 전제되어야 한다.

셋째, 혁신공유와 경쟁 촉진으로 혁신동력을 지속적으로 창출해야 한다.

현장체험·사례경진대회·박람회·도서전 등 혁신시장을 다양화를 모색한다. 혁신 선도 자치단체(25개)를 중심으로 지방형 팀제, 주민참여형 행정시스템 등 타 지방자치단체의 혁신사례를 능가하는 정책적 개선이 필요하다.

넷째, 혁신 내재화를 지원하는 혁신교육·학습 강화가 필요하다.

계층별 '맞춤형' 혁신교육 실시로 혁신실행력 제고하는 한편, e-혁신 Learning 시스템 구축 등 상시적 학습체계 마련 및 지방형 행정혁신모델 개발을 위한 혁신연구기능 확충이 전제되어야 한다. 대학과의 연계 강화를 모색할 필요가 있다

다섯째, 혁신추진체제 재정비를 통한 혁신 가속화가 필요하다. 행정혁신전담팀 신설 등 지방혁신 전담조직을 보강하는 한편 행정혁신-지역혁신-교육혁신 등 지역단위 혁신기구 간에 연계 강화가 있어야 한다. 혁신 분야의 지속적인 정책 추진이 필요하기 때문이다.

직장은 항상 개선하기를 원하고 있다. 고객과의 신뢰관계를 유지하기 위하여, 새로운 고객을 창조하기 위하여, 조직에서는 매너리즘이나 조직의 경직화를 막기 위

하여 또한 새로운 경영환경이나 상황변화에 대응하기 위하여 끊임없이 조직 그 자체를 변혁시키고 직장의 레이아웃을 변경시키고 직장의 분위기를 일신시키고 일하는 방법과 새로운 업무에 도전해야 한다. 업무혁신이 필요한 이유이다. 더욱이 업무혁신은 종래의 방법으로 했을 때 어떤 면에서 낭비(시간, 인원, 조직, 물건, 경비, 도구 등)되고 있는지 찾아본다. 종래의 업무태도에 어떤 점이 비능률적인지 늘 고민해야 한다.

3. 효율적인 지방행정서비스의 공급체계 모색

① 지방공공서비스 공급체계의 문제

도시행정의 궁극적인 목적은 양질의 행정서비스를 공급하여 주민의 삶의 질(QOL)을 고양시키는 데 있다.

다만 지방자치를 실시하기 전에는 중앙부처의 재정지원으로 지역의 행정서비스 공급의 문제가 크게 부각되지 않았으나, 지방자치의 실시와 함께 최근에 실시되는 각종 시책평가에 따라 지역 간 서비스 공급의 비교분석이 이루어지고 있고, 지방자치단체장의 역량에 따라 공공서비스 공급체계가 다르게 나타나는 등 지방공공서비스의 공급은 새로운 양상에 접어든 것이다.

이와 관련해서 공공서비스 주체가 지방이라는 통념을 탈피하고 민영화(privatization)라든지 사용자부담(user's charges)원리를 통해 지방자치단체의 재정적 부담을 감소시키는 한편 지방공공서비스 전달에 있어 효율성을 제고시키고자 하는 제도적·행정적인 측면에서 추진하고 있다.

지방공공서비스의 공급주체, 공급체계 등에 대한 관심이 예산절감과 지방자치단체의 경영마인드 도입에 따른 지방재정 확충노력과 맞물려 심도 있게 논의되고 있는 사실이다. 자본주의 사회는 시장경제의 메커니즘 속에서 경제활동이 이루어진다고 할 수 있다. 문제는 공공서비스의 대상인 공공재의 비경합성(non-exclusion), 비배제성(non-rival consumption)의 특성으로 무임승차자(free-rider)가 발생하는 등 공공재의 공급은 민간기업에서 공급할 수 없다는 측면에서 시장경제의 실패로 정부의 역할 또는 정부의 개입이란 측면에서 행정서비스가 공급되어 왔다는 점이다.

이런 연유로 지금까지는 공공재 모두를 정부에서 공급한다는 논리가 지배적이었다. 다만 최근에 있어 공공서비스 공급의 한계 등으로 인해 공공서비스 전달의 효율성 제고 및 지방재정 확충 측면에서 여러 가지 대안이 나오고 있는 실정이다. 앞서 밝힌 바와 같이 서비스 공급의 주체와 대상, 방법 등이 그 예라 할 수 있다. 도시행정에 있어 경영마인드의 도입을 추구하고 있어 이에 대한 깊이 있는 접근이 필요하다고 할 수 있다.

실제로 미국에서 있었던 캘리포니아 주 주민발의 13(proposition 13; 1978.6.1)의 통과는 서비스 전달에 있어서 지방행정의 전환을 가져왔다.[6]

높은 세금에 대한 주민의 반발로 지방정부가 기존대로 도시 및 지방행정서비스를 공급하는 데 대한 재검토가 된 것이다.[7]

특히 당시에 지방정부 예산 가운데 세입의 주종을 이루고 있던 것이 상위정부의 보조금과 지원금이지만 주판매세, 주소득세 등도 적지 않은 세입규모를 차지하고 있었다.

따라서 이 부문에 대한 조세 삭감은 지방정부의 세입에 주는 타격이 클 수밖에 없었고 자유로이 세금을 올리고 세입을 확대하고 지출하는 행태에는 종지부를 찍게

---

6) 지방예산을 8%로 삭감시킨 결과를 가져왔는데 결과적으로는 종래의 증가일로에 있었던 도시정부의 예산을 삭감하고 지출에 통제를 가하는 세절감운동의 견인차 역할을 한 것이다. 그 후 많은 지역으로 확산되어 조세저항(tax revolt)이 파급되었다는 점은 주목받을 만한 일이었다고 할 수 있다.

7) 캘리포니아 주에서 일어난 조세저항을 계기로 많은 주민들은 다양한 공공서비스에 있어서, 재원은 모두 주민세금으로 그리고 공급주체는 반드시 지방정부인가라는 데 회의를 갖게 된 것이다. 실제로 민간 부문과 공공 부문에서 공급하는 서비스를 비교해 보면 민간 부문에서 낮은 요금으로 훨씬 좋은 서비스를 공급하고 있음을 알 수 있다. 쓰레기 수거의 경우는 시에서 직영하는 것보다 68% 이상 저렴하게 수거하고 있는 사례 등도 있음은 발전의 전기를 모색한 결과라 할 수 있다.

되고 긴축예산, 예산절감이라는 새로운 국면을 맞게 된 것이다.

이것은 공공재 속성을 지닌 공공서비스 전달에 있어 지방정부의 한계를 보여주는 것으로, 시장의 실패 → 정부의 개입 → 정부의 실패 → 민영화/사용자부담으로 이어지는 서비스 전달체계의 순환논리상, 효율성 측면에 있어 또 다른 측면의 전환을 가져온 대표적인 사례라 할 수 있다.

혁신적인 지방행정을 추진하는 데 있어서, 공공서비스 공급체계 개선은 중요한 타산지석이 될 수 있을 것이다. 결국은 지방공공서비스 전달의 효율성을 모색하게 된 계기가 될 것이며, 행정마인드에 혁신적인 경영마인드를 고려하는 지방자치단체에서는 깊이 있게 고민하고 해결해야 할 부문이다.

② 바람직한 지방공공서비스 공급체계 방향

지방공공서비스 공급체계의 개선은 지방행정의 혁신의 주도와 함께 지방경영시대라는 기치 아래, 감각적으로 퍼져 있는 지방의 논리를 발전시키는 데 중요하게 기여하게 될 것이다.

지방공공서비스를 보다 더 능률적으로 공급하면서 필요불가결한 공공서비스를 제공하는 방법은 조세를 절약하는 것이며, 공급체계의 개선은 장기적인 측면에서 모든 주민에게 혜택을 주는 것이라 할 수 있다.

로버트 풀(Robert W. Poole, Jr)은 지방공공서비스를 차질 없이 공급하고 주민의 불만을 해소할 수 있는 것으로 민영화, 사용자부담, 현명하게 대처하는 등 세 가지 방법을 강조하고 있다[8](김원역, 1987: 2-20).

민영화 방법은 지방정부에서 세금에 의해 공공서비스를 제공하지 않고 민간기업체에서 공급하는 것이다. 실제로 미국 국제도시행정가협회(ICMA: International City

---

8) 이 방법을 통해 미국도시들이 경찰, 범죄, 소방, 응급서비스, 박물관, 도서관, 쓰레기 수거, 위락, 공원, 교통, 사회복지, 도시계획, 토목, 건축, 일반업무관리, 학교 등에 있어서 예산 절감과 서비스 공급개선의 행태를 보여주고 있다. 즉 작은 정부의 경영철학을 기저에 두고 민간경제의 능동적인 참여를 통해 주민의 세금을 절약하고 서비스 질을 개선하는 데 역점을 둔 사례라 할 수 있다.

and county Management Association, 1989: 2-40)에 의하면, 많은 중소도시에서는 보다 다양한 민영화 방법을 도입하여 지방재정력의 확충은 물론 서비스의 질을 확대하는 데 큰 기여를 하고 있음을 알 수 있다.

이 실증적인 분석사례에서 민영화가 갖는 장점은 특수기술의 제공, 시정부기구 팽창의 억제, 서비스 공급의 추가비용의 감소, 신축성 있는 서비스의 운용, 다른 서비스와 비교할 수 있는 기회, 지방행정의 경영개선 등을 제시했다.

단점으로도 계약 체결 시 부패행위, 때로는 높은 비용, 부분적인 공공규제의 부족, 간혹 발생하는 서비스의 질, 특정기업의 독점에 따른 비효율성 등이 제기되었다. 이것은 민영화를 도입한 미국에서 치른 민영화의 수업료이자 단점이므로 우리의 지방자치단체에도 심도 있는 접근이 요구된다.

사용자부담은 세금징수를 하는 대신 사용자에게 비용을 부담시키는 것이다. 예를 들어 모든 시민이 모두 테니스를 즐기는 것이 아니므로 시설투자 및 유지비용을 주민 모두의 세금으로 운영한다는 것에는 문제가 있다. 따라서 그 시설을 이용하는 사람에게 시설을 이용한 만큼의 비용을 부과시킨다는 논리이다. 우리나라에 있어서도 각 지방자치단체별로 이 제도를 부문적으로 추진하고 있으며 공해 유발업체의 배출원 처리 및 시설 설치에 있어서 원인자부담의 확대는 이 논의와 같은 맥락으로 볼 수 있다. 사용자부담원리는 공정성 유지, 신축성 확보, 주민의 자유의사의 보장, 서비스 확장기회의 확대, 교외통근자의 시설이용의 무임승차문제 해결 등을 해결할 수 있다는 장점이 있다. 특히 신축성 측면에 있어 시설이용자에 대한 피크타임과 주말과 평일의 요금부과의 차이로 보다 실효성 있는 서비스를 제공할 수 있다는 점도 있다.

현명한 판단은 작은 부분이라도 예산절감과 서비스 개선을 추구하여 서비스공급에 현명하게 대처한다는 것이다. 시설개선 및 조직운영 등에서 이 분야는 검토가능한데, 현재 많은 지방자치단체에서 추진한 조진진단 및 그에 따른 조직개편노력은 혁신적인 지방행정조직의 변모를 가져오려고 한다는 점에서 고무적이라 할 수 있다.

보다 발전된 효율적인 지방공공서비스의 공급노력은 계약 체결, 허가, 보조금, 증서, 자원봉사, 자조, 부분적인 행정규제 및 조세유인 등의 방법이 폭넓게 연구되고 있고, 지방공공서비스 제공에 있어서 제고되어야 할 단계별 검토를 해 보면, ① 필요한 지방공공서비스의 공급 → ② 필요한 지방공공서비스 수준의 결정 → ③ 공공서비스에 대한 비용부담자의 결정 → ④ 지방공공서비스 공급자의 확정 → ⑤ 가장 적절한 지방공공서비스 공급의 확정 → ⑥ 지방공공서비스 공급방안의 이행 → ⑦ 주기적인 지방공공서비스의 평가라 할 수 있다. 각 단계의 중요성 및 순서는 지방자치단체 및 평가되는 서비스에 따라 다를 수 있다.

4. 고객만족을 위한 행정서비스헌장의 구체적 이행

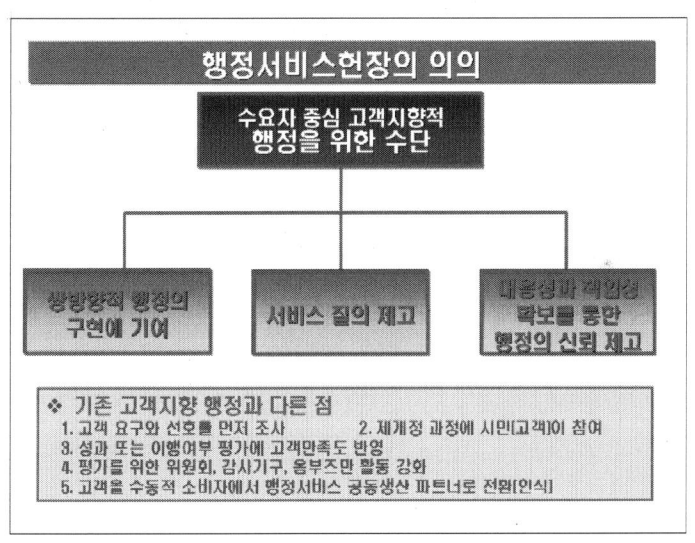

자료: 행정자치부 제도혁신팀(2006), "행정서비스평가계획".

〈그림-1〉 행정서비스헌장의 의의

행정서비스헌장제도는 행정서비스의 품질 제고와 돈의 가치 증진을 통하여 행정의 신뢰를 증진시키며, 서비스 제공과정에서 참여의 활성화로 민원발생지수를 감소시키기 위하여 '98년 행정개혁 차원에서 영국의 시민헌장(Citizen's Charter)제도를 모태로 도입되었다. 구체적 도입목적은 행정서비스 제공의 체제 개선을 통한 서비스 품질 향상, 명확한 서비스 내용의 공표 및 이행으로 행정서비스의 품질 제고, 서비스 제공과정의 국민 참여 활성화의 고객우선주의 구현 등으로 요약할 수 있다.

그러나 지금까지 헌장제도에 대한 이해와 추진역량 부족과 실현가치에 대한 접근방식의 잘못 등으로 이 제도는 행정서비스 향상에 기여한 공헌에 못지않게 일부 비판적 시각과 효과에 대한 냉소적 시각도 있었다.

따라서 행정서비스헌장제도의 발전을 위해서는 다음과 같은 문제를 고려해 볼 필요가 있다. 즉 헌장제도 추진주체의 문제, 행정서비스의 개념과 서비스 분야의 재해석 문제, 헌장이 담아야 할 내용의 문제, 공무원 정책 추진 마인드의 문제, 서비스 수혜자인 동시에 참여자인 고객의 개념문제, '헌장'이라는 자체의 이미지 개선문제 등을 재해석하고 재정립할 필요가 있다. 또한 행정서비스헌장 운영 전반에 대한 대대적인 혁신적 진단관리로 정부혁신의 가치·실행·성과를 공무원·정책·국민 속으로 직접 연계하여 국민체감의 서비스 만족도를 높이는 데 행정서비스헌장제도를 적극적으로 활용할 필요도 있다.

이와 함께 헌장제도 발전을 위하여 행정서비스 품질, 고객참여, 추진역량, 프로세스 효율화 등 특정 분야별 평가를 강화할 필요가 있다. 특히 이러한 평가에 외부전문가, 시민단체, 지방의회 등을 적극 참여시켜 고객이 참여한 헌장을 만들고, 헌장을 만든 고객이 헌장이행을 감시·통제하여 헌장의 신뢰 이미지를 형성하는 것이 중요하다.

이러한 서비스 전달체계의 혁신은 결국 '함께하는 헌장', '좋은 서비스 브랜드'와 연계되어 민·관 협치의 거버넌스의 새로운 틀이 되는 것이다.

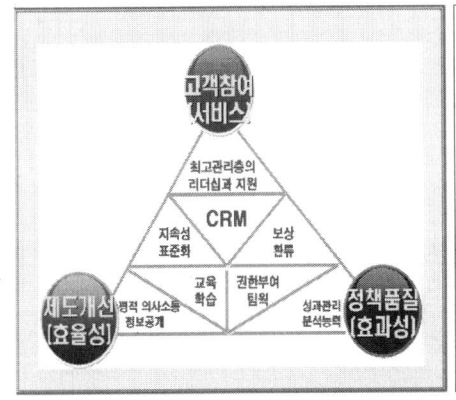 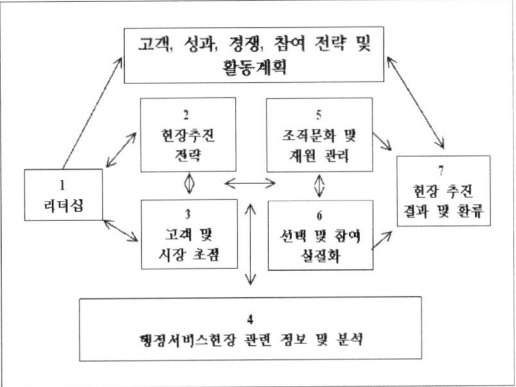

자료: 행정자치부 제도혁신팀(2006), "행정서비스평가계획", 재작성.

〈그림 - 2〉 고객중심의 행정서비스헌장 평가체계도

행정서비스헌장의 준수원칙은 이행기준의 설정, 정보와 공개성, 선택과 자문, 친절과 유용성, 사과와 시정, 공공지출의 가치 제고 등으로 요약할 수 있다. 이것은 효율성, 봉사성, 윤리성, 책임성, 참여성을 강조하는 참여정부혁신의 5대 목표와 그 맥락을 같이하고 있는데, 결국 행정서비스헌장으로 정부혁신의 성과와 국민의 체감을 연계할 수 있다는 것을 반증하고 있다.

행정기관이 행정서비스헌장을 이행하고 있는 주된 이유는 고객인 국민에게 자신들이 제공하고 있는 행정서비스에 대한 적절한 약속을 사전에 함으로써, 서비스의 평가·선택·불만 등에 대해 '행정서비스 고객 주권'을 합법적으로 행사할 수 있도록 하는 '자율적 참여제도'를 정착시키고자 하는 것이다.

따라서 헌장제도는 공무원의 책임과 고객의 참여가 함께 어우러져 품질 높은 서비스가 고객에게 전달되도록 하는 데 그 주안점을 두어야 할 것이다. 그에 따라 행정의 가치는 높이고(UP), 비용은 낮추는(DOWN) 행정서비스 전달체계의 혁신이 필요하다. 특히 고객과 공무원의 서비스 격차 해소 방안을 모색해야 한다.

이것은 서비스 설계(Service Design) 시 고려사항으로 서비스에 대한 고객의 기대, 서비스에 대한 고객의 경험(인식), 서비스를 공급하는 관리자와 공무원의 인식 간의 격차를 축소해야 한다(행정자치부, 2006).

<표-4> 2006년도 행정서비스헌장 평가체계

평가부문	평가분야	평가항목	평가방법	평가방식	평가주체	가중치
4개	9개	16				100%
홍보 및 교육 분야	홍보실적	2	실적평가	정량평가	평가단 (행정자치부)	5%
	교육활동	2				
헌장역량 분야	서비스 역량	2	실적보고서 현장면담 설문조사	정성평가 + 정량평가	평가단 각 기관 전문가	50%
	서비스 환경	5				
고객만족도 분야	헌장인지도	1	설문조사	정성평가 + 정량평가	전문조사 기관	40%
	일반서비스 만족도	1				
	개별헌장 만족도	1				
고객명부 분야	명부 진정성	1	실사평가	정량평가	행정자치부 제도혁신팀	5%
	사전유도 금지	1				
참고사항	※ 2004년도 평가체계: 평가결과 신뢰도 저하—이행실태평가(44%) + 고객만족도평가(56%) ※ 2005년도 평가체계: 평가결과 신뢰도 저하—고객만족도 평가(100%)					

자료: 행정자치부 제도혁신팀(2006), "행정서비스평가계획".

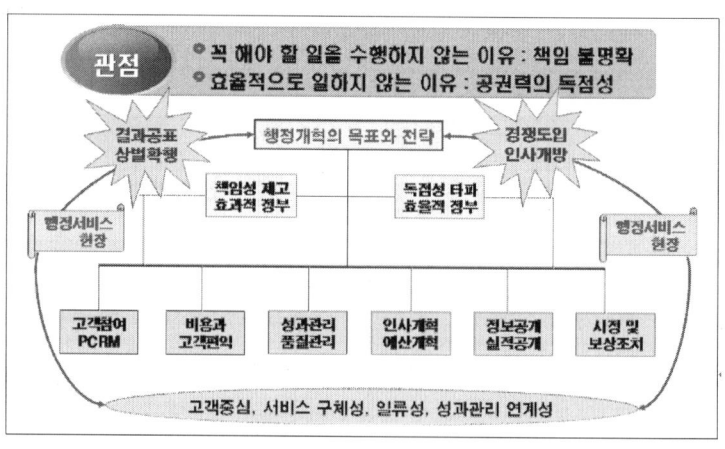

<그림-3> 행정혁신과 헌장의 관련 체계

<표-5> 행정서비스 고객만족도의 차원별 세부평가항목

항 목	세부 질문 사항
접근용이성	① 행정서비스의 절차에 대한 안내 ② 서비스 신청 및 처리절차에 대한 이해 ③ 고객을 대하는 공무원의 태도 ④ 전화문의 시 공무원의 응대 ⑤ 전화문의 시 담당공무원과의 통화용이성 등
편리성	① 행정서비스 신청 시 서식과 신청절차의 간편성 ② 업무처리 과정상 관련 창구 및 부서의 수 ③ 구비해야 할 서류의 수량 ④ 특정민원해소를 위한 행정기관 방문 횟수 ⑤ 신청방법의 다양성(전화, 팩스, 인터넷 등)
신속성·정확성	① 담당공무원의 업무처리 신속성 ② 서비스 처리의 정확성 ③ 담당공무원의 일 처리 능숙도 ④ 서비스의 처리시간 등
쾌적성	① 행정기관 내 혹은 근처에 위치한 주차공간 ② 휴식공간(실외 포함) ③ 편의시설 ④ 외부와의 연락시설 ⑤ 공간의 청결도 등
대응성	① 서비스 처리시간 통보 및 준수 여부 ② 요구에 대한 대응태도 ③ 요구에 대한 우선순위 ④ 착오 시 시정 혹은 해명 여부 및 신속성 ⑤ 정보의 공개 여부 등
공정성	① 관련 규정에 의한 업무처리의 공정성 ② 업무처리의 공평성 ③ 담당공무원의 부정행위 등
환류성	① 서비스 결과의 합당성 ② 서비스 처리의 진행상황에 대한 통지 ③ 처리결과에 대한 통보 여부 ④ 서비스 미해결 시 후속조치 등

자료: 행정자치부 제도혁신팀(2006), "행정서비스평가계획".

<표-6> 고객(주민)과 공무원의 인식 간의 격차 해결방안

구 분	내 용
① 관리자의 인식	-고객이 서비스로부터 기대하는 바를 관리자가 정확하게 이해하지 못함 ⇒ 기대내용 사전조사, 마케팅 인식제고, 연구 및 협의
② 서비스 품질 규정	-고객의 기대를 정확하게 서비스 품질기준으로 전환하지 못함 ⇒ 서비스 설계개념 도입, 공급자 중심의 인식 탈피
③ 서비스 전달	-서비스 전달지침과 규정을 바르게 준수하지 못함 ⇒ 교육훈련 및 표준화된 서비스 전달체계 마련

구 분	내 용
④ 외부 커뮤니케이션	－서비스 전달 시 고객과 적절한 커뮤니케이션이 이루어 지지 못함 ⇒ 고객주권 개념 및 참여수단 확대
⑤ 고객의 기대와 인식 간의 차이	－고객의 서비스에 대한 기대(욕구, 경험)와 실제 서비스 경험 간 차이 발생 ⇒ 고객의 차별화, 기대수준 이해 및 설득
⑥ 내부 커뮤니케이션	－ 서비스를 전달하는 공무원의 상호 생각을 듣지 못함 ⇒ 내부고객의 의사소통을 위한 전문성 훈련 및 개발
⑦ 일선공무원 책임의식 부족	－ 서비스 접점의 공무원에 대한 직접적 권한 부여 ⇒ 과감한 권한 위임(임파워먼트)

ㅇ 고객만족 행정서비스 기준 8가지 원칙
－ 고객확인: 자신의 고객이 누구인지를 파악할 것
－ 설문조사: 고객의 정확한 선호와 요구 파악을 위해 설문조사
－ 기준공표: 고객에 대한 기준을 공표하고 그 결과를 측정할 것
－ 벤치마킹: 고객서비스 성과를 민간 또는 선진국 최우수 기관과 벤치마킹할 것
－ 장애조사: 민간 최우수기관의 수준을 만드는 데 어떤 장애가 있는지 일선공무원을 대상으로
　　　　　　조사할 것(내부고객)
－ 고객접근: 공공정보나 민원불편제도를 보다 용이하게 접근할 수 있도록 할 것(불평처리의
　　　　　　자율적 재량권)
－ 고객선택: 고객에게 선택의 폭을 넓혀 줄 것(G4C 활용 등)
－ 불평처리: 불평접수 및 시정조치에 신속히 대응

ㅇ 고객만족 행정서비스의 체감 향상방안
1. 지역적 문제점에 대한 적극적 의견 수렴
2. 자생조직과 행정기관 간 지속적 접촉 유지
3. 전문적 업무지식 배양으로 질 높은 민원서비스 제공
4. 1회 방문 민원처리 원칙 준수
5. 주민 위주 민원상담 분위기 조성
6. 업무를 통해 발굴한 민원인 불편사항 제도 개선
7. 사회적 약자에 대한 구제창구 마련
8. 각 기관 민원담당자 정보교류 정례화

자료: 행정자치부(2006), 재작성.

5. BPR(Business Process Reengineering)의 도입을 통한 행정혁신체계 구축

마이클 해머(Michael Hammer)는 비즈니스 리엔지니어링을 "비용, 품질, 서비스, 속도와 같은 핵심적 성과에서 극적인(Dynamic) 향상을 이루기 위하여 기업 업무 프로세스를 근본적으로(Fundamental) 다시 생각하고 혁신적으로(Radical) 재설계 하는 것이다."라고 정의했다. 다시 말하면 비즈니스 리엔지니어링은 기존의 업무방식을 근본적으로 재고려하여 혁신적으로 비즈니스 시스템 전체를 재구축하는 것으로서 프로세스를 기본 단위로 하여 업무, 조직, 기업문화까지의 전 부문에 대하여 성취도를 증가시키는 것이라고 할 수 있다. 여기서 '근본적'이라는 말은 '왜 우리는 지금 이러한 일을 하고 있는가?', '왜 우리는 이 일을 이러한 방법으로 하고 있는가?'와 같은 가장 근본적인 문제부터 다시 살펴봐야 한다. '혁신적'이라는 말은 현존하는 모든 구조와 절차를 버리고 완전히 새로운 업무처리방법을 만들어 내는 것을 의미한다. 극적이란 말은 리엔지니어링이 기존의 품질개선운동과 같은 점진적인 변화가 아니라는 것을 말한다. BPR(Business Process Reengineering)의 근본대상은 프로세스(Process)이다. 프로세스란 기업 내부의 고객과 외부의 고객에게 가치를 전달하는 시작에서 끝까지의 전 과정을 의미한다. 프로세스의 종류로는 최종 고객에게 제품 또는 서비스를 제공하기 위한 운영 프로세스와 회사 운영상 필요한 경영관리의 프로세스로 크게 분류될 수 있다.

BPR은 기존 업무를 개선하는 또 하나의 시도가 아니다. 필요한 것은 개선이 아니라 스스로의 재발견이다. 조직 또는 구성원 스스로를 재발견하기 위해 필요한 것은 그들의 경험과 과거에 대한 해석의 산물로서 조직체의 행동 양식과 문화를 결정하는 모든 가정과 암묵적, 명시적 전제를 객관적으로 돌아보는 일이다. 이러한 작업을 통해야 동일한 환경에서 이루어져 왔던 개선에서 벗어나 훨씬 뛰어넘는 혁신을 달성할 수 있다.

유한한 시간적, 물적, 인적자원을 운영해야 하는 일반적 기업여건에서 이상적 목표를 위해 무한한 자원을 쏟아 붓거나 전혀 새로운 어떠한 것을 끊임없이 발명해 나가는 것은 생각하기 어렵다. BPR은 기존의 업무를 단순히 개선하고자 하는 시도도 아니며 또한 어떠한 새로운 발명도 아닌 것이다. 10% 전후의 생산성을 개선하거나 원가 절감 운동보다는 더 혁신적인 것이지만 경쟁 양태를 바꿀 만큼 업계를 재편하는 것도 현실적인 목표는 아니다. 예를 들면 파이프를 통해 더 많은 양의 기름을 얻는 방법으로서 파이프를 청소하는 등의 소극적인 방법도 아니지만 새 유전을 개발하는 비현실적인 것도 아니라는 것이다. 가장 효율적이고 현실적인 것은 구부러진 파이프를 똑바로 펴는 것이다. BPR은 전사적으로 모든 부분에 걸쳐서 개혁을 하는 것이 아니라 중요한 비즈니스 프로세스, 즉 중추과정(Core-Process)을 선택하여 그것들을 중점적으로 개혁해 나가는 것이다. 여기서 어떠한 프로세스가 중요한가를 결정하는 가장 중요한 판단기준은 어떤 프로세스가 고객에게 최적의 가치를 제공하는가에 있다. 고객의 가치라는 기준은 대상 프로세스를 명확히 해 주는 중요한 기준이다. 정부 규제를 개선하는 데에도 BPR방식의 도입은 새로운 변화를 가져오고 있다.

Ⅳ. 결 론

아무리 좋은 정책도 수혜대상이 없다면 그 정책은 종이정책(紙上政策: paper policy)이 될 것이다. 이제는 고객만족을 위한 지방행정구도의 발상의 전환이 절실히 요구되는 시점인 것이다. 지방행정혁신은 중앙정부의 지속적인 지원과 함께 지방자치단체와 의회와의 내실 있는 견제와 균형관계 그리고 지역주민의 관심과 역할 속에서 이루어지는 것이다. 더욱이 자치역량 제고가 필요한 것은 지방행정의 전문성 확보를 통한 고객감동의 행정서비스의 공급이라고 할 수 있다. 따라서 올바른 혁신의 방향은 고객(주민)의 만족을 극대화하는 방향으로 설정되어야 한다. 고객의 만족은 고객의 가치를 최대한 높이고 이를 위해 고객이 지불하는 가격은 최대한 줄이는 것을 의미하는 것이다. 행정의 전문성 확보와 개선하고자 하는 노력이 있어야 한다. 발상의 전환은 어렵고 모방은 쉽다는 논리 속에서는, 앞서가는 혁신적인 지방행정을 구현한다는 것이 참으로 쉽지 않을 것이다.

혁신을 추진하면서 부딪히는 가장 큰 장애요인은 혁신이라는 큰 목적에는 동의하지만 정작 혁신의 주체는 자기가 아닌 다른 사람이라고 생각하는 총론 완성, 각론 반대의 의식이다(2005, 양승경). 그러나 혁신을 성공시키기 위해서 전 구성원이 가져야 할 가장 중요한 전제조건은 내가 먼저 변하지 않고는 변할 수 있는 것은 아무 것도 없다는 것을 인식해야 한다.

이렇게 되기 위해서는 리더의 역할이 중요하다. 자기 생각과 같은 사람은 세상에 없다. 그러나 훌륭한 리더는 생각이 다른 사람들을 포용하고 자기와 같은 생각을 갖도록 만드는 무엇인가가 있다.

사람의 생김이 다르듯 살아가는 모습, 살아가는 사고방식, 행동방식이 다르고, 인생의 비전과 말투, 성격이 다르다. 이러한 사람들을 하나로 묶어 시너지가 나오도록 하는 리더 또한 다르다. 서로에게 자신을 맞추어 가며 더불어 살아가는 것이 현명한 리더인데도 불구하고 자기생각만 고집하고 타인의 약점만 바라보길 좋아하는 리더가 의외로 많다. 훌륭한 리더가 되기 위해서는 다음과 같은 것을 고려해야 한다. 칭찬과 격려는 힘을 주지만 상처를 주는 일은 도움이 안 된다.

일반적으로 혁신을 추진하면 보통 그 대상은 직원들이 대부분이었다. 이 직원들은 경영혁신이 성공되기 위해서는 관리자 계층이 우선적으로 솔선수범하여야 한다고 주장한다. 상류로부터 변화가 이루어지면 하류는 변하고 싶지 않아도 변할 수밖에 없다는 주장을 편다. 물론 직원들은 거울과 같아서 자기 거울에 보이는 관리자의 모습대로만 움직이는 경향이 있다는 것을 부인할 수는 없다. 지방자치단체의 경영혁신의 성과를 내기 위해서는 관리층의 변화와 동시에 직원의 변화가 있어야 한다. 한 조직이 변화하는 환경에 위기를 느끼고 혁신과정에 전 구성원의 동참을 강조하기 위해서는 '나비효과'라고 하는 현상에 주목하면 의외로 많은 사람이 의식의 변화를 일으킬 수 있다.[9]

내가 먼저 솔선수범하여 변하면 내 동료가 변하고, 동료가 변하면 조직이 변하고, 조직이 변하면 해당지방자치단체 전체가 변한다. 시장에서부터 계원에 이르기까지 전 구성원이 일사불란하게 혁신의 톱니바퀴 역할을 다한다면 솔선수범은 다른 사람의 일이 아니라 바로 내 일이라는 인식을 가지게 될 것이다. 고객만족 행정을 위한 지방행정은 여기에서 출발하는 것이다. 이런 인식이 조직을 혁신하는 힘의 원동력이 될 것이다. 지방행정혁신은 작은 곳에서부터 확대될 수 있기에, 구성원 스스로의 노력은 더욱 값진 것이다.

❖ 참고문헌 ❖

1. 국가균형발전위원회(2005), "국가균형발전정책 추진현황"(국회특위 보고자료).
2. 양승경(2006), "혁신의 톱니바퀴", http://www.wisdom21.co.kr.
3. 양승경(2006), "성공하는 리더의 비밀", http://www.wisdom21.co.kr.
4. 이종수(2004), "한국지방정부의 혁신에 관한 실증분석", 《한국행정학보》, 38(5): 241~258.
5. 행정자치부(2006), "지방행정혁신표준매뉴얼"(제2판).
6. 행정자치부(2006), "2006년도 지방행정혁신평가 성과평가 실시계획".
7. 행정자치부 제도혁신팀(2006), "행정서비스평가계획".
8. ICMA(1989), SERVICE DELIVERY IN THE 90s: Alternative Approaches for Local Government.

---

9) 이 나비효과는 초기의 조건에 대단히 민감하게 반응하는 자연현상을 말하는 것으로 처음의 미세한 움직임이 맨 나중에는 엄청난 결과로 나타남을 의미한다. 즉 나비 한 마리가 아마존에서 날개를 움직여 일어나는 미세한 힘이 일정한 시간 후에 뉴욕이나 샌프란시스코 등 다른 지역에 폭풍을 일으킬 수 있다는 것이다. 아마존에는 나비 한 마리만 살고 있는 것이 아니다. 수백만 마리 이상의 나비가 각자 열심히 날개를 움직이다 보니 이것이 큰 힘이 되어 각 도시에 영향을 미치는 힘이 되기 때문이다.

제3장

지방자치단체장의 공약실천을 통한 지역경쟁력 강화
- 지방자치단체장의 효율적인 공약집행을 위한 제도적 개선방안

I. 지방선거와 공약의 집행력

진정한 지방자치는 민의를 반영하고 대표성을 가진 지방자치단체장의 선출을 통해 이루어진다. 지난 2002년 지방선거(6.13. 지방선거)를 통해 민선3기의 새로운 지방자치시대를 맞이하게 되었다.

지방선거를 통한 지방자치단체의 집행기관과 의결기관을 구성은 지방자치시대에 중요한 행위라고 할 수 있다. 현재 우리나라의 지방선거제도는 광역지방자치단체장과 기초지방자치단체장 그리고 광역지방의회의원을 정당의 공천에 의한 직접 선거로 선출하고 있지만 기초지방의회의원의 경우 정당의 공천 없이 직접 선거로 선출하고 있다. 그러나 많은 기초지방의회의원이 공천을 받지는 않지만 정당에 소속되어 있어 정당에 의한 기속력은 남아 있다고 할 수 있다. 그러므로 각 정당이 제시하는 정책공약을 비교하는 작업은 현 지방선거제도상 매우 필요한 작업임에 틀림없다. 정책대안 중심의 선거가 되기 위해서는 유권자들이 정당 및 후보가 제시하는 정책공약을 비교·평가하여 후보 선택을 위한 현명한 판단을 할 수 있도록 할 필요가 있다(중앙선거관리위원회, 2002: 1-2).

특히 민선3기에 선출된 지방자치단체장들은(광역: 16, 기초: 232) 본격적인 지방자치를 추진하는 데 있어서 중요한 역할을 한 바 있다. 많은 지방자치단체장들은 선거공약을 발표하면서 민심의 방향을 움직이기도 하였으나, 공약사항에 있어서 지방자치단체의 소관사항이 아님은 물론 예산의 미확보로 공약으로서의 가치를 저버리는 점은 아쉽다고 하겠다.

〈표-1〉 2002년 지방선거 결과자료(2002. 6. 13 시행, 제3회 전국동시지방선거)

구 분		선거구 수	정 수	후보자 등록 수	당선자 수	후보자 1인 선거구 수 또는 무투표선거구 수	비 고
계		4,332	4,415	10,918	4,415	507	등록무효 8사퇴 17
시·도지사		16	16	55	16		
구·시·군의장		232	232	750	232	12	등록무효 1
시·도 의원	계	625	682	1,740	682	44	
	지역구	609	609	1,531	609	44	등록무효 2 사퇴 2
	비례대표	16	73	209	73		
구·시·군의원		3,459	3,485	8,373	3,485	451	등록무효 5 사퇴 15

자료: 중앙선거관리위원회(2002), "선거소식"(2002-48호).

발표한 공약사항의 효율적이고 내실 있는 집행이 이루어지도록 공약사항에 대한 체계적인 법적·제도적 시스템정비가 필요하며, 임기 말에 가서 일회성으로 평가하기보다는 임기 초반에서부터 공약사항에 대한 집행가능 여부가 검토되어야 한다. 이를 위해서는 ① 재임 초기(6개월 이내) 공약사항 우선순위 선정 ② 공약사항에 대한 재원조달방안 ③ 공약사항평가를 위한 가칭 '공약사항추진평가단 구성' 등을 통해 주기적인 평가가 이루어지도록 법적인 재정비가 필요하다. 현행 지방자치법에서는 지방자치단체장의 재임 중 업무추진에 대한 실효성 있는 평가는 물론 공약사항에 대한 평가부분이 언급되고 있지 않아서 지방자치단체장의 공약이 자칫 통과의례적으로 발표되는 것으로 전락할 수 있으므로, 법적·제도적인 정비를 통해 신뢰할 수 있는 지방행정이 구현되도록 해야 한다. 따라서 정책공약의 실현가능성 등에 대한 보다 심도 있는 분석이 이루어져야 하며, 선거에서 각 정당이 제시한 정책공약이 선거가 끝난 후에 제대로 지켜지고 있는지에 대한 평가작업이 뒤따라야 한다(중앙선거관리위원회, 2002: 31).

이 연구에서는 지방자치단체장의 공약사항이 보다 효율적으로 추진되도록 하기 위한 법적·제도적 개선방안을 모색하는 데 연구의 목적이 있다.

Ⅱ. 지방자치단체장의 검증장치와 공약이행의 실효성 문제

1. 지방자치단체장의 검증장치의 미흡

　　2002년 지방선거(6.13. 지방선거)에서 나타난 지방자치단체장의 경쟁률을 살펴보면, 광역자치단체장의 평균경쟁률은 3.4 : 1을 보였는데, 서울이 6 : 1로 최고를 기록하였고, 대구, 강원, 충남, 경북이 2 : 1의 경쟁률을 나타냈다. 기초자치단체의 평균경쟁률은 3.2 : 1을 기록했으며, 기초자치단체장의 경우 남양주시, 포천군, 동해시의 경우는 지방자치단체장 후보자가 8명이나 나와서 유권자들이 선택하는 데 어려움을 겪기도 했다. 지금의 제도적 여건으로는 자질이나 행정수행능력을 검증하는 데에는 한계가 있다.

〈표-2〉 지방선거 등록 후보자 수별 선거구 수(2002. 6. 13 시행, 제3회 전국동시지방선거)

선거명	후보자 수	후보자 수별 선거구 수										
		계	후보자없음	1인	2인	3인	4인	5인	6인	7인	8인	9인	10인이상
계	10,709	4,316	0	500	2,038	1,187	434	118	31	4	4	0	0
시·도지사	55	16			4	7	1	2	2				
구·시·군의장	750	232		12	64	75	40	29	7	2	3		
지역구시·도의원	1,531	609		43	299	195	58	11	3				
구·시·군의원	8,373	3,459		445	1,671	910	335	76	19	2	1		

선거명	※ 경쟁률 최고 선거구(경쟁률 최고)			
	선거구명	정 수	후보자 수	경쟁률
시·도지사	서울특별시, 광주광역시	1	6	6 : 1
구·시·군의장	남양주시, 포천군, 동해시	1	8	8 : 1
지역구시·도의원	광주 서구 제1선, 광산구 제2선, 남양주시 제2선	1	6	6 : 1
구·시·군의원	전주 완산 효자4동	1	7	7 : 1

자료: 중앙선거관리위원회(2002), "선거소식"(2002-48호), 재작성.

<표-3> 선거법위반행위 단속실적(조치기간: 1998. 6. 5.~2002. 5. 31.)

(단위: 건)

구 분	조치별	계	고 발	수사의뢰	경 고	주 의	이 첩
선거별	계	5,828	348	196	2,501	2,752	31
	시·도지사선거	231	24	13	82	111	1
	구·시·군의장선거	1,919	96	81	830	896	16
	시·도의회의원선거	871	45	20	422	382	2
	구·시·군의회의원선거	2,807	183	82	1,167	1,363	12
정당별	계	5,828	348	196	2,501	2,752	31
	한나라당	730	40	26	313	348	3
	민주당	800	47	20	367	363	3
	자민련	159	4	4	62	88	1
	무소속 기타 정당	494	23	12	239	215	5
	일반인 기타	3,645	234	134	1,520	1,738	19
직업별	계	5,828	348	196	2,501	2,752	31
	광역단체장	22			8	14	
	기초단체장	510	7	6	208	286	2
	광역의원	337	15	6	168	148	
	기초의원	947	46	19	369	509	4
	언론인	167	8		83	72	4
	공무원	275	6	3	96	170	
	기 타	3,570	266	162	1,569	1,553	20
유형별	계	5,828	348	196	2,501	2,752	31
	금품·음식물·교통편의 제공	1,734	251	125	766	579	13
	시설물·인쇄물 관련	3,049	66	34	1,314	1,627	8
	비방·흑색선전	17	1	11	3		2
	유사기관·사조직	14	5	3	6		
	의정활동 관련	117			58	57	2
	집회·모임 등 이용	329	7	2	150	168	2
	사이버이용	98	1	12	33	52	
	공무원 등 선거개입	54		3	37	13	1
	단체장사적행사참석	96			39	57	
	허위 학·경력 게재	202			38	164	

구 분	조치별	계	고 발	수사의뢰	경 고	주 의	이 첩
유형별	여론조사 서명운동	39	4	1	21	12	1
	선거관리 침해	12	10		1		1
	기 타	67	3	5	35	23	1
시·도별	계	5,828	348	196	2,501	2,752	31
	서 울	801	41	24	327	406	3
	부 산	273	7	11	53	201	1
	대 구	202	17	9	104	71	1
	인 천	251	23	3	103	121	1
	광 주	143	10	6	74	53	
	대 전	108	15	2	36	55	
	울 산	95	2	3	40	50	
	경 기	1,009	40	27	396	536	10
	강 원	389	19	5	247	118	
	충 북	287	21	10	105	151	
	충 남	372	19	19	189	142	3
	전 북	370	29	14	199	125	3
	전 남	481	37	22	226	193	3
	경 북	581	50	8	234	287	2
	경 남	377	15	19	128	211	4
	제 주	89	3	14	40	32	

자료: 중앙선거관리위원회(2002), 재작성.

필자가 참여한 '동해시장 출마자' 검증을 위한 토론회의 경우, 도시행정의 수행능력 등을 질의하였으나 한정된 시간 내에 8명의 후보를 평가하는 데 많은 어려움이 있었다(강원도민일보, 2002. 6).

현재 시스템으로는 후보 난립뿐만 아니라 범죄사실에 대한 검증이나 후보 등록의 제약 등이 드러나고 있으므로 이에 대한 제도적 정비가 필요하다. 중앙선거관리위원회는 2002년 지방선거(6.13. 지방선거)와 관련하여 5월 31일 현재 선거법위반혐의로 총 5,828 건을 적발하여 고발 348건, 수사의뢰 196건, 경고 2,501건, 주의 2,752건을 조치하고 31 건을 검찰에 이첩하였다고 밝힌 바 있다(중앙선거관리위원회, 2002: 보도자료 2002.6.2).

선거별로는 광역단체장선거 231건, 기초단체장선거 1,919건, 광역의회의원선거 871건, 기초의회의원 2,807건, 정당별로는 한나라당 730건, 민주당 800건, 자민련, 159건, 기타 정당 31건, 무소속 및 정당추천 제도가 없는 기초의회의원 선거 관련 조치건수가 4,108건으로 나타났다. 유형별로는 금품・음식물・교통편의 제공이 1,734건, 시설물・인쇄물 관련이 3,049건, 집회・모임이용 329건, 사이버이용 98건, 허위 학력 게재 202건, 공무원 등의 선거개입 54건, 기타 362건으로 나타났으며, 위법행위자의 직업별로는 자영업자 1,145건, 기초의원 947건, 기초단체장 510건, 광역의원 337건, 광역단체장 22건, 일반 공무원 275건, 언론인 167건, 기타 2,425건으로 나타났다.

더욱이 본격적인 선거운동이 시작된 5월 28일부터 31일까지 3일간 총 410건을 적발하여 고발 46건, 수사의뢰 17건, 경고 등 347건의 조치를 한 바 있다. 선거가 시작되면서 위반행위가 급증하였으며, 위법행위 현장에서 선거법위반행위 단속공무원이나 선거부정감시단원에 대한 조사방해 및 폭행사건도 12건이나 발생된 것으로 나타났다.

2. 공약이행의 실효성 문제

지방자치단체장의 공약은 지역주민과의 약속으로, 지역을 발전시켜 주민의 삶의 질을 향상시키기 위한 지방자치단체의 중요한 정책사업에 대한 비전을 제시하는 것이다. 더욱이 공약사항은 주민의 세금으로 추진되므로 철저한 검토가 필요하다. 우리나라의 지방선거는 정책선거 풍토가 충분하게 조성되지 않아 선거 때마다 후보들은 당선만 되고 보자는 식으로 무분별하게 공약을 남발하여 왔으며, 당선 후에는 체계적인 공약관리가 이루어지지 않은 것이 현실이다.

지방자치의 발전과 함께 공약사항에 대한 평가시스템 도입은 필요하며(이해종, 강원도민일보, 2002), 다른 지역에서도 이에 대한 노력을 시도하고 있음은 고무적이다.[10] 재임 초기에 4년 임기 동안 추진할 공약사업을 서둘러 재정비하여 공약사업 추진계획을 확정하려고 하는 등 몇 가지 우려되는 점이 있으므로, 평가시스템 정비를 위한 법적·제도적인 장치를 마련할 필요가 있다.

공약평가 및 검증시스템에 대한 문제를 제시한 청주경실련의 사례는 시사하는 바가 크다. 민선3기 지방자치단체장 공약사업 추진에 대한 청주경실련의 기본 입장과 원칙 등 민선3기 지방자치단체장 공약이행 평가계획을 발표한 자료를 살펴보면 다음과 같다(청주경실련, 2002).

첫째, 공약사업 추진계획은 충분히 검토한 뒤 철저하게 수립해야 한다는 것이다.

지방자치단체장의 공약사업은 4년 임기 동안 주민이 낸 혈세와 지방행정력으로 추진되는 만큼, 공약사업 추진계획은 충분한 검토와 계획 수립을 위한 과정을 통해 사업명, 사업기간, 단계별 추진계획, 소요예산 및 조달방법, 추진주체, 추진부서, 기대효과 등 구체적으로 마련해야 한다.

따라서 최소 3개월가량의 기간이 필요할 것으로 판단되어, 지방자치단체에 공약사업 추진계획을 9월 말까지 마련하여 공개해 줄 것을 요구하고 있다. 아울러 당초 청주경실련은 공약에 대한 질적 평가를 하기로 하였으나, 당선자 공약의 구체적 추진계획이 작성되지 않았을 뿐만 아니라 지나친 행정 간섭이라는 의견이 많아 공약사업 추진계획을 요구하는 것으로 하였다.

둘째, 공약사업의 감시·평가범위는 지방선거기간 동안 지방자치단체장이 제시하고 발언한 모든 내용을 대상으로 한다. 민선3기 지방자치단체장 공약조사를 실시하고 있는데, 공약조사 대상 자료는 선거공보물, 공약자료집, 충북정치개혁연대 정책질의 답변내용, 각종 후보초청 정책토론회 토론내용 등이다. 공약이행 평가사업의 목적은 주민과의 약속인 공약을 임기 내에 반드시 이행하도록 하는 동시에, 무분별하게 실현 불가능한 공약(空約)을 남발하지 않도록 함으로써 실현 가능한 공약을 제시하도록 하는 데 있다. 따라서 일부 지방자치단체장이 추진하고 있는 공약재정비 움직

---

10) 민선3기 지방자치단체장을 선출하는 2002년 지방선거(6.13.지방선거)가 지역발전을 위한 정책선거로 치러져 주민의 축제의 장이 되도록 하고자 충북정치개혁연대 정책·공약평가팀을 주관하면서 실현 가능한 개혁정책을 공약으로 채택하도록 유도하는 한편 무분별한 공약을 남발하지 않도록 하고 있는 것으로 보인다.

임과 관련하여 실현 불가능한 공약(空約)을 가려내어 공약사업에서 제외시킴으로써 무리한 공약사업 추진으로 발생하게 될 부작용을 사전에 제거하는 것은 바람직하다고 볼 수 있지만 지방자치단체장이 스스로 결정할 일이다. 지방자치단체장이 공약재정비 과정을 거쳐 공약사업에서 제외하는 것과 무관하게 무분별한 공약(空約)이 남발되지 않도록 하는 차원에서 모든 공약을 평가의 대상으로 한다는 것이다.

셋째, 지방자치단체장 공약사업을 보완하기 위해 전문가를 비롯하여 각계각층으로부터 자문을 구하고 의견을 수렴하는 것은 바람직하지만, 공약사업은 주민과의 약속으로 지방자치단체장이 결정하고 책임져야 한다.

따라서 공약사업 추진 또는 공약재정비를 이유로 어떠한 회의나 기구를 조직하여 결정을 위임하는 것은 주민과의 약속을 어기고 책임을 회피하기 위한 것으로 간주할 수밖에 없다.

넷째, 민선2기에 이어 민선3기 지방자치단체장으로 연임하는 경우 민선2기 공약 중 청주경실련으로부터 부진이하로 최종 평가된 공약과 타 후보의 좋은 공약을 채택한 경우 감시·평가대상에 포함된다. 민선2기를 역임한 민선3기 지방자치단체장은 민선2기 동안 추진해 온 공약사업과 현안사업을 차질 없이 마무리하기 위해 출마하였다고 하였다. 따라서 민선2기 공약 중 부진이하로 마무리하지 못한 사업은 민선3기 공약에 자동적으로 포함시켜 감시·평가대상으로 한다.

또한 선거기간 중 타 후보가 제시한 좋은 공약을 채택하여 추진하는 것은 매우 바람직하며, 청주경실련의 공약감시·평가대상에 포함된다. 지방선거는 지역을 발전시키고 주민의 삶의 질을 향상시키기 위한 후보들의 정책대결의 장이다. 따라서 타 후보가 제시한 좋은 공약, 미처 관심을 갖지 못한 분야 사업을 채택하여 추진하는 것은 매우 바람직한 일이다. 청주경실련은 민선3기 지방자치단체장들이 타 후보의 공약사업에 대한 채택 여부를 7월 말까지 밝혀 줄 것을 요구하고 있다.

다섯째, 가칭 '지방자치단체장 공약관리 및 이행에 관한 조례'가 제정·시행될 경우 정착되기까지 적지 않은 시행착오와 부작용이 있을 것으로 예상되어, 전문가그룹, 지방의원, 시민단체 등과 충분한 공론화 과정을 거쳐 최적의 대안을 마련하여 추진해야 한다는 것이다.

여섯째, 민선3기 지방자치단체장 공약이행 평가사업에 광역·기초의회의 협조를 얻어 지방의원과 지역주민을 적극 참여시킬 것이며, 청주경실련의 경험을 바탕으로 타 지역 시민단체와 연대하여 지방자치단체장 공약이행 평가사업을 보다 체계적으로 발전시켜 나갈 계획이라고 밝힌 바 있다(청주경실련, 2002).

청주경실련과 같은 사례는 현재의 시점에서는 지방자치의 발전에 긍정적인 요인으로 작용할 것이다. 다만 제도적 장치의 미비에 따른 문제점이 적지 않은 관계로 향후 비정부단체(NGO)의 역할로만 한정해서 지방자치단체장의 공약사항에 대한 전반적인 평가를 하는 데는 어려움이 있으므로 법·제도적 장치의 정비가 필요한 것이다.

〈표-4〉 민선3기 지방자치단체장 공약이행 평가사업계획(청주경실련 사례)

단계 및 추진일정	사업명	목 적
① 1단계(지방선거기간)	◉ 지방선거정책캠페인 ▷ 지방개혁의제 발표 ◉ 후보자공약 비교평가 ▷ 후보자초청 정책토론회	◉ 무분별한 공약남발 억제와 정책대결의 선거풍토 조성
② 2단계(취임 이후 3개월)	◉ 공약사업 추진계획 요구	◉ 공약사업의 구체적 추진계획 요구와 평가에 대한 현황 및 실태 파악
③ 3단계(취임 1년)	◉ 현장실사	◉ 공약사업 추진과정의 문제점 파악
④ 4단계(취임 2년)	◉ 재임 2년간의 공약이행실적 행정정보공개청구 및 중간평가	◉ 공약사업의 차질 없는 이행촉구와 문제점 파악
⑤ 5단계(취임 3년)	◉ 현장실사	◉ 최종평가에 대비한 현장 확인과 문제점 파악
⑥ 6단계(취임 3년6개월)	◉ 재임 3년 6개월간의 공약이행실적 행정정보공개청구 및 최종평가	◉ 3년 6개월간의 추진실적 및 향후계획 차기연도 예산반영 내역조사 등
⑦ 7단계(지방선거 직전)	◉ 최종평가결과 발표 및 홍보	◉ 유권자의 현명한 선택 유도

자료: 청주경실련(2002), 기자회견자료, 재작성.

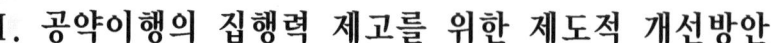

Ⅲ. 공약이행의 집행력 제고를 위한 제도적 개선방안

1. 재임 초기(6개월 이내)의 공약사항 우선순위의 선정

공약사항의 우선순위 검토는 공약의 효율적인 집행을 위해 무엇보다 선행적으로 시행할 필요가 있다. 특히 도시의 인구집중에 따른 효율적인 도시행정서비스 공급을 위해서는 주민들의 다양한 행정수요의 파악과 함께 중요한 수순이라 할 수 있다.

특히 각 정당에서 제시하고 있는 수많은 정책공약들은 인적 · 물적 자원의 한정성으로 인하여 모두 실현시키는 데는 제약이 있을 수밖에 없으며, 공약에 따라서는 소요시간이 상이하고 관련된 이해당사자들과의 정치적 과정이 요구되는 사안도 많은 실정이다. 따라서 백화점식으로 나열된 정책공약들에 대해 각 정당에서 부여하고 있는 우선순위를 구분하여 살펴보는 것은 의미가 있다(중앙선거관리위원회, 2002: 12).

1) 공약의 우선순위 검토방법 및 기준항목 예시

사례 분석으로 삼은 인천광역시의 경우 민선2기의 경험을 근간으로 도시행정의 내실 있는 집행을 위해 3가지 항목의 기준을 설정하여 우선순위를 산정하였다.

첫째, 공약의 용이성(容易性)으로서 공약의 소요예산과 예상달성기간을 그 지표로 선정하였다. 둘째, 공약의 효과성(效果性)으로서 공약달성에 의하여 혜택을 받을 수 있는 배후인구와 공약의 본격적인 추진일시를 그 지표로 선정하였다. 셋째, 공약의 시급성(時急性)으로서 현안과제 여부를 그 지표로 선정하였다.

〈표-5〉 공약의 우선순위 분석기준

기준내용	우선순위 항목
① 기준 1: 매년 투입될 소요예산	◉
② 기준 2: 수혜를 받는 인구	▣
③ 기준 3: 공약의 현안과제 여부	★
④ 기준 4: 공약의 달성기간	◉
⑤ 기준 5: 본격적인 추진연도	▣

주) 우선순위 항목: ◉: 용이성 ▣: 효과성 ★: 시급성

① 기준 1: 매년 투입될 소요예산

이 기준은 매년 투자되어야 할 소요예산으로서 공약의 '용이성'을 짚어 볼 수 있는 중요한 요소이다. 매년 상대적으로 많은 투자비가 소요되는 경우 상대적으로 낮은 점수로 평가하였고 크게 예산이 필요 없이 효과를 얻을 수 있는 공약에 대해서는 많은 점수를 부여하였다.

〈표-6〉 기준 1: 매년 투입될 소요예산

점 수	1	2	3	4	5
내 용	100억 / 년 이상	50~100억 / 년	10~50억 / 년	1~10억 / 년	1억 / 년 이하 (비예산)

② 기준 2: 수혜를 받는 인구

이 기준은 해당 공약의 시행으로 인하여 얼마나 많은 시민이 혜택을 받을 것인가에 초점을 맞춘 '효과성' 평가기준이다. 인천광역시의 전체 인구가 혜택을 받을 수 있는 공약의 경우 가장 많은 점수가 부여되었고 대략적인 수혜인구에 따라 5가지로 구분하여 점수를 부여하였다.

〈표-7〉 기준 2: 수혜를 받는 인구

점 수	1	2	3	4	5
내 용	10만 이하	10~50만	50~100만	100~200만	200만 이상

③ 기준 3: 공약의 현안과제 여부

이 기준은 공약의 시급성을 평가하는 기준으로서, 민원 등 현재 문제시되고 있는 사항을 해결하거나 시급히 추진하여야 할 현안과제의 경우 점수를 상대적으로 많이 부여하였다.

④ 기준 4: 공약의 달성기간

이 기준은 공약의 '용이성'에 대한 사항으로서 짧은 기간 내에 달성 가능한 확실한 공약의 경우 점수를 많이 부여하였고 장기간을 요하는 불확실한 공약은 점수를 적게 부여하였다. 세부기준은 다음과 같다.

〈표-8〉 기준 4: 공약의 달성기간

점 수	1	2	3	4	5
내 용	21년 이상	11~20년	4~10년	1~3년	1년 이내 (계속사업)

⑤ 기준 5: 본격적인 추진연도

이 기준은 임기 내에 가시적인 효과가 있는가? '효과성'을 평가하는 기준으로서 임기 내에 공약이 완성되거나 본격적으로 추진되는 공약은 점수를 상대적으로 많이 부여하였다.

2) 전체평가기준 및 점수배점기준

이상의 5가지 평가기준은 공약의 용이성, 효과성, 시급성의 기준하에서 분류할 수 있는데, 다음 표와 같이 각 공약의 평가점수를 산정하였다.

용이성, 효과성, 시급성의 3가지 항목이 전부 고려된 종합적인 우선순위를 정하기 위해서는 각 기준의 가중치를 가정해야 하는데, 이 과정에서 상당히 주관이 개입될 소지가 있고 이로 인하여 우선순위가 달라질 수 있다. 그러므로 본 검토에서는 각 기준별로 우선순위를 산정하는 것으로 하였다.

〈표-9〉 공약사항 평가기준

평가기준	용이성 평가기준	효과성 평가기준	시급성 평가기준
점 수	기준 1 × 기준 4	기준 2 × 기준 5	기준 3 × 기준 3

3) 도시행정 분야별 '공약 우선순위 선정' 예시

민선2기에 인천광역시에서 시장이 발표하였던 70대 공약을 중심으로 공약사항 우선순위를 살펴보면 다음과 같다.

(1) 일반행정 분야

도시경쟁력 강화를 위한 행정개혁, 공기업의 합리적 구조조정 등이 3가지 기준 모두에서 우선순위가 높은 것으로 평가되었고, 용이성 차원에서는 지역업체 보호육성, 유아교육시설의 확대, 중·고교의 합리적 배치 및 신설, 농어촌 교육환경 개선, 시장공관의 문화예술공간화, 인천 라디오방송국의 설립, 우수 민간전문인력의 전문계약직 채용확대, 시민사회단체 시정참여 및 활동지원 확대 등이 우선순위가 높게 평가되었다.

한편 효과성 차원
에서는 대부분이 효과
가 있는 것으로 평가
되었으며 시급성 차원
에서는 실업자 종합대
책의 효율적 추진이
우선순위가 높은 것으
로 평가되었다.

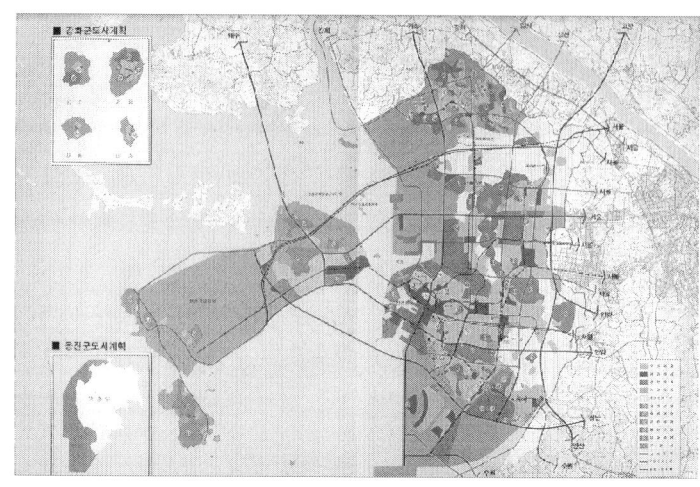

〈그림-1〉 2011년 인천광역시 도시기본계획도

(2) 지역경제 분야

외국인투자 적극유치가 3가지 기준 모두에서 우선순위가 높은 것으로 평가되었
고, 용이성 차원에서는 민관합동 무역투자촉진전략회의 설치ㆍ운영, 인천과학기술위
원회 설치ㆍ운영 등이 우선순위가 높은 것으로 평가되었고, 효과성 차원에서는 해
외시장 개척, 송도테크노파크 조성, 검단 지방산업단지 조성 등이 우선순위가 높은
것으로 평가되었다. 한편 시급성 차원에서는 고용창출 및 벤처기업창업 신속지원,
중소기업 종합지원대책의 강화, 농수산물 유통구조 개선 등이 우선순위가 높은 것
으로 나타났다.

(3) 보건복지 분야

용이성 차원에서는 대부분의 공약이 상대적으로 우선순위가 높은 것으로 평가되
었고, 효과성 차원에서는 시민생활불편 관련 불공정행위의 체계적 개선 등이 우선
순위가 높은 것으로 평가되었다. 한편 시급성 차원에서는 대부분의 공약이 시급하

나 특히 결손가정 및 저소득층 종합지원대책 적극추진, 시각장애인복지관 조기완공, 노인진료기능 강화, 실업자재취업교육기능의 강화, 농어촌생활환경 개선 등이 우선순위가 높은 것으로 나타났다.

(4) 문화체육 분야

용이성 차원에서는 역사경관보전지구의 설치 및 관련 문화사업 지원, 문화산업의 활성화 지원, 문화창작활동의 지원 등이 우선순위가 높은 것으로 평가되었고, 효과성 차원에서는 인천 전통문화가치의 창조 및 계승보전 등 대부분의 공약이 우선순위가 높은 것으로 평가되었다. 한편 시급성 차원에서는 전국체육대회 성공개최, 2002년 월드컵 완벽준비 등이 우선순위가 높은 것으로 나타났다.

(5) 건설교통 분야

버스노선의 시민편의 위주 재편성, 경인선 복복선 건설의 조기완공 촉구 등이 3가지 기준 모두에서 우선순위가 높은 것으로 평가되었고, 용이성 차원에서는 도시재개발재건축의 친환경적 추진, 자전거타기 범시민적 운동의 전개, 민관합동 교통개선대책협의회 설치·운영 등이 우선순위가 높은 것으로 평가되었고, 효과성 차원에서는 구연안터미널 친수공간 조성, 안전하고 쾌적한 지하철 건설, 송도 미디어밸리 조성사업 총력추진, 인천국제공항 주변지역 개발 등이 우선순위가 높은 것으로 평가되었다. 한편 시급성 차원에서는 강화 제2대교 건설공사 조기완공, 강화 해안순환도로개설공사 조기완공, 옹진군 등 연안도서 교통대책 추진, 송도정보화 신도시 건설의 차질 없는 추진 등이 우선순위가 높은 것으로 나타났다.

(6) 환경녹지 분야

'인천의제21' 선언 및 범시민적 실천이 3가지 기준 모두에서 우선순위가 높은 것으로 평가되었고, 용이성 차원에서는 학교구역 등의 방음시설의 다양화 확대 등이 우선순위가 높은 것으로 평가되었고, 효과성 차원에서는 갯벌보전 및 생태공원 조성, 환경친화적 쓰레기소각장 조성, 도시녹화사업의 계속추진 등이 우선순위가 높은 것으로 평가되었다. 한편 시급성 차원에서는 도심 속 쉼터 및 시민 휴식공간 확대 등이 우선순위가 높은 것으로 나타났다.

4) 공약사항 우선순위 검토결과의 한계

이 연구에서 살펴본 우선순위 검토결과의 한계는 다음과 같다.

첫째, 항목별 평가기준 간의 상대적인 크기가 고려되지 못하였다는 점이다. 예를 들면 용이성의 경우 기준 1 × 기준 4로 산정하였는데 기준 1에서의 한 단계 차이가 기준 4에서의 한 단계 차이와 동일하게 고려되었다는 것이다. 이는 효과성의 경우에도 마찬가지로 나타난다.

둘째, 각 기준의 점수화에 있어서 주관이 개입되었다는 점이다. 특히 기준 2에서 해당 공약의 시행으로 인하여 혜택을 받는 인구의 적용치가 다분히 주관적으로 고려되었다. 특히 지역경제 분야의 경우에는 각 공약의 파급효과 등을 고려하여 한 단계 정도 많은 인구를 적용하였다.

셋째, 일부공약의 소요예산이 비예산으로 되어 있다는 점이다. 비예산이란 예산이 소요되지 않는 경우와 아직 예산이 확정되지 않은 경우로 구분할 수 있는데, 본 검토에서는 예산이 소요되지 않는 경우로 일괄 처리하였다(이러한 비예산사업은 조기에 예산규모가 확정되어야 할 것임).

넷째, 용이성과 효과성, 시급성 간의 상대적인 가중치를 정할 수 없어서 3가지 기준을 종합적으로 고려한 우선순위 평가가 이루어지지 않았다는 점이다.

그러므로 이 분석을 통한 정책적용 시에는 보다 신중한 접근이 필요하며, 보완적으로 객관적이고 정확한 우선순위 산정을 위해서는 시민설문조사 등의 구체적인 연구조사가 필요하다.

<표-10> 공약사항 우선순위 산정기준을 통한 '우선순위' (민선2기 인천광역시 사례 분석)

도시행정 분야	공약내용	공약 번호	우선순위 평가점수				
			기준 1	기준 2	기준 3	기준 4	기준 5
일반행정분야	−실업자 종합대책의 효율적 추진	2	1	3	5	4	4
	−지역업체 보호육성	6	5	3	4	4	4
	−유아교육시설의 확대	36	3	2	3	4	4
	−초등학교 2부제 수업 해소	37	1	2	3	5	3
	−학교급식 확대	38	1	2	3	4	5
	−중·고교의 합리적 배치 및 신설	39	5	3	3	4	4
	−지역소재 대학교육의 경쟁력 강화	43	2	3	2	3	3
	−농어촌 교육환경 개선	65	3	2	4	5	4
	−시장공관의 문화예술 공간화	48	5	3	3	5	5
	−인천 라디오방송국의 설립	51	5	4	4	4	4
	−도시경쟁력 강화를 위한 행정개혁	66	5	5	5	5	4
	−공기업의 합리적 구조조정	67	5	5	5	4	4
	−우수 민간전문인력의 전문계약직 채용확대	68	5	4	4	5	4
	−시민·사회단체 시정참여 및 활동지원 확대	69	4	3	3	5	4
지역경제분야	−민관합동 무역·투자촉진전략회의 설치·운영	1	5	4	4	5	5
	−외국인투자 적극유치	3	4	4	5	4	4
	−고용창출 및 벤처기업창업 신속지원	4	3	3	5	4	4
	−중소기업 종합지원대책의 강화	5	1	3	5	5	4
	−해외시장 개척	7	2	4	4	5	5
	−인천과학기술위원회' 설치·운영	35	5	3	3	5	5
	−송도 테크노파크 건설	56	1	5	5	4	5
	−검단 지방산업단지의 조성	60	1	4	4	4	4
	−농어촌 진흥기금 설치	61	3	3	3	3	4
	−농수산물 유통구조 개선	62	1	5	5	5	5
	−농어촌 소득기반 조성	63	1	3	4	3	4
보건복지분야	−인천형 복지모형 정립과 사회복지예산의 지속적 확충	25	5	4	4	5	3
	−결손가정 및 저소득층 종합지원대책 적극추진	26	3	3	5	5	4
	−장애인 재활의료·보호시설의 확대	27	4	1	4	5	4
	−시각장애인복지관 조기완공	28	3	1	5	5	5
	−노인진료기능 강화	29	5	2	5	5	4
	−노인복지시설 및 노부모 부양가구 금융지원 확대	30	3	3	5	4	3
	−부녀상담기구 확대 및 각종 여성시민단체 재정지원 확대	31	4	3	4	4	4
	−보육시설의 질적 내실화	32	1	2	4	4	4
	−'여성의 광장' 조기건립	33	3	3	4	4	5
	−여성의 사회참여 및 복지증진확대	34	5	3	4	4	4
	− 실업자 재취업교육기능의 강화	42	3	3	5	5	4
	−농어촌 생활환경 개선	64	2	3	5	4	4
	−시민생활불편 관련 불공정행위의 체계적 개선	70	5	4	5	5	5

도시행정 분야	공약내용	공약 번호	우선순위 평가점수				
			기준 1	기준 2	기준 3	기준 4	기준 5
문 화 체 육 분 야	-청소년 수련원 조기건립	40	2	2	4	4	5
	-생활체육지원체계 확립	44	2	4	3	4	3
	-2002년 월드컵 완벽준비	45	1	4	5	4	4
	-'99 전국체육대회 성공개최	46	1	4	5	5	4
	-'98 세계볼링선수권 대회 성공개최	47	4	4	4	5	5
	-역사경관보전지구의 설치 및 관련 문화사업 지원	49	4	4	3	5	4
	-문화산업의 활성화 지원	50	3	5	3	5	3
	-인천 전통문화가치의 창조 및 계승·보전	52	2	4	4	5	4
	-문화창작활동 지원	53	4	3	4	5	4
	-문화활동공간의 확충 및 관리 효율화	54	3	4	4	4	4
건 설 교 통 분 야	-남항 종합물류유통단지 조성	8	1	4	3	2	3
	-자전거타기 범시민적 운동의 전개	12	4	4	4	5	4
	-구연안터미널부지 친수공간 조성	14	3	4	4	5	5
	-도시재개발·재건축사업의 친환경적 추진	15	5	5	4	5	4
	-안전하고 쾌적한 지하철 건설	17	1	5	5	5	5
	-버스노선의 시민편의 위주 재편성	18	4	5	5	5	5
	-경인선 복복선 건설의 조기완공 촉구	19	3	4	5	4	5
	-도심터널공사 조기완료	20	1	3	3	4	4
	-강화 제2대교 건설공사 조기완공	21	1	3	5	5	4
	-강화 해안순환도로개설공사 조기완공	22	1	3	5	4	5
	-옹진군 등 연안도서 교통대책 추진	23	5	3	5	4	5
	-민관합동 교통개선대책협의회 설치·운영	24	5	4	5	4	5
	-송도 미디어밸리 조성사업 총력추진	55	1	5	5	3	5
	-인천국제공항 주변지역 개발	57	4	5	5	3	5
	-항만시설의 확충	58	1	5	5	2	5
	-송도정보화 신도시 건설의 차질 없는 추진	59	1	5	5	2	5
환 경 녹 지 분 야	-'인천의제21'선언 및 범시민적 실천	9	5	5	5	5	5
	-갯벌보존 및 생태공원 조성	10	4	4	4	3	4
	-환경친화적 쓰레기소각장 조성	11	1	4	4	4	5
	-도심 속 쉼터 등 시민 휴식공간 확대	13	1	5	5	4	4
	-도시녹화사업의 계속추진	16	1	5	4	4	4
	-학교구역 등의 방음시설의 다양화 확대	41	4	3	4	5	4

〈표-11〉 공약사항 평가기준별 우선순위 검토 (민선2기 인천광역시 사례 분석)

도시행정 분야	공약내용	공약 번호	우선순위 평가점수		
			용이성	효과성	시급성
일반 행정 분야	-실업자 종합대책의 효율적 추진	2	4	12	25
	-지역업체 보호육성	6	20	12	16
	-유아교육시설의 확대	36	12	8	9
	-초등학교 2부제 수업 해소	37	5	6	9
	-학교급식 확대	38	4	10	9
	-중·고교의 합리적 배치 및 신설	39	20	12	9
	-지역소재 대학교육의 경쟁력 강화	43	6	9	4
	-농어촌 교육환경 개선	65	15	8	16
	-시장공관의 문화예술 공간화	48	25	15	9
	-인천 라디오방송국의 설립	51	20	16	16
	-도시경쟁력 강화를 위한 행정개혁	66	25	20	25
	-공기업의 합리적 구조조정	67	20	20	25
	-우수 민간전문인력의 전문계약직 채용확대	68	25	16	16
	-시민·사회단체 시정참여 및 활동지원 확대	69	20	12	9
지역 경제 분야	-민관합동 무역·투자촉진전략회의 설치·운영	1	25	20	16
	-외국인투자 적극유치	3	16	16	25
	-고용창출 및 벤처기업창업 신속지원	4	12	12	25
	-중소기업 종합지원대책의 강화	5	5	12	25
	-해외시장 개척	7	10	20	16
	-'인천과학기술위원회' 설치·운영	35	25	15	9
	-송도 테크노파크 건설	56	4	25	25
	-검단 지방산업단지의 조성	60	4	16	16
	-농어촌 진흥기금 설치	61	9	12	9
	-농수산물 유통구조 개선	62	5	25	25
	-농어촌 소득기반 조성	63	3	12	16
보 건 복 지 분 야	-인천형 복지모형 정립과 사회복지예산의 지속적 확충	25	25	12	16
	-결손가정 및 저소득층 종합지원대책 적극추진	26	15	12	25
	-장애인 재활의료·보호시설의 확대	27	20	4	16
	-시각장애인복지관 조기완공	28	15	5	25
	-노인진료기능 강화	29	25	8	25
	-노인복지시설 및 노부모 부양가구 금융지원 확대	30	12	9	25
	-부녀상담기구 확대 및 각종 여성시민단체 재정지원 확대	31	16	12	16
	-보육시설의 질적 내실화	32	4	8	16
	-'여성의 광장' 조기건립	33	12	15	16
	-여성의 사회참여 및 복지증진확대	34	20	12	16
	-실업자 재취업교육기능의 강화	42	15	12	25
	-농어촌 생활환경 개선	64	8	12	25
	-시민생활불편 관련 불공정행위의 체계적 개선	70	25	20	25

도시행정분야	공약내용	공약번호	우선순위 평가점수		
			용이성	효과성	시급성
문화체육분야	−청소년 수련원 조기건립	40	8	10	16
	−생활체육지원체계 확립	44	8	12	9
	−2002년 월드컵 완벽준비	45	4	16	25
	−'99 전국체육대회 성공개최	46	5	16	25
	−'98 세계볼링선수권 대회 성공개최	47	20	20	16
	−역사경관보전지구의 설치 및 관련 문화사업 지원	49	20	16	9
	−문화산업의 활성화 지원	50	15	15	9
	−인천 전통문화가치의 창조 및 계승·보전	52	10	16	16
	−문화창작활동 지원	53	20	9	16
	−문화활동공간의 확충 및 관리 효율화	54	12	16	16
건설교통분야	−남항 종합물류유통단지 조성	8	2	12	9
	−자전거타기 범시민적 운동의 전개	12	20	16	16
	−구연안터미널부지 친수공간 조성	14	15	20	16
	−도시재개발·재건축사업의 친환경적 추진	15	25	20	16
	−안전하고 쾌적한 지하철 건설	17	5	25	25
	−버스노선의 시민편의 위주 재편성	18	20	25	25
	−경인선 복복선 건설의 조기완공 촉구	19	12	20	25
	−도심터널 공사 조기완료	20	4	12	9
	−강화 제2대교 건설공사 조기완공	21	5	12	25
	−강화 해안순환도로개설공사 조기완공	22	4	15	25
	−옹진군 등 연안도서 교통대책 추진	23	20	12	25
	−민관합동 교통개선대책협의회 설치·운영	24	25	20	16
	−송도 미디어밸리 조성사업 총력추진	55	3	25	25
	−인천국제공항 주변지역 개발	57	12	25	25
	−항만시설의 확충	58	2	25	25
	−송도정보화 신도시 건설의 차질 없는 추진	59	2	25	25
환경녹지분야	−'인천의제21'선언 및 범시민적 실천	9	25	25	25
	−갯벌보존 및 생태공원 조성	10	12	16	16
	−환경친화적 쓰레기소각장 조성	11	4	20	16
	−도심 속 쉼터 등 시민 휴식공간 확대	13	4	20	25
	−도시녹화사업의 계속추진	16	4	20	16
	−학교구역 등의 방음시설의 다양화 확대	41	20	12	16

〈표-12〉 공약사항별 추진기간 (민선2기 인천광역시 사례 분석)

도시행정분야	공약내용	공약번호	시행시기		
			~2002	~2006	~2010
일반행정분야	−실업자 종합대책의 효율적 추진	2	■■■■		
	−지역업체 보호육성	6	■■■■		
	−유아교육시설의 확대	36	■■■■		
	−초등학교 2부제 수업 해소	37	■■		
	−학교급식 확대	38	■■■■		
	−중·고교의 합리적 배치 및 신설	39	■■■		
	−지역소재 대학교육의 경쟁력 강화	43	■■■■	■■■	
	−농어촌 교육환경 개선	65	■■		
	−시장공관의 문화예술 공간화	48	■		
	−인천 라디오방송국의 설립	51	■■■■		
	−도시경쟁력 강화를 위한 행정개혁	66	■		
	−공기업의 합리적 구조조정	67	■■		
	−우수 민간전문인력의 전문계약직 채용확대	68	■■		
	−시민·사회단체 시정참여 및 활동지원 확대	69	▨▨▨▨	▨▨▨▨	▨▨▨▨
지역경제분야	−민관합동 무역·투자촉진전략회의 설치·운영	1	■		
	−외국인투자 적극유치	3	■■■■		
	−고용창출 및 벤처기업창업 신속지원	4	■■■■		
	−중소기업 종합지원대책의 강화	5	▨▨▨▨	▨▨▨▨	▨▨▨▨
	−해외시장 개척	7	■		
	−'인천과학기술위원회' 설치·운영	35	■		
	−송도 테크노파크 건설	56	■■■■		
	−검단 지방산업단지의 조성	60	■■■■		
	−농어촌 진흥기금 설치	61	■■■■	■■■■	■
	−농수산물 유통구조 개선	62	■■		
	−농어촌 소득기반 조성	63	■■■■	■	
보건복지분야	−인천형 복지모형 정립과 사회복지예산의 지속적 확충	25	■■		
	−결손가정 및 저소득층 종합지원대책 적극추진	26	▨▨▨▨	▨▨▨▨	▨▨▨▨
	−장애인 재활의료·보호시설의 확대	27	▨▨▨▨	▨▨▨▨	▨▨▨▨
	−시각장애인복지관 조기완공	28	■■		
	−노인진료기능 강화	29	▨▨▨▨		▨▨▨▨
	−노인복지시설 및 노부모 부양가구 금융지원 확대	30	■■■		
	−부녀상담기구 확대 및 각종 여성시민단체 재정지원 확대	31	■■■		
	−보육시설의 질적 내실화	32	■■■		
	−'여성의 광장' 조기건립	33	■■■		
	−여성의 사회참여 및 복지증진확대	34	■■■■		
	−실업자 재취업교육기능의 강화	42	■		
	−농어촌 생활환경 개선	64	■■■■		
	−시민생활불편 관련 불공정행위의 체계적 개선	70	▨▨▨▨	▨▨▨▨	▨▨▨▨

도시행정분야	공약내용	공약번호	시행시기		
			~2002	~2006	~2010
문화체육분야	- 청소년 수련원 조기건립	40	■■■■		
	- 생활체육지원체계 확립	44	■■■■		
	- 2002년 월드컵 완벽준비	45	■■■■		
	- '99 전국체육대회 성공개최	46	■■		
	- '98 세계볼링선수권 대회 성공개최	47	■		
	- 역사경관보전지구의 설치 및 관련 문화사업 지원	49	■■		
	- 문화산업의 활성화 지원	50	▨▨▨▨	▨▨▨▨	▨▨▨▨
	- 인천 전통문화가치의 창조 및 계승·보전	52	■■		
	- 문화창작활동 지원	53	■■		
	- 문화활동공간의 확충 및 관리 효율화	54	■■■■		
건설교통분야	- 남항 종합물류유통단지 조성	8	□□□□	■■■■	■■■■
	- 자전거타기 범시민적 운동의 전개	12	▨▨▨▨	▨▨▨▨	▨▨▨▨
	- 구연안터미널부지 친수공간 조성	14	■■		
	- 도시재개발·재건축사업의 친환경적 추진	15	▨▨▨▨	▨▨▨▨	▨▨▨▨
	- 안전하고 쾌적한 지하철 건설	17	■■		
	- 버스노선의 시민편의 위주 재편성	18	■■		
	- 경인선 복복선 건설의 조기완공 촉구	19	■■■		
	- 도심터널 공사 조기완료	20	■■■■		
	- 강화 제2대교 건설공사 조기완공	21	■■		
	- 강화 해안순환도로개설공사 조기완공	22	■■■		
	- 옹진군 등 연안도서 교통대책 추진	23	■■■		
	- 민관합동 교통개선대책협의회 설치·운영	24	■		
	- 송도 미디어밸리 조성사업 총력추진	55	■■■■	■■■■	
	- 인천국제공항 주변지역 개발	57	□□□□	■■■■	
	- 항만시설의 확충	58	□□□□		■■■■
	- 송도정보화 신도시 건설의 차질 없는 추진	59	■■■■	■■■■	■■■■
환경녹지분야	- '인천의제21'선언 및 범시민적 실천	9	▨▨▨▨	▨▨▨▨	▨▨▨▨
	- 갯벌보존 및 생태공원 조성	10	■■■■	■■■	
	- 환경친화적 쓰레기소각장 조성	11	■■■		
	- 도심 속 쉼터 등 시민 휴식공간 확대	13	■■■		
	- 도시녹화사업의 계속추진	16	■■■		
	- 학교구역 등의 방음시설의 다양화 확대	41	■■		

주) □: 계획기간, ■: 시행기간, ▨: 계속사업

2. 공약사항별 소요예산 분석

　지방자치단체는 한정된 자원이나 재원을 가지고 양질의 행정서비스 공급에 관심을 두고 있는 것이 사실이다. 이를 위해서는 필연적으로 행정에 있어서도 경영성의 개념이 적극적으로 도입되어야 한다. 특히 공약집행에는 적지 않은 재정이 소요되므로 공약집행에 따른 재원조달방안이 철저하게 이루어져야 한다. 공약추진에 따른 소요예산은 재임 초기에 각 사업 부서별로 예산집행계획을 수립하여, 행정 전반에 걸쳐 평가가 이루어질 때 공약추진의 실효성이 높아진다고 할 수 있다. 이 문제 역시 법적·제도적 장치 속에서 이루어져야 한다.

　다음 분석 자료는 민선2기 초기에 인천광역시 시장 공약의 예시[11]를 한 것으로 다른 지방자치단체에서도 검토가 가능하다. 6개 분야 70대 공약사업의 사업비 총액은 9조 3548억 2천6백만 원이다. 단 비예산사업은 예산이 소요되지 않는 사업과 예산이 확정되지 않은 사업으로 구분할 수 있는데, 본 검토에서는 예산이 소요되지 않는 경우로 일괄 처리하였다. 70대 공약사업의 사업비 총액은 기집행예산(98년까지)과 향후집행예산(임기 내, 임기 후)을 모두 합한 것으로서 공약사업의 재원조달방법(국비, 지방비, 시비, 민자)과 연도별 예산집행에 대해 구체적으로 명시되어야 할 것이다. 6개 분야 중에서 건설교통 분야의 사업비 배분율은 71.8%로서 총 6조 6434억 3천6백만 원으로 예산배분 비율이 가장 높으며, 사업비 배분 비율에 따른 분야별 순서는 건설교통 분야, 지역경제 분야, 환경녹지 분야, 일반행정 분야, 문화체육 분야, 보건복지 분야 순서로 사업비가 배분되어 있다.

---

11) 이 분석에 소요된 재원은 공약 발표 후 취임 초기에 적시한 자료이므로 여건변화로 공약집행과정에서는 다소 다를 수 있음을 밝히며, 공약에 대한 재정분석이 바로 이루어지도록 법적·제도적 장치가 마련되어야 한다.

〈표-13〉 공약사항 재정소요액(민선2기 인천광역시 시장 공약 사례 분석)

6개 분야 공약사업	사업비(백만 원)					
	국 비	지방비	시 비	민 자	기 타	합 계
일반행정 분야(14건)	-	-	-	-	-	345,032
지역경제 분야(11건)	-	-	-	-	-	1,053,542
보건복지 분야(13건)	-	-	-	-	-	118,139
문화체육 분야(10건)	-	-	-	-	-	239,909
건설교통 분야(16건)	-	-	-	-	-	6,643,436
환경녹지 분야(6건)	-	-	-	-	-	854,768
합 계	-	-	-	-	-	9,254,826

1) 일반행정 분야

관리 번호	공약명	사업비(백만 원)					
		국 비	지방비	시 비	민 자	기 타	계
1-2	실업자 종합대책의 효율적 추진	25,898	18,431				44,329
1-6	지역업체 보호육성						비예산
3-36	유아교육시설의 확대						4,462
3-37	초등학교 2부제 수업 해소						187,088
3-38	학교급식 확대						58,161
3-39	중·고교의 합리적 배치 및 신설						비예산
3-43	지역 내 대학교육의 경쟁력 강화	15,200	8,900			18,620	42,720
6-65	농어촌 교육환경 개선						7,430
4-48	시장공관의 문화예술 공간화		100				100
4-51	인천 라디오방송국의 설립						비예산
7-66	도시경쟁력 강화를 위한 행정개혁						비예산
7-67	지방공기업의 합리적 구조조정						비예산
7-68	우수 민간전문인력의 전문계약직 채용확대						비예산
7-69	시민사회단체 시정참여 및 활용지원 확대	469	273				742
총 계							345,032

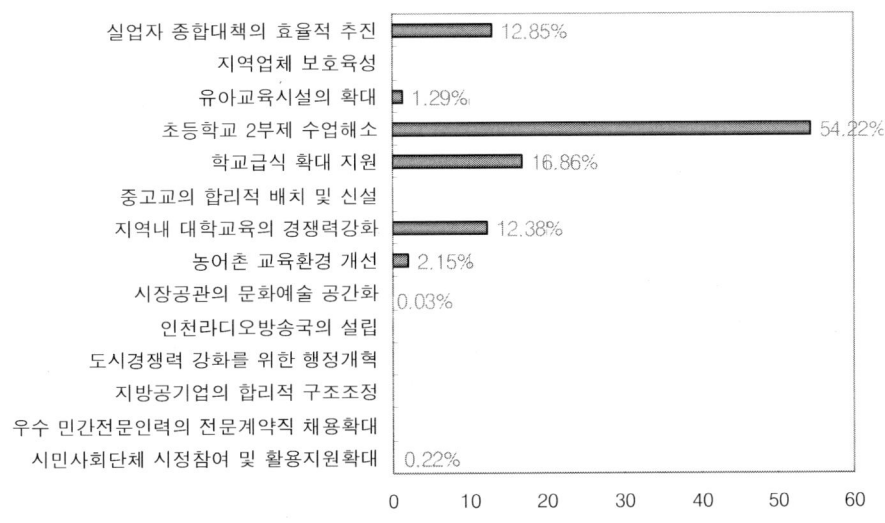

〈그림-2〉 일반행정 분야 예산배분 비율현황

2) 지역경제 분야

관리 번호	공약명	사업비(백만 원)					
		국 비	지방비	시 비	민 자	기 타	계
1-1	민관합동 무역·투자촉진 전략회의 설치·운영						비예산
1-3	외국인투자 적극유치			1,000			1,000
1-4	고용창출 및 벤처기업창업 신속지원						8,000
1-5	중소기업 종합지원대책의 강화	18,500	54,780			100,000	173,280
1-7	해외시장 개척	732	8,100				8,832
3-35	'인천과학기술위원회' 설치·운영						비예산
5-56	송도 테크노파크 건설						231,200
5-60	검단 지방산업단지 조성						320,000
6-61	농어촌 진흥기금 설치		20,000				20,000
6-62	농산물 유통구조 개선	24,392	56,761			349	81,502
6-63	농어촌 소득기반 조성	142,928	66,758				209,686
총 계							1,053,500

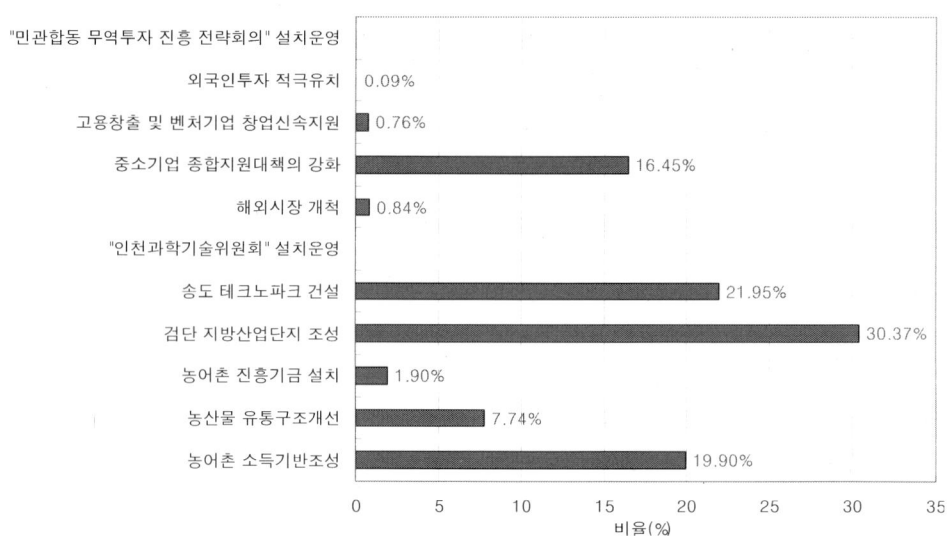

"민관합동 무역투자 진흥 전략회의" 설치운영

외국인투자 적극유치 　0.09%

고용창출 및 벤처기업 창업신속지원 ▮0.76%

중소기업 종합지원대책의 강화 ▬▬▬▬ 16.45%

해외시장 개척 ▮0.84%

"인천과학기술위원회" 설치운영

송도 테크노파크 건설 ▬▬▬▬▬ 21.95%

검단 지방산업단지 조성 ▬▬▬▬▬▬ 30.37%

농어촌 진흥기금 설치 ▮1.90%

농산물 유통구조개선 ▬▬ 7.74%

농어촌 소득기반조성 ▬▬▬▬ 19.90%

비율(%)

〈그림-3〉 지역경제 분야 예산배분 비율현황

3) 보건복지 분야

관리 번호	공약명	사업비(백만 원)					
		국 비	지방비	시 비	민 자	기 타	계
3-25	인천형 복지모형 정립과 사회복지예산의 지속적 확충						비예산
3-26	결손가정 및 저소득층 종합지원대책 적극추진	21,930	9,522				31,452
3-27	장애인 재활의료, 보호시설의 확대	3,156	8,744				11,900
3-28	시각장애인복지관 조기완공	255	3,152				3,407
3-29	노인진료기능 강화	4	2				6
3-30	노인복지시설 및 노부모 부양가구 금융지원확대	10,568					10,568
3-31	부녀상담기구 확대 및 각종 여성시민단체 재정지원 확대	220	720				940
3-32	보육시설의 질적 내실화	13,032	17,134				30,166
3-33	여성의 광장 조기건립						비예산
3-34	여성의 사회참여 및 복지증진확대		391				391
3-42	실업자 재취업교육 기능의 강화	2,018	586				2,604
6-64	농어촌 생활환경 개선	2,606	7,207				25,493
7-70	시민생활불편 관련 불공정행위의 체계적 개선		12	1,200		1,200	1,212
총　계							118,139

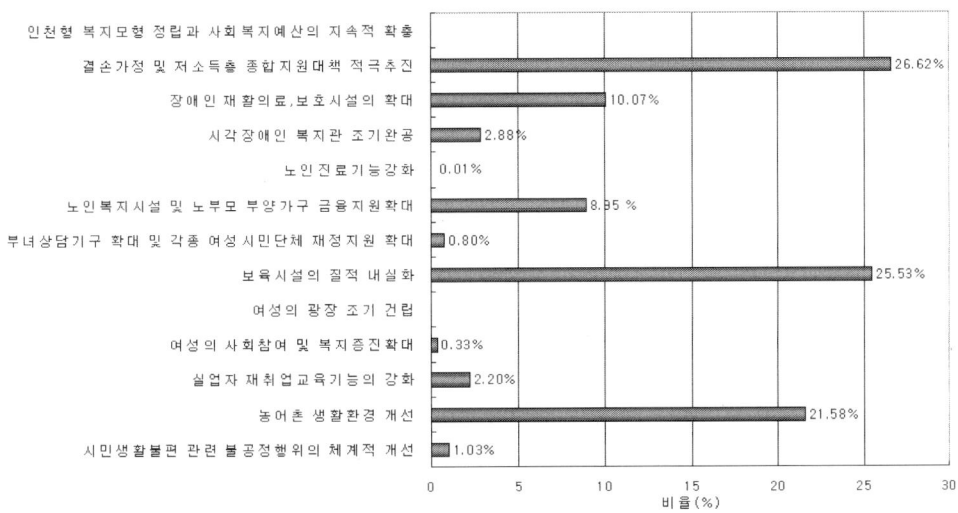

인천형 복지모형 정립과 사회복지예산의 지속적 확충
결손가정 및 저소득층 종합지원대책 적극추진 26.62%
장애인 재활의료,보호시설의 확대 10.07%
시각장애인 복지관 조기완공 2.88%
노인진료기능강화 0.01%
노인복지시설 및 노부모 부양가구 금융지원확대 8.35 %
부녀상담기구 확대 및 각종 여성시민단체 재정지원 확대 0.80%
보육시설의 질적 내실화 25.53%
여성의 광장 조기 건립
여성의 사회참여 및 복지증진확대 0.33%
실업자 재취업교육기능의 강화 2.20%
농어촌 생활환경 개선 21.58%
시민생활불편 관련 불공정행위의 체계적 개선 1.03%

비율(%)

〈그림-4〉 보건복지 분야 예산배분 비율현황

4) 문화체육 분야

관리 번호	공약명	사업비(백만 원)					
		국 비	지방비	시 비	민 자	기 타	계
3-40	청소년 수련원 조기건립	2,500	28,893				31,393
3-33	생활체육지원체계 확립	223	14,434			10,463	25,120
3-45	2002년 월드컵대회 성공개최		132,700				132,700
3-46	99 전국체육대회 성공개최	3,500	26,900				30,400
3-47	98 세계볼링선수권 대회 성공개최		189				189
4-49	역사경관보전지구의 설치 및 관련 문화사업 지원		300				300
4-50	문화산업의 활성화 지원						비예산
4-52	인천 전통문화가치의 창조 및 계승·보전		13,617				13,617
4-53	문화창작활동 지원		1,000				1,000
4-54	문화활동공간의 확충 및 관리효율화	675	4,515				5,190
총 계							239,909

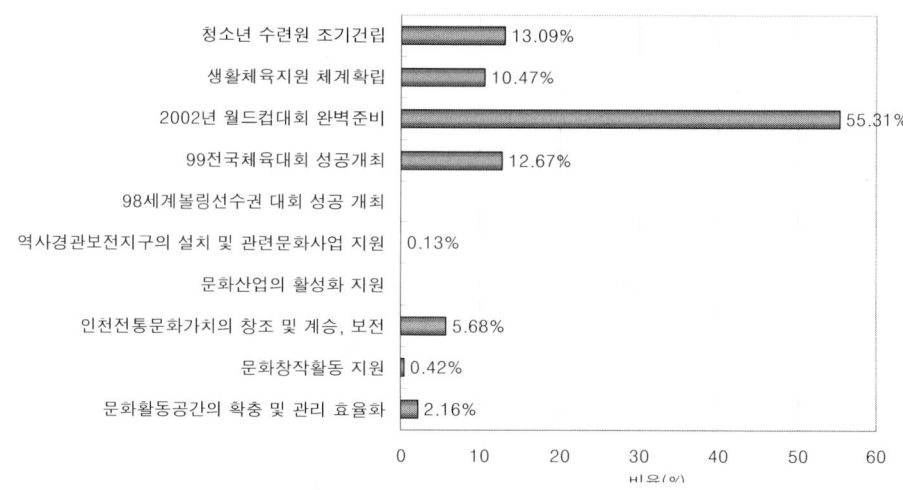

청소년 수련원 조기건립 13.09%
생활체육지원 체계확립 10.47%
2002년 월드컵대회 완벽준비 55.31%
99전국체육대회 성공개최 12.67%
98세계볼링선수권 대회 성공 개최
역사경관보전지구의 설치 및 관련문화사업 지원 0.13%
문화산업의 활성화 지원
인천전통문화가치의 창조 및 계승, 보전 5.68%
문화창작활동 지원 0.42%
문화활동공간의 확충 및 관리 효율화 2.16%

〈그림-5〉 문화체육 분야 예산배분 비율

5) 건설교통 분야

관리 번호	공약명	사업비(백만 원)					
		국 비	지방비	시 비	민 자	기 타	계
1-8	남항 종합물류유통단지 조성						254,600
2-12	자전거타기 범시민적 운동의 전개	11,500	11,500				23,000
2-14	구연안여객 터미널부지 친수공간 조성				2,000		2,000
2-15	도시재개발·재건축사업의 친환경적 추진						비예산
2-17	안전하고 쾌적한 지하철 건설	576,400	879,500				1,628,600
2-18	버스노선의 시민편의 위주 재편성		230				230
2-19	경인선 복복선 건설의 조기완공 촉구	5,190					5,190
2-20	도심터널 공사 조기완료		127,419		212,428		339,847
2-21	강화 제2대교 건설공사 조기완공	40,000	17,028		11,346		68,374
2-22	강화 해안순환도로개설공사 조기완공	14,932	54,663				69,595
2-23	옹진군 등 연안도서 교통대책 추진						비예산
2-24	민관합동 '교통개선대책협의회' 설치·운영						비예산
2-55	송도 미디어밸리 조성사업 총력추진		339,200				339,200
2-57	인천국제공항 주변지역 개발		3,490				3,490
5-58	항만시설의 확충						2,166,900
5-59	송도정보화 신도시 건설의 차질 없는 추진			1,742,400			1,742,400
	총 계						6,643,426

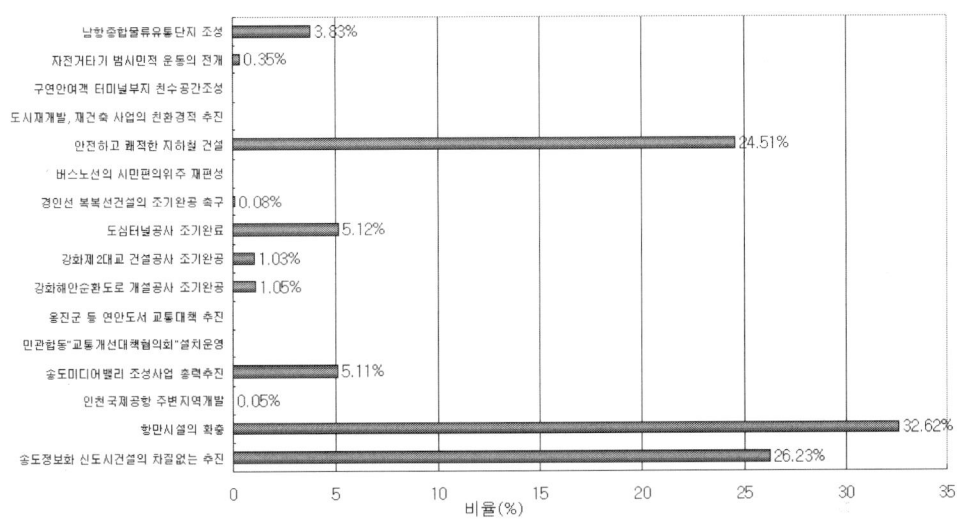

〈그림-6〉 건설교통 분야 예산배분 비율

6) 환경녹지 분야

관리 번호	공약명	사업비(백만 원)					
		국 비	지방비	시 비	민 자	기 타	계
2-9	'인천의제21' 선언 및 범시민적 실천						비예산
2-10	갯벌보존 및 생태공원 조성		2,300				2,300
2-11	환경친화적 쓰레기소각장 건설	15,750	57,520				73,270
2-13	도심 속 쉼터 등 시민 휴식공간 확대		36,765				36,765
2-16	도시녹화사업의 계속추진	1,447	694,464		25,534	144	721,580
3-41	학교구역 등의 방음시설의 다양화 확대		3,200				3,200
	총 계						837,115

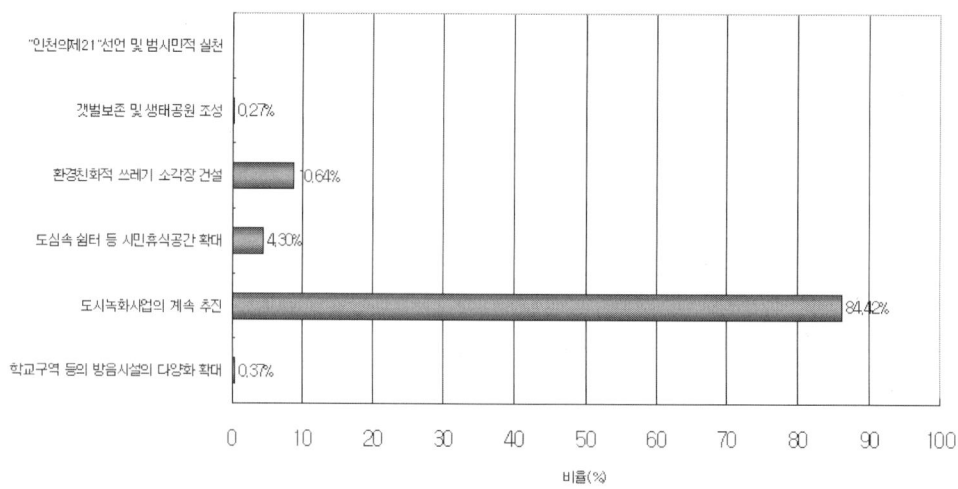

비율(%)

〈그림-7〉 환경녹지 분야 예산배분 비율

3. 공약평가시스템 도입(가칭 : '공약추진평가단' 구성)

　주민들이 지방자치단체장의 업무추진에 대한 제어를 할 수 있는 것이 주민감사청구권이라 할 수 있다. 다만 이 경우는 제도권 내에서 추진되는 행정사안에 대한 접근이 될 수 있다.[12] 시민들과의 중요한 약속이자 향후 재임기간에 추진하려고 발표한 공약사항에 대해서는 지방자치법 등 관련법에서 제도적 장치가 마련되지 못한 실정으로, 공약의 남발이나 신뢰행정 구축에 부정적인 요인으로 작용하고 있다. 공약추진에 있어서 이와 같은 평가시스템 구축과 함께 요구되는 것이 단체장의 업무

---

12) 지방자치단체의 20세 이상의 주민은 20세 이상의 주민 총수의 50분의 1의 범위 안에서 당해지방자치단체의 조례가 정하는 20세 이상의 주민수 이상의 연서로 시·도에 있어서는 주무부장관에게, 시·군 및 자치구에 있어서는 시·도지사에게 당해 지방자치단체와 그 장의 권한에 속하는 사무의 처리가 법령에 위반되거나 공익을 현저히 해한다고 인정되는 경우에는 감사를 청구할 수 있다(지방자치법, 제13조의4).

추진능력이며, 현행 법적 시스템에서는 부(副)지방자치단체장이 그를 보좌하는 역할을 하는 것이다.

<표-14> 도시경영자의 인상(복수회답)

(단위: %)

■ 뛰어난 점-上位 10位

區分＼順位	1	2	3	4	5	6	7	8	9	10
市長	使命感	行動力	決斷力	體力/氣力	先見性	責任感	信賴感	情報感覺	視野넓음	倫理觀
	36.5	35.6	33.1	24.6	23.8	22.9	16.9	14.9	12.2	9.7
助役	調整力	責任感	信賴感	包容力	使命感	指導力	統率力	決斷力	視野넓음	計劃性
	50.6	39.0	35.4	20.7	17.1	16.6	16.3	13.8	9.7	8.8

■ 부족한 점-上位 10位

區分＼順位	1	2	3	4	5	6	7	8	9	10
市長	包容力	計劃性	調整力	決斷力	創造性	研究心	指導力	視野넓음	體力/氣力	統率力
	27.1	19.3	17.7	15.2	13.3	12.2	11.6	10.5	9.4	9.1
助役	代表性	創造性	情報感覺	決斷力	研究心	先見性	分析力	行動力	視野넓음	包容力
	27.9	27.6	23.8	20.7	18.2	18.0	16.6	15.7	14.6	13.8

자료: 吉田民雄(1996), 『都市行政の 新しい設計』, 東京: 中央經濟社, p.243. 재작성.

20개 항목 중 지방자치단체장의 뛰어난 점과 부족한 점을 살펴볼 수 있다(吉田民雄, 1996: 242－244). 지방자치단체장은 지방자치단체의 통할대표로서 정치적·행정적 의사결정자로서 시장의 꼭 필요한 능력이나 자질측면에서 상위 3위를 살펴볼 때, 사명감, 행동력, 결단력을 강조하고 있음을 알 수 있고, 다른 측면에서 시장을 보좌하는 역할을 수행하는 부시장의 경우에는 조정력, 책임감, 신뢰감을 지적하고 있다.

주민, 기업들의 다양한 요구를 직접 직면하는 지방자치단체의 정치역학 관계상 무엇보다도 의사결정을 하는 데 있어서 시장의 사명감이나 결단력 등 직감적인 통찰력의 세계는 또 다른 중요한 부분이라 할 수 있다.

다만 시장에게 부족한 부문은 계획성이나 조정력 등을 지적하고 있는데 이것은 다양화되고 복잡해지는 도시사회는 시장의 의사결정을 어렵게 하기 때문에 센스 있는 부분의 능력이나 자질을 향상할 필요가 있다는 것이다. 결국 도시경영자로서의 시장이나 부시장은 그들의 능력 향상과 함께 최고의 리더십을 발휘할 필요성이 있음을 강조하고 있다.

우리나라의 지방선거는 이와 같이 지방자치단체장에게 필요한 능력이나 자질에 대한 검증 없이 선거가 진행되고 있고 더욱이 이들이 발표한 공약사항에 대한 주기적인 재평가가 없다는 것은 실로 문제라 할 수 있다. 따라서 집행력 있는 공약추진을 위해 '공약관리방안'을 모색해야 할 것이다. 이를 위해서는 상위법의 개정 및 조례제정 등을 통해 공약사항에 대한 평가시스템 구축이 필요하다.

고려할 수 있는 공약관리방안으로는 자체심사평가를 분기별로 실시하는 방안과 함께, 시민단체와 전문가 등이 참여하는 가칭 '공약추진평가단'을 구성하여 공약추진사항을 평가할 수 있을 것이다. 향후 공약의 체계적인 관리와 집행력 제고를 위해서는 공약추진평가단과의 협의채널의 유형에 따라 2가지 안을 제시할 수 있다.

1) 제1안: 실무부서와 가칭 '공약추진평가단' 별도로 개별평가

제1안의 경우는 지방자치단체와 가칭 공약추진평가단(시민+전문가단체)이 별도로 공약을 평가하는 과정을 거치는 것으로, 해당 부서에서는 재임 초기부터 해당 공약 사항에 대한 예산편성 및 공약실현가능 여부 등을 분기별로 평가하여, 1년 주기로 공약추진평가단과 협의하여 공약사항에 대한 실효성을 배가시키도록 하는 것이다.

〈대안 1〉

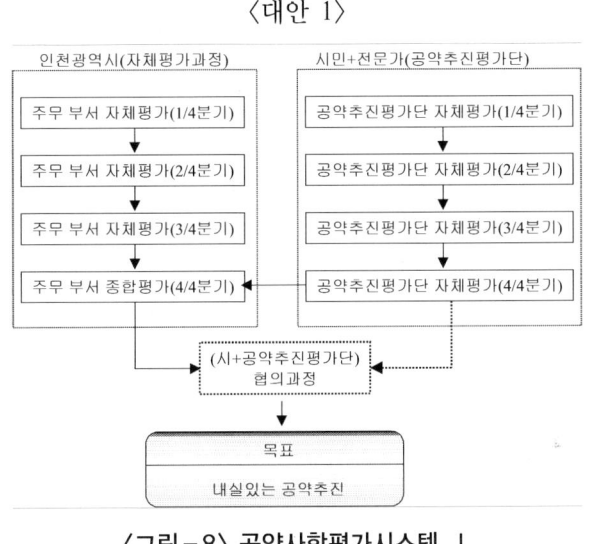

〈그림-8〉 공약사항평가시스템 Ⅰ

2) 제2안: 시민단체+전문가+시청공약평가 주무부서 합동평가

이 안은 시민단체+전문가+시청공약평가 주무부서 합동평가하는 시스템을 구축하는 것이다. 이 경우에는 시청 공약평가 주무부서에서 실무 자료를 수합하고 1년에 2번 공약을 심사, 평가하는 시스템을 갖추게 되는 것이다. 다만 1년마다 공약추진실태를 모니터링하고 이를 토론회나 공청회를 통해 정보공개를 하도록 하는 시스템을 갖는 것이다. 가칭 '공약추진평가단'의 규모는 20~25인 이내로 구성할 필요가 있으며, 이 시스템의 정착에는 앞서 밝힌 바와 같이 지방자치법 등 상위법 정비와 함께 조례 제정을 통한 법적·제도적 장치가 마련될 때 그 실효성이 높아질 수 있다.

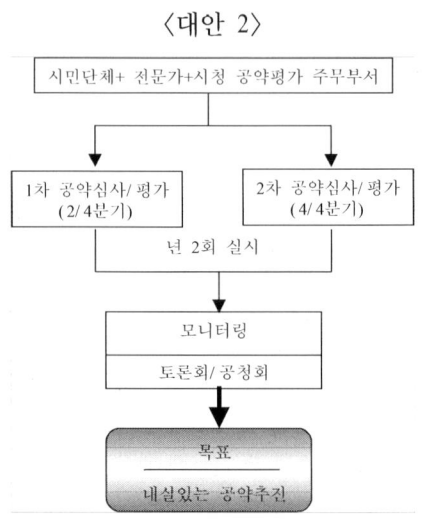

〈대안 2〉

〈그림-9〉 공약사항평가시스템 II

V. 결 론

　　급속한 변화의 시기를 거치면서 시민들의 생활패턴의 변화 등으로 지방자치단체는 이들의 다양한 요구를 수렴하고 양질의 행정서비스를 공급해야 하는 문제에 직면하고 있다. 더욱이 도시 간의 경쟁이 가속화되고 있는 현실을 감안할 때 각종 도시문제 해결에 있어서 과거와 같이 획일적인 처방을 하는 데는 한계가 있는 것이다(吉田民雄, 1996: 1). 더욱이 무분별한 개발보다는 효율적인 도시성장관리가 필요한 시점에 와 있는 것이다.(Douglas R. Porter., 1996: 20). 이것은 물리적 성장에는 한계가 있음을 보여주는 것으로 오염된 지구환경을 개선하자는 노력과도 일치한다고 할 수 있다(Gabor Zovanyi, 1998: 131 – 147). 지방자치단체장의 역할은 더욱 중요해지는 것이다.

실현 가능한 계획 속에서 지역의 계획적 관리가 이루어질 때 가능한데, 4년간의 임기를 책임질 지방자치단체장의 '공약사항 평가시스템 구축'은 우리의 지방자치의 여건을 감안할 때 그 무엇보다 중요한 것이다. 지방자치는 진정으로 민의를 반영하고 지역혁신을 통한 지역발전을 도모해야 하는 것이다.

공약사항평가에 대한 제도적 개선노력을 비정부단체(NGO)의 역할로 한정해서는 공약사항에 대한 행·재정적 평가 등 전반적인 평가에 어려움을 갖게 되므로, ① 재임 초기(6개월 이내) 공약사항 우선순위 선정 ② 공약사항에 대한 재원조달방안 ③ 공약사항평가를 위한 가칭 '공약사항추진평가단'을 구성하여 주기적인 공약사항 평가가 이루어지도록 하고, 이를 위한 법·제도적 장치의 정비가 필요하다.

❖ 참고문헌 ❖

1. 강원도민일보(2002), "동해시장후보 토론회".
2. 인천광역시(1997), "2011년을 향한 인천도시기본계획".
3. 중앙선거관리위원회(2002), "6.13. 지방선거 정책공약 비교분석집".
4. 중앙선거관리위원회(2002), "선거소식"(2002 – 48호, 6.20).
5. 법제처(2002), "지방자치법".
6. 청주경실련(2002), "민선3기 지방자치단체장 공약이행 평가계획".
7. 吉田民雄(1996),『都市行政の 新しい設計』, 東京:中央經濟社.
8. Porter,Douglas R.(1996), Growth Management Keeping on Target, Washington, D.C.: ULI.
9. Gabor Zovanyi(1998),Growth Management for Sustainable Future－Ecological Sutainability as the New Growth Mana gement Focus for the 21st Century, London: PRAEGER.

제4장

광역행정 및 행정통합을 통한 지역경쟁력 강화

– 광역권의 공동체 의식 조성과 교류협력 추진방안

Ⅰ. 문제의 제기

　　지방자치단체란 인간의 사회적·경제적인 생활이 영위되는 일정한 지역을 기초로 하는 자치적 공동단체를 일컫는바, 지방자치체, 자치단체, 지방공공단체, 지방단체로 불리기도 한다. 국가 영토의 일부를 그 구역으로 하고 그 구역 안의 모든 주민을 구성원으로 하여, 그들에 대하여 국법이 인정하는 범위 안에서 지배권(자치권)을 가지는 법인격이 있는 단체를 말한다. 이러한 지방자치단체는 장소로서의 관할구역, 인적 요소로서의 주민, 법제적 요소로서의 자치권을 그 구성의 3대 요소로 하고 있다. 따라서 지방자치단체는 행정주체로서의 지위를 가지는바 '권리능력'의 주체가 되어 권한을 행사하고 의무를 진다(이주희, 2005: 13). 즉 자치구역은 지방자치단체의 자치권이 미치는 지역적 범위를 의미하는 것으로, 이는 대체로 공동사회를 토대로 한다(최창호, 2004: 175). 따라서 지방자치단체구역의 설정은 일정한 전통 및 역사성을 지니고 있다는 점과 지역주민의 자치의식 및 공동체 의식을 중시하는 측면이 강하다고 볼 수 있다(박기관, 2006: 1). 최근에는 지방행정서비스의 광역화로 광역행정에 대한 관심과 논의가 필요한 시점에 와 있다.

　　광역행정이란 지방자치단체의 행정구역을 넘어서 발생하는 행정수요에 상호 인접된 몇 개의 지방자치단체가 상호 협의와 협약 등에 의해서 공동으로 대처하는 지방행정의 방법이라 할 수 있다. 광역행정은 국가행정·지방행정의 효율성 증진과 주민의 자치권 옹호라는 측면을 동시에 충족시키는 행정방식인 것이다. 광역행정은 지역주민의 생활권·경제권·교통권·행정권을 일치시켜 행정의 효율성과 주민의 편의를 향상시키기 위하여 기존의 지방행정구역 혹은 지방자치구역을 넘어 보다 넓은 지역에서 이루어지는 행정이다.

　　지방공공재의 특성상 앞으로 광역자치역량은 성공적인 지방자치의 구현뿐만 아니라 도시성장관리에 있어서 중요한 역할을 하게 되는 것이다. 이와 같이 광역행정은 도시성장관리 측면뿐만 아니라 지역현안을 해결하는 데 중요한 기능을 하게 되며,

자치행정의 성패에도 밀접한 관련이 있다. 이제는 지역현안에 대한 적극적인 문제해결이 필요한 시점으로, 중앙정부 차원에서 크게 의존하여 공급되던 지방공공재를 해당 지방자치단체에서 공급해야 한다. 공공재는 그 특성[13]상 기업이나 민간에서 제공하는 것이 한계가 있기 때문이다. 따라서 광역행정을 효율적으로 처리하기 위해서는 지방자치단체 간의 교류협력 및 그에 따른 정책적인 대안마련이 필요하다. 이 연구는 이와 같은 행정여건의 변화와 함께 지방자치단체 간의 수평적인 협력관계를 모색하는 데 그 연구의 목적이 있다. 광역행정에서 요구되는 광역권의 공동체의식과 교류협력 활성화 방안을 중심으로 최근 논의가 전개된 강원도 동해·삼척지역 사례도 살펴보고자 한다.

Ⅱ. 지방자치단체 간의 교류협력에 관한 이론적 논의

지방자치단체 간의 협력에 대한 이론적 접근에는 지역계획(regional planning)적 논리와 지방정부 간의 관계(IGR: Inter-governmental relationship)에 관한 논의가 복합적으로 전개되어야 한다. 그 이유는 교류협력과정에서 광역행정의 전개 및 그에 따른 계획적 요소와 행정주체 간의 교류협력체계 구축이라는 종합적인 정책(comprehensive policy)이 요구되기 때문이다. 먼저 지역계획적인 요소를 살펴보면, 지역에 대한 기준 설정에 있어서 초기에는 지리적 결정론의 개념과 관련된 물리적 요인(지형, 기후, 식생)을 기준으로 파악하게 된 반면에, 최근의 경향은 행정구역에 근거한 소득

---

13) 공공재는 다른 사적재와는 구별되는 특징을 가지고 있는데 비경합성(Non-Rival consumption)과 비배제성(Non-Exclusion)이 그것이다. 비경합성은 한 개인이 그 재화를 소비한다고 해도 다른 개인의 소비량을 감소시키지 않는다고 하는 특징을 갖고 있는데, 공공재는 모든 개인이 같은 양을 소비할 수 있다고 하는 것이다. 비배제성은 가격을 지불하지 않은 개인을 소비로부터 제외시키는 것은 어렵다. 즉 공공재는 대가를 지불하는 개인에게만 한정시켜 공급하는 것이 불가능하며, 가령 가능하더라도 고비용이 소요되는 재화라 할 수 있는 것이다.

수준, 실업률, 경제성장률 등을 고려하고 있다. 이와 같이 지역은 다양한 방법으로 정의되며 법적 경계는 전통적 측면 및 실질적 측면 특히 행정적 측면으로 구분된다. 생활권이론은 미국의 프리드만(Friedman)과 더글라스(M.Douglas)의 성장거점개발 이론과 기초수요이론(Basic Need Theory)이 도입되면서 시작되었다. 기초수요이론은 성장 위주의 지역균형성장이론에는 한계가 있고 오히려 사람들의 품위 있는 생활에 필요한 최소한의 물품과 서비스를 제공해 주는 기초수요접근방식이 유용한 것이다. 따라서 이를 위한 최소인구가 필요하고 그 규모의 지리적 권역단위가 개발 전략으로 효과적이라는 개념이다. 기초수요이론을 보완하고 실제로 응용한 것이 지역생활권이론이라 할 수 있다. 지역생활권은 지역의 발전을 위해 구분해 놓은 한 공간단위이고, 지역은 중심도시와 주변농촌지역으로 구분된다. 이때 도시와 농촌의 기능은 서로 통합되도록 하고 생활권 내의 주민들은 동일 생활권 내에서 모든 생활을 할 수 있도록 한다. 이것은 농촌과 도시의 생활수준을 균등하게 하고 농촌의 인구를 대도시로 이동하는 것을 방지하려는 것이다(대한국토·도시계획학회, 1992). 지역생활권이론은 원래 도농접근법(agoropolitan)에서 그 근원을 찾을 수 있으며 이 도농접근법은 기초수요개념을 응용한 것이라 할 수 있다. 따라서 지역생활권이론은 도농접근법 및 기초수요이론과 그 연원을 같이하고 있다. 사회·공간적 구조를 개편하고 주민 모두에게 인간의 기본 수요를 제공하며, 모든 사람들에게 동등한 사회진출 기회와 공평한 소득분배를 강조하여 지역균형발전을 추구하는 것이다.

〈표-1〉 전통적 지역정책 및 향후 지역정책의 변화

구 분	전통적 지역정책	미래수요에 대한 지역정책
1. 문제지역	○ 이분법적(미개발 / 개발)	○ 다면적, 다양한 정책(지역구조의 허약성 차이)
2. 주요 전략	○ 지역성장	○ 지역쇄신
3. 공간형태	○ 집중된 형태	○ 분산된 형태(지역사회에 근간을 둠)
4. 주요 지향	○ 자본, 원료 ○ 질적 성장 ○ 제조업 ○ 대기업 및 프로젝트	○ 정보, 기술 / 하이테크 ○ 질적 유연성 ○ 서비스 및 분야별 연계 ○ 많은 중소기업 및 프로젝트
5. 동적인 측면	○ 지리적으로 '정적문제' ○ '계획되고' 고정된 성장	○ 급격히 변화되는 폭발적인 문제 ○ '탄력적인' 지역자원 활용

이와 같이 자치행정구역은 주민에게 공공서비스를 제공하는 기본 범위이면서 주민들의 일상적 활동에 지대한 영향을 미치므로 주민에 의해 자생적으로 형성되는 실질적 생활공간을 근간으로 해야만 한다. 그래서 본래 구역은 보수성과 지속성의 본질적 특징을 갖지만, 항상 사회변동에 따라 끊임없이 개편되어야 할 속성을 지니고 있다(김영기, 1999: 53, 최근열·장영두, 2001: 26). 일반적으로 자치행정구역은 합리적인 조정과 개편을 통해 지자체의 기능을 강화하고 주민들의 자치의식도 함양할 수 있다는 측면에서 긍정적 가치를 지닌다. 또한 지자체의 결정권 행사 범위와도 직결되어 권한의 효율적 재편을 통해 지방자치제도의 성공적 정착에 결정적 요인이 되기도 한다(박기관 2006: 1). 그러나 행정구역개편은 이해집단 간 필연적 갈등을 유발하여 지역발전을 저해하고 이웃 주민 간 위화감마저 초래할 수 있는 부정적 요소 또한 지니고 있다(주경일, 2005: 94). 지방자치단체 간의 관계설정에 있어서 교류협력과 통합의 논의는 차별화되고 신중한 논의가 전개되어야 한다.

중앙정부와 지방정부 간의 관계에 관한 이론적 논의는 지금까지 다양하게 전개되었고, 중앙정부와 지방정부 간의 논의가 폭넓게 전개되었으나,[14] 이 지방자치단체 간의 관계에 대한 논의는 부족한 것이 사실이다.

중앙정부와 지방정부 간의 관계로 가장 많이 이용되는 이론모형은 Wright(1978)의 정부 간 관계모형이다. Wright는 정부 간 관계를 분리형(separated authority model), 중첩형(overlapping authority model), 포함형(inclusive authority model) 등 3가지 유형으로 분류하고 있다. 권한분리형은 중앙과 지방이 인사·재정상의 완전한 분리를 기초로 독립적인 관계를 유지하는 경우이고, 권한중첩형은 상호의존관계에 기초하여 정치적 타협과 협상을 벌이는 경우이며, 권한포함형은 지방정부가 중앙정부에 완전히 종속되어 있는 경우를 지칭한다(경기도, 1999: 13). 따라서 지방정부 간의 관계설정에 있어서는 논의전개상 다소 차별화가 필요하다. 지방정부 간에는 상호 협력하면서 경쟁하는 상호의존관계 설정(partnership model)이 필요하기 때문이다. 지역정책에 있어서 다양한 협상전략(negotiation strategy)도 요구된다.

---

14) 중앙-지방관계에 관한 국내 대부분의 연구는 Wright의 분류와 Dunsire의 분류를 원용하고 있다(김두옥, 1993, 박준수, 1991, 이기우, 1990, 경기도, 1999 재인용).

Ⅲ. 광역행정과 광역권 공동체 의식의 중요성

1. 생활권, 경제권의 일치와 광역행정의 대두

최근에는 행정서비스 공급의 광역화로 인해서 광역행정의 중요성이 배가되고 있으며, 광역행정은 도시성장관리측면뿐만 아니라 지방자치의 난제를 해결하는 데 중요한 부문으로 자리한 것이 사실이다. 광역행정은 자치행정의 성패에도 밀접한 관련이 있는 것이다. 이런 일련의 공공재의 공급은 공공재의 특성상 하나의 광역적으로 그 수혜 폭이 확대되고 있기 때문이다. 이런 가운데 각 지방에서 공급하는 지방공공재(local public goods)의 공급문제는 크게 부각되고 있다. 시장의 실패(market failure)논리가 전개(Steven E. Rhoads, 1985: 61-67)되어 정부가 개입하게 되지만, 공공재 공급 역시 정부가 모두 공급하는 데는 어려움이 있게 되는 것이다(government failure). 특히 사회간접자본(S.O.C)의 공급에는 세대 간 부담의 형평을 감안(the pay-as you-go financing; satisfies intergeneration equity)한 재원조달방법이나, 제3섹터 개발방식의 도입, 민영화(privatization) 방법[15]이 적극적으로 검토되기도 한다.

따라서 현실적으로는 각 지방자치단체가 제공하는 대부분의 공공서비스가 다른 지방자치단체에도 영향을 미쳐[16] 광역적인 공공재를 최적량만큼 공급하기 위해서[17]

---

15) 민영화는 공공에서 생산되던 재화와 용역을 민간 부분에서 제공하는 것으로 어떠한 공공의 목적을 민간의 참여를 통해서 획득하는 것으로 폭넓게 쓰이는데, 민영화의 커다란 효율성은 낮은 비용, 효과성은 재화와 서비스의 질의 개선이 되며 규모의 경제를 달성할 수 있다는 데 있다. 민영화의 유형으로는 ① 민간과의 계약 또는 위탁경영(contracting-out) ② 허가(franchises) ③ 공공시설의 민간소유 및 운영(private ownership and of public facilities) ④ 자산의 판매(sale of assets) ⑤ 보조금(subsidy arrangement) ⑥ 증서(vouchers) ⑦ 자원봉사(volunteer personal) ⑧ 자급(self-help) ⑨ 규제, 규제완화 및 조세 감면(regulatory, deregulatory and tax incentive) ⑩ 사용료(user fees) 등이 그것이다.

16) spill-over효과로 다른 지방자치단체까지 파급효과 등 수혜 폭이 확대되는 현상으로 볼

는 이른바 광역행정이나 중앙정부의 개입(미야오 다카히로, 1991: 207)을 필요로 한다는 점이다.

미국의 도시정책개혁자들은 도시문제를 해결에 다음과 같은 해법을 제시하기도 했다(Robert W. Poole, 1992: 25−26). 첫째, 더 많은 세금을 거둬 문제 해결에 투입해야 하며, 둘째, 대도시 주변의 소도시들을 통합하여 하나의 광역정부(metro−government)를 설치함으로써 중복행정을 제거하여 경비를 줄일 수 있다는 것이다. 소규모의 도시행정이 주민에게 신속하게 대처할 수 있을 수는 있으나, 앞서 언급한 바와 같이 광역행정차원에서 문제 해결이 요구된 공공서비스는 의도적인 행정통합을 통한 문제 해결방식보다는 자치체 간의 협조체제를 통해 그 해결의 맥을 찾은 것도 중요한 접근이라 할 수 있다.

이와 같이 광역행정은 기존의 지방자치구역 혹은 지방행정구역을 넘어서 지방단위에서 이루어지는 행정이다. 여기서의 광역행정이 이루어지는 지역은 지역사회보다는 크고, 국토보다는 작은 규모이며, 또한 광역행정은 대도시권 내에 존립하는 지방자치단체 간, 광역자치단체 간, 기초자치단체인 시와 군 간, 국가의 일선기관(국가의 특별행정기관) 간 등 기존의 지방행정구역을 초월하여 지역단위로 이루어진다. 그러므로 광역행정은 지방자치행정뿐만 아니라 국가의 일선행정에서도 이루어지고 있다.

광역행정의 대상으로 대두되는 분야는 ① 도시교통 분야(도로, 운수, 지하철 등) ② 수질 관련 분야(상수도 공급, 하수도처리, 수자원관리 등) ③ 환경보전 분야(쓰레기 및 폐기물처리, 공해방지 등) ④ 혐오시설 분야(화장장, 묘지, 기타 유사시설 등) 등이다. 공익사업과 도시 및 지역계획, 경찰, 소방 등 일반행정 부문에서도 다양한 광역행정수요가 발생하고 있다. 이런 수요는 생활권의 확대에 기인하며, 지방행정사무의 광역적 처리가 계속 증가되고 있는 데 비해서 이에 적절히 대처하지 못하고 있는 실정이다.

수 있다.
17) 공공재가 최적량 공급되는 것을 Lindahl의 균형점으로 표현하는데, 현실적으로는 거의 어려운 것이 사실이다.

<표-2> 광역행정업무 처리방식의 분류 I (예시)

대분류	중분류	구 분	주요내용
1. 종합적 접근방법	1) 자치단체 구역개편	① 구역편입	▨ 문제되는 구역일부만을 주된 구역으로 편입시켜 광역행정 수행 ▨ 우리나라의 행정구역 확장 사례
		② 구역통합 (합병)	▨ 대상이 되는 2개 이상의 구역(자치단체)을 하나로 통합·합병 ▨ 과거 광주직할시에 송정시, 광산군의 통합 및 최근의 행정구역통합, 일본의 시정촌 합병(53~60년대), 미국, 캐나다(19~20세기 초) ▨ 최근에 와서는 자치단체의 반발 등으로 어려움 발생
		③ 구역신설 (연합)	▨ 문제가 된 구역을 그대로 두고 上位에 새로운 광역적 구역을 설치하여 광역기능을 담당 ▨ 캐나다의 메트로토론토가 대표적인 예 ▨ 세계 주요 대도시의 광역행정방법
	2) 광역계획 수립	국가 / 광역지방자치단체	▨ 광역행정수요를 대상으로 광역적인 종합계획을 수립, 관련 자치단체에서 집행케 하는 방법 ▨ 국가가 주체가 되거나, 지방자치단체 등이 연합하여 공동으로 수립하는 방법이 있음
2. 개별적 접근방법	1) 특별기구 설치	① 광역행정협의회	▨ 자치단체 간의 협의 기구로 집행력이 없음, 70년대 이후 각국에서 활발히 설치·운영 ▨ 미국의 Detroit의 Council of government가 최초의 사례 ▨ 우리나라의 수도권광역행정협의회, 도시권행정협의회와 일본 행정협의회 운영 사례
		② 지방자치단체 조합	▨ 2개 이상의 자치단체가 규약을 정해 설치하는 법인격을 가진 특별지방자치단체 ▨ 프랑스의 각 자치체 조합, 독일의 게마인데(Gemeinde)조합, 일본의 자치단체 조합이 대표적임 ▨ 우리나라의 수도권매립지 운영관리조합
		③ 광역공사	▨ 중앙정부와 지방자치단체가 협의·설치하는 한시적 성격의 공공단체 ▨ 영국의 도시개발공사가 대표적인 예 - 대도시권 재개발사업 담당 ▨ 일본의 지방개발사업단도 같은 예

대분류	중분류	구 분	주요내용
2. 개별적 접근방법	2) 특별행정 처리	① 합의·협정	▨ 2개 이상의 자치단체가 하나의 서비스를 제공하기 위하여 협정 체결: 처리방식과 의무부담을 주로 규정(경찰, 소방, 상수도, 공공시설의 설치·운영 사례 등) ▨ 미국 L.A County, 우리나라의 사무위탁
		② 기능이양	▨ 특정업무의 권한을 주로 상위정부에 이양 ▨ 미국의 경우 주로 County에 이양
		③ 조정회의	▨ 관련된 자치단체 등이 서로 연락·조정하는 회의개최 처리 ▨ 일본의 지방행정연락회의 등이 예
		④ 행정응원 (지원)	▨ 타지방자치단체의 광역행정수행에 관련된 자치단체가 협조하고 지원하는 방법(주로 소방이나 경찰업무 지원)
	3) 기 타	① 직원파견	▨ 공동사무를 처리하는 한 방법으로 관련 자치단체에 직원파견 처리
		② 기관 또는 직원공동설치	▨ 자치단체 간 협의로 규약을 정해 내부조직의 일부를 공동으로 설치 운영(미국. 일본)
		③ 구역 외 설치·공동이용(구역 외 관할권의 인정)	▨ 구역 외에 관할권을 인정하는 광역시설을 설치하여 공동으로 이용하는 방법

따라서 역량 있는 지방자치체 간의 광역행정업무 수행은 지방자치단체의 지역문제 해결에 있어서 중요한 정책방향이며 지역성장관리(regional growth management)에도 필요한 정책이다.

광역행정의 당면과제를 살펴보면 다음과 같다.

첫째, 광역행정 수행체계의 취약성, 둘째, 광역행정제도와 운영상의 문제점, 셋째, 광역행정주체 간의 대립, 갈등의 문제가 있다.

광역행정제도와 운영상의 문제점을 살펴보면, 현행제도상 광역행정수단이 다양하지 못하고(협의회, 조합 등) 실제운영도 매우 부실한 형편이다. 행정협의회의 경우에 있어, 전국적으로 대부분의 도시권에 행정협의회가 구성되어 있으나 구성권역과 주민생활권이 불일치되는 경우가 많고, 협의사항에 대한 기속력 결여와 사후관리의 소홀로 일회적 운영에 그치고 있는 실정이다. 사무위탁방식의 경우도 지방자치법에 비교적 상세히 규정되어 있으나 실질적으로는 광역행정문제에 발전적으로 활용하지 못하고 있다.

〈표 - 3〉 광역행정수요(예시)

분 야	단위업무
❶ 공익사업	• 공원 및 위락시설, 댐 건설 등에 공동대처 • 지역계획과 연계(도시계획사업 연계)
❷ 교 통	• 지하철 건설 및 운행 자동차 운수사업 • 영업용 택시 운행구역 조정 • 시내버스 운행노선 인·허가
❸ 상·하수도	• 급수구역 결정 • 광역상수도 사업 • 광역하수도 사업(하수처리장 건설)
❹ 환 경	• 공해대책(환경오염방지) • 수질보호 및 관리 • 쓰레기소각장, 매립장 설치 • 산업폐기물 처리 • 화장장시설 설치 공동운영
❺ 보건위생	• 보건행정수행(진료, 방역업무 등) • 산림항공방제
❻ 일반행정	• 인근지역 간 과세시가표준액 결정 • 행정구역 조정 • 양정업무 • 민방위훈련 참가 • 경찰업무 • 소방시설의 설치·운영 • 교육시설 및 문화시설 • 공공시설의 설치 및 운영(공설운동장, 복지회관, 체육관 등)

<표-4> 민선기간 수도권행정협의회 안건 사례 (예시)

구 분	제 목	관련 시·도	협의 결과	추진 상황
제8회 ('98.9.30.)	1. 서울~하남시 간 경량전철 건설 2. 평촌~신림 간 도로개설공사	서 울 서 울	계속협의 계속협의	완 료 추진 중

제9회
('98.11.16.)
	1. 자주재원 확충과 자주재정권 확대를 위한
	   공동노력
	2. 수도권 대중교통문제 개선방안
	3. 접경지역 개발 촉진방안 마련
	4. 대도시권 광역전철사업 비용분담개선 공
	   동건의
	5. 과천~우면산 간 연결도로 조기개설
		4개 시·도
		서울·인천
		인천·강원
		서울·인천
		
		서 울
			중앙건의
			계속협의
			합 의
			중앙건의
			
			합 의
				완 료
				완 료
				추진 중
				추진 중
				
				추진 중

제10회 ('99.2.25.)	1. 지방자치 관련 법령 제·개정 공동건의 2. 부도사업장 방치폐기물 처리대책 공동건의 3. 서울~춘천 간 도로 개설 국가사업 추진 건의	4개 시·도 4개 시·도 서 울	중앙건의 중앙건의 중앙건의	완 료 완 료 완 료
제11회 ('99.6.4.)	1. 사회복지공동모금회법 개정 공동건의 2. 경주마권세 광역자치단체 세원존치 3. 대기 및 수질환경보전법 개정 공동건의 4. 제2경인고속도로 연결로 조기건설 공동건의 5. 구일전철역 남부역사 조기건설 6. 평촌~신림 간 도로개설공사 조기 추진	4개 시·도 4개 시·도 4개 시·도 서 울 서 울 서 울	중앙건의 중앙건의 중앙건의 중앙건의 중앙건의 계속협의	완 료 완 료 완 료 추진 중 완 료 추진 중

　　지방자치단체 간의 분쟁조정제도역시 그에 대한 규정이 극히 형식적으로 되어 있고 실효성 확보를 위한 구체적 절차가 마련되어 있지 못한 실정이다.

　　광역행정주체 간의 대립, 갈등의 문제를 처리할 행정주체인 중앙정부와 지방자치단체 또는 지방자치단체 상호간의 이해상충에 따른 대립·마찰이 심화되어, 국가시책 사업과 지방단위 사업의 추진이 지연되거나 방치되는 경우가 많다.

　　중앙정부 차원에서는 지방정부 간의 협력 증진과 실효성 있는 분쟁조정제도를 운영해야 한다. 이와 함께 보다 효율적인 광역행정수행을 위해 업무수행 체계의 재정립과 함께 지방자치단체 간의 협의·협력을 강화할 필요가 있다.

<표-5> 우리나라에서 시행되고 있는 광역행정방식

구 분	주요 내용
① 보통자치단체의 조직개편에 의한 광역행정	❏ 자치단체가 인접행정구역을 편입하거나 하급자치단체의 지위를 폐지하고 이를 흡수하는 방식
② 상급자치단체에 의한 광역행정	❏ 광역자치단체인 특별시·광역시·도에 의한 광역행정방식
③ 행정협의회에 의한 광역행정	❏ 인접자치단체 간의 동등한 지위를 기초로 상호협조에 의하여 광역행정사무를 처리하는 방식
④ 사무위탁에 의한 광역행정	❏ 2개 이상의 지방자치단체가 특정사무의 일부 또는 전부를 공동으로 처리하기 위하여 관련 자치단체 간의 합의로써 설립된 법인을 통하여 행정을 수행하는 방식
⑤ 광역계획에 의한 광역행정	❏ 개별자치단체의 관할권을 넘는 지역적 범위에서 토지이용, 산업배치와 공공시설 등을 계획적으로 꾀함으로써 도시권의 질서 있고 효율적인 발전을 도모하고자 하는 방식
⑥ 지방자치단체조합에 의한 광역행정	❏ 두 개 이상의 지방자치단체가 특정사무의 일부 또는 전부를 공동으로 처리하기 위하여 관련 자치단체 간의 합의로써 설립된 법인을 통하여 행정을 수행하는 방식
⑦ 특별지방행정기관에 의한 광역행정	❏ 중앙정부의 하급일선기관을 통하여 광역적 공공사무를 처리하는 방식

행정계층논리에서 문제 해결 접근을 시도하고 있어서 여러 가지 문제가 드러날 것으로 생각되지만, 과밀현상과 국토의 균형발전에 항상 부각되는 수도권지역의 지방자치단체 간의 협력·협조체제의 유지는 국가발전에 중요한 정책방향이다. 각 지방자치단체는 광역행정에 대한 정책개선을 통해 광역행정문제에 대처할 때 도시성장관리정책의 효과성은 증진할 수 있다.

성장관리계획을 추진하다 보면 지역의 특성만을 고려하게 되어 인접자치단체와의 관계를 고려하지 못하는 경우도 있는데, 계획 수립 시에 인근자치단체와의 협력관계를 통해 계획을 적극적으로 고려할 필요가 있다. 도시의 생활권별 지방공공서비스의 제공에 있어서 인접자치단체와의 협력은 중요한 것이기 때문이다.

민선 출범 이후 더욱 활성화되고 있는 수도권 광역행정협의회[18]를 통한 공동의

---

18) 수도권광역행정협의회는 수도권지역의 문제 해결을 위해 협의기능이 강화되고 있다. 수도권지역의 상수원 보호문제, 수도권광역교통문제, 접경지역의 관리문제 등 현안사항중

현안사항을 같이 대응하고 있는 점은 광역행정의 발전된 모습이라 할 수 있다. 교통문제에 있어서도 제1차 수도권 광역교통계획(1999~2003) 수립 등 계획부분의 상호협력을 통해 계획을 수립한 바 있는데, 이것은 생활여건의 변화 등으로 수도권 내에서의 통근·통학권이 확대되고 있고 물류체계의 이격화 등 광역교통행정수요가 증가되고 있는 데 기인한다. 그러나 수도권지역에서는 지역의 입장 차이로 다소 문제 접근방식의 한계가 있는 것도 사실이다. 모두가 자기의 이익만을 가져가는 방법은 오히려 광역행정수요에 대한 대응능력은 저하될 수 있음을 간과해서는 안 될 것이다.

2. 광역권의 공동체 의식의 조성의 선결과제

지방자치단체의 공동체 의식의 조성은 향후 교류협력을 추진하는 데 있어서 중요한 부문이라 할 수 있다. 일반적으로 많은 지방자치단체 간의 교류협력에 있어서 어려움을 겪고, 장애요소가 되는 점은 서로 간의 이익을 존중하기보다는 갈등구조 속에서 광역행정을 추진하려고 하기 때문이다. 따라서 광역권의 공동체 의식의 조성은 교류협력을 추진하는 데 있어서 중요한 정책적 요인이다. 지방자치단체 간의 광역권 공동체 의식 조성에 있어서 선결과제로 제기되는 몇 가지 요소를 살펴보면 다음과 같다.

첫째, 광역권에 대한 광역행정의 필요성에 대한 인식이다.

앞서 살펴본 바와 같이 광역권의 공동체 의식은 지역의 역사적인 인식공유와 함께 생활권과 계획권과의 밀접한 관계를 형성한다고 할 수 있다.

일반적으로 신도시의 경우 공동체 의식이 저하되고 있음은 도시의 생성, 성장, 쇠퇴의 과정에서 파생되는 도시문제(urban problem)와 일반적인 도시성(urbanism)의 복합적인 작용의 결과라고 할 수 있다. 따라서 지방자치단체 간의 공동체 의식을 높

심으로 점차 활성화되고 있는 실정이다.

이는 것은 인접자치단체 간의 광역행정을 추진하는 데 중요한 근간이 되지만, 역사적인 인식이나 생활권이 일치되지 못할 경우에는 제약요인이 된다. 따라서 지방자치단체 간의 교류협력에 있어서 필연적으로 제기되는 문제가 광역행정인 것이다. 경우에 따라서는 지역주민의 생활권·경제권·교통권이 광역화됨에 따라 광역화된 행정기능은 행정사무를 효율적으로 수행하고 주민의 편의를 위해서 기존의 지방행정구역 혹은 지방자치구역을 재편성하여 행정기능에 알맞게 행정구역을 광역화시킴으로써 서로 격리된 지방주민의 생활권·경제권·교통권과 행정권을 일치시키지 않으면 안 된다.

광역행정은 중앙정부와 지방정부와의 조화, 지역특수성에의 적합성, 지방자치단체 기능의 재편성, 사회변화와 제도의 조화에 걸맞게 운영되어야 한다. 이 제도는 사회·경제권역의 확대, 급속한 도시화에의 대응, 지역 간 격차 해소, 지방자치제도의 건전한 발전에 필수적으로 요구되기 때문이다.

지방자치단체 간의 광역권에 따른 행정의 효율성을 극대화할 수 있는 다양한 접근이 필요한 점은 여기에 기인한다. 도시의 생활권, 경제권, 역사적 전통, 심지어는 자연자원을 공유하는 지역으로 볼 수 있기에 광역행정 측면 또는 그 이상의 협력적 네트워크와 함께 정책적 변화가 적극적으로 필요한 시점인 것이며, 공동체 의식 조성은 정책적으로 중요한 의미를 갖는다고 할 수 있다.

둘째, 광역권 주민들 간의 역사적 동질의식의 이해와 정체성 확보이다.

지방자치단체 간의 교류협력을 극대화시킬 수 있는 점은 주민들 간의 공동체 의식은 생활권과 지역의 역사성을 공유할 수 있다는 점에 기인하며, 장기적으로 자치단체 간의 교류협력은 물론 통합노력도 가능한 요인이라 할 수 있다.

역사적인 동질의식이나 교육·상권 등에서의 동일 생활권의 유지는 중요한 사항이다. 일례로 강원도 동해시·삼척시의 경우 지역의 압출요인(push factor)에 따른 인구 감소로 지역 공동화가 가속화되어 지역발전에 어려움을 겪고 있는 점도 유사하다. 따라서 동해·삼척의 경우 주민들이 갖는 동질의식과 정체성의 확보는 광역권의 공동체 의식 조성을 위한 중요한 선결과제인 것이다. 공동체 의식 조성과 교류협력의 목적은 동해·삼척의 지역의 과소화라는 극단적인 폐해를 막게 될 뿐만 아니라 지역경쟁력을 확보하여 지역발전을 도모하는 데 그 목적이 있다.

지역발전에 있어서 지역주민의 정주의식 고취 및 정체성 확보는 중요한 지역정책이므로, 동해·삼척지역을 포괄하는 실효성 있는 광역계획을 수립·집행하여 지역균형발전을 도모할 필요가 있다. 이것은 도농통합을 통해 약화되거나 관심의 폭이 작았던 지방자치단체 간의 광역적인 공동체 의식 조성 등 동질의식 강화 및 지역주민의 정체성 확보에도 크게 기여하게 될 것이기 때문이다. 광역권 공동체 의식 조성을 위해서는 지역주민들이 자긍심을 높일 수 있는 정책을 발굴, 추진해야 한다. 지역주민의 결속력을 강화하기 위하여 지역문화 및 역사자원을 체계적으로 발굴하여 지역축제의 장을 이와 연계시킬 필요가 있다.

셋째, 지역경제 활성화를 위한 정책 발굴 및 지원이 필요하다.

주민들의 행정수요에 적극적인 대처와 행정에의 주민 참여(직·간접적 참여 방법)는 공무원의 현장지도기능을 강화하여 주민의견을 청취하는 한편, 지역소식지, 인터넷 등을 적극적으로 활용하고, 정보센터 운영 등 행정수요의 예측 및 행정의 주민 참여를 유도할 필요가 있다.

강원도의 동해·삼척지역은 도시성격을 가진 지역이지만, 농촌과 어촌이 혼재된 지역특성을 갖고 있다. 전통적인 농촌과 어촌의 모습이 있고, 전국규모로 열렸던 북평5일장의 경우는 지금도 지역주민의 판로개척에 중요한 기반이 되고 있다. 따라서 도농 간의 격차 완화를 위해 소득원 개발, 농촌 지원 행정서비스의 개선도 주민들의 정주의식의 고취는 물론 광역권 차원의 공동체 의식을 고양하는 데 중요한 근간이 될 것이다.

농산물 유통의 경우에도 각종 불합리한 제도와 관행을 과감히 혁신하여 거품과 비효율을 제거할 수 있는 기회로 삼을 필요가 있다. 물류비용을 줄이는 직거래의 필요성이 대두되므로 환경변화에 걸맞은 새로운 농산물 유통체계를 구축할 필요가 있는 것이다.

관 주도의 농정에서 탈피하여 지방자치단체, 관련 기관, 농업인이 함께 참여하는 실질적인 역할분담체계를 구축하여 시차원에서 '농어민애로타개위원회'를 분기별로 개최할 필요가 있다.

이와 같은 제도적 장치를 통해 농민의 어려움을 청취, 수렴하고 해결의 대안을 함께 모색하는 공동체의 장을 마련할 필요가 있다. 교통의 결절도가 높은 지역이나 기존 농협의 기능을 강화하여 동해·삼척의 지방자치단체가 보장하는 '지역산품판매센터(가칭 동해·삼척 으뜸산품판매)'를 개설하여 특산품을 웰빙(참살이)분위기에 맞추어 인증 및 판매망 구축을 확대할 필요가 있다. 동해·삼척의 경쟁력 있는 친환경농어촌정책을 추진해야 하는 것이다. 특히 지역농업경쟁력 강화를 위해 지역별로 농산물의 생산자 인증제도를 확대하고 농지의 황폐화 방지를 위한 유기농의 확대 및 생산물의 신선도를 제고해야 한다.

그리고 동해항, 묵호항, 삼척항(정라) 등 규모가 큰 항만도 그 기능을 하고 있지만, 소규모의 포구를 통해서도 어민들은 생업에 종사하는 것이 동해·삼척의 열린 공간의 모습이므로 이에 대한 개선도 필요하다. 어민들의 소득 증대를 위한 어초시설의 지속적인 확충이 필요하다. 어업기반 확충 및 어로구역의 철저한 관리가 필요하며, 생활권별 어업기반시설의 지속적인 투자확대와 함께 어민보호를 위해 연안어장관리를 철저히 해야 한다. 지역별 특성을 고려한 인공어초시설의 지속적인 조성 및 사후 관리의 내실화가 필요하다. 이와 함께 어촌문화의 활성화 및 농어촌 생활여건 개선과 함께 연안역의 체계적인 관리가 필요하다.

셋째, 광역권 지방자치단체 간의 신뢰 형성이다.

지방자치단체 간의 교류협력에서 중요한 근간은 상호 지방자치단체 간의 신뢰형성이다. 상호이익이 가는 협력체계 구축이 필요하므로, 협상전략에 대한 이해가 필요하다.

협상은 인간이 사회생활을 영위하는 데 있어서 일상적으로 부딪히는 문제를 해결하는 하나의 방식으로 그 목적은 상대방과의 의견 차이를 좁히거나 갈등 해소에 있다.

어느 한쪽의 완전한 굴복 없이 끊임없는 의사소통에 의하여 파국을 방지하고 쌍방에 상호이득이 되는 방안을 찾아내도록 하는 것이다. 협상에 있어 쌍방은 서로를 필요로 하는데, 이를테면 구매자는 판매자가 없이는 물건을 살 수 없고, 판매자는 구매자가 없으면 상업활동을 못 하게 되어 상호의존관계가 성립하게 되는 맥락과 같다.

〈표-6〉 각 협상과정의 부문별 평가

구 분(Criteria)		전통적 협상 (Traditional negotiation)	특별한 협상 (Ad hoc negotiation)	공식적 협상 (Formal negotiation)
1. 공 정 성	① 협상과정에 있어 공공참여의 촉진방법 검토되었는가?	그렇다. 그러나 참여는 법률가에 국한	그렇다. 그러나 결코 모든 이익집단의 대표라고 볼 수 없음	그렇다. 법률에서 단체의 참여를 보장함
	② 협상타결에 있어 선행절차 등의 일관을 유지되었는가?	전통적 과정의 강도는 전례와 관련 있음	비일관성의 높은 위험부담률은 사법적조사로 적절하게 조정됨	공식적 절차와 제한된 사법적 검토로 비일관성 조정
	③ 쌍방이 수락할 수 있는 결과에 도달했는가?	법적 도전은 다 무마되었고, 쌍방은 그 결과에 따라야 함	합의가 없는 한 타결될 수 없음, 간혹 타결되지 못하는 경우도 있음	협상된 결과는 상호일치, 법적 효력을 갖고 수행
	④ 쌍방 간의 관계 개선을 위한 과정은 이루어졌는가?	쌍방 간에 적대감이 깊어지기도 함	일반적으로 관계는 개선됨	관계 개선에 좋은 기회가 됨
2. 효 율 성	⑤ 빠른 결정 및 비용절감결정이 있었는가?	협상과정은 비용은 개선되나 불확실함	쌍방 간의 교착상태에서 잘 해결되나 특성상 폭넓게 활용하는 데 한계(지체방법 가능)	불확실, 업무수행상 막다른 상황에서 공식합의 도출 가능
	⑥ 사회적 이익의 극대화를 가져오는 결론으로 도출되었는가?	법적인 엄격성은 참여자의 극대화를 차단	효율적인 결과 달성은 참여자의 능력이 참여로 한계요소 극복 가능	효율적인 결과 달성은 참여자의 능력과 협상의제에 따름
	⑦ 협상타결은 앞으로 발생할 사실들에 있어 좋은 전례가 되었는가?	매우 그럴 가능성이 있음	예측하기 어려움, 위험부담이 있음 직함	전통적 과정보다는 덜 함. 특별한 협상보다는 좋은 전례
	⑧ 공공의 건강과 안전을 도모하는 방향에서 결론에 도달했는가?	기준은 강화됨	기준은 강화됨	협상의 전문성의 종합이나 과거 협상 검토에 따른 적절성에 의존

자료: Lawrence Susskind, Connie Ozawa(1980)

이런 상호의존관계는 복잡성을 지니고 많은 상황에 직면하게 된다. 사람들이 서로 의존하는 상호의존관계(interdependence relationships)는 복잡성을 지닌다. 쌍방에 있어 한쪽은 다른 한쪽의 결과에 영향을 줄 수 있으며, 다른 한쪽 역시 다른 사람에 의해 영향을 받을 수 있다.

상호의존관계에 있어서 행태(Behavior)는 다른 사람에 대해 더욱더 많은 정보를 갖고 있는 것을 전제로 예측 가능한 계산된 행동을 할 수 있다.

그러나 너무나 많은 정보는 혼란을 야기할 수도 있음을 간과할 수 없다. 쌍방 간의 정보 교환과 문제 해결에 참여를 하게 되는데, 문제 해결 노력은 쌍방이 함께 활용 가능한 요소를 조사하고, 적절한 방법을 모색하는 등, 바라는 결과를 가져오게 하는 특별한 과정이다. 지방자치단체 간의 협상에 대한 이해는 협상 결렬에 따른 파국을 방지하고, 상호 이득이 되는 정책 수립에 중요한 근간이 된다. 협상과정에 있어서 너무 두드러진 쟁점이나 너무 많은 쟁점이 의제로 선정되면 그 한계가 드러나지만, 많은 쟁점은 서로 쌍방을 인식할 수 있는 기회를 주어 서로의 관계를 개선시키는 데 도움을 주기도 한다.

Ⅳ. 지방자치단체 간의 교류협력 활성화를 위한 정책적 제언

지방자치단체 간의 교류협력관계를 살펴보는 데 있어서 중요한 근간은 광역행정을 어떤 시각에서 접근할 것인지 논의가 필요하다.

1. 광역권 교류협력 활성화의 의의

광역권 교류협력 활성화는 중앙정부와 지방정부 간 관계의 수직적 관계가 아닌 수평적 관계(horizontal relationship)를 통해 교류협력이 이루어져야 한다. 이를 위해 지방자치단체 간의 공동사업의 전개, 협력체계의 구축, 분쟁과 갈등에 대한 상호 협력적으로 전략적 대응이 이루어질 수 있도록 제도적 기반을 마련하는 데 있다. 결국 이와 같은 노력은 행정환경의 새로운 변화에 대응하기 위한 것이다.

지방자치단체 간의 교류협력을 통한 광역권 네트워크체계 구축은 상호 단점을 보완하고 이득을 교환하는 중요한 수단이 될 수 있을 것이다. 일반적으로 수평적인 협력관계에 있어서는 협의회, 자치단체조합, 사무위탁, 공동처리 등의 협력기구와 지방자치단체 간 분쟁 및 갈등조정방안 등이 논의되어 왔다(경기도, 1999: 7)

앞서 살펴본 동해·삼척에 있어서는 동질적인 역사성 및 생활권에 기인하기에 보다 더 효과적으로 교류협력이 활성화될 수 있을 것이다. 광역권의 교류협력 활성화는 지방자치단체의 광역적 행정수요에 보다 더 효율적으로 대응할 수 있으며, 고객만족 행정이라는 측면에서도 긍정적으로 작용할 것이다.

2. 적극적인 교류협력 활성화를 정책적 대안

수평적 교류협력을 위해서는 다음과 같은 정책적인 대안을 모색할 수 있다.

첫째는 광역계획의 수립이다.

생활권이 같은 지역에서 흔히 발생하는 것이 계획의 분절에서 나타나는 행정서비스의 결여라고 할 수 있다. 인접자치단체 간의 공동적인 문제에 대처하기 위해서 필연적으로 해결되어야 한다. 지금까지는 개발제한구역 조정을 위한 광역도시계획이 시범적으로 추진되었으나, 광역적 차원의 동일 생활권 중심으로 계획이 수립된 경우는 거의 없다. 그 결과 도로, 환경기초시설의 설치에 있어서도 이중적인 투자가 이루어진 사례가 많이 있다. 따라서 광역계획은 도시별 기능분담, 환경보전, 광역시설, 광역도시권에서 현안사항이 되고 있는 특정부문을 중심으로 계획을 수립할 수 있다. 더욱이 광역도시계획의 수립에 있어서 도시기본계획에 포함할 경우 광역도시권 내 개별도시의 도시계획은 수립하지 않도록 한 경우도 있다.

동해·삼척의 경우 생활권을 중심으로 광역계획을 수립한다면, 지역적으로는 연계되지만, 행정적으로는 양분되어 있는 관광자원을 활용한 경쟁력 있는 광역계획의 수립이 가능하며, 해안선을 중심으로 펼쳐진 동해·삼척의 단절된 도로망의 연계도 효율적으로 추진할 수 있을 것이다.

둘째는 자치협력 헌장의 제정이다.

지방자치단체 간의 갈등을 해결하고 우호적인 협력체계 구축을 위해서 자치협력 헌장을 제정한다. 도단위에서 연계하여 추진하는 것이 어렵다면, 동해·삼척이 자체적으로 헌장을 제정할 수 있다. 기초자치단체 간의 협력을 촉진하는 기본 협정의 성격을 갖게 된다. 이를 통해서 지방자치단체 간 공동결정, 공동사업, 행정협의, 정보교류, 인적자원의 교류, 물적자원 및 재정의 교류, 분쟁해소절차의 기본 원칙과 의사진행 및 결정의 기본 원칙 등 자치단체 간의 협력적인 관계 구축이 가능하다. 공동출자형태의 공동사업 추진도 가능할 것이다.

셋째는 인사교류의 증대이다.

인사교류는 지방공무원의 능력발전뿐만 아니라 사기증진을 위해서도 필요한 부문이다. 지방자치실시 이후 인사교류가 경직되게 운영되고 있음은 아쉬운 점이라 할 수 있다. 인사교류를 추진하는 원칙은 지방자치단체 간의 자율성과 자주성을 상호 존중하는 방향으로 합의와 조정을 통해서 이루어져야 한다. 특히 전문화의 원칙을 근간으로 공무원의 능력발전이 보장되도록 해야 한다(권경득, 1997: 10). 장기적인 인력수급계획을 근간이 되어야 하며, 동해·삼척의 통합된 인력 풀을 가지고 인사교류협의회를 조직, 운영해야 할 것이다. 물론 법적, 제도적장치가 선행적으로 이루어져야 한다. 타 시·도 및 시·군 간의 인사교류문제도 심도 있게 검토되어야 한다.

넷째는 정보·지식의 교류 증대이다.

1998년 싱가포르는 국가경쟁력위원회에서 지식기반사회 구축과 함께 평생학습의 원리를 강조하였다. 공무원의 전문성 확보는 지방행정을 발전시키는 데 중요한 역할을 하고 있는 것이다. 행정자치부에서 추진한 2006년도 혁신평가는 자치단체 간의 혁신사례를 전파하는 데 중요한 정책적 사례라 할 수 있다. 23개 영역에 걸친 공무원들의 내부혁신 사례(행정자치부, 2006: 5)는 단순히 지방자치단체의 경쟁을 유발하는 것이 아니라 업무혁신을 체득하게 하는 중요한 계기가 되는 것이다. 평가를 통한 정책환류와 정보교류가 이루어지기 때문이다.

2006년에 VPS(Virtual Policy Studio)를 통해 평가방법을 개선한 것도 이런 요인 때문이었다. 2006년에 실시한 행정자치부의 지방행정혁신평가는 내부적 혁신에 중점을 두었다. 따라서 지방행정혁신의 주체는 지방행정공무원으로 공무원이 주체가 되어 혁신을 주도적, 자율적으로 이끌어 가도록 여건을 조성하는 데 목적을 둔 것이다. 이를 위해 일방적인 개혁이 아니라 국정운영의 모든 주체들이 실질적으로 참여하는 협력적 거버넌스 개혁을 강조하고 있다(이해종, 2006: 1). 동해·삼척의 경우 단일 생활권에서 펼쳐지는 지방행정의 효율성을 달성하는 한편, 지방행정의 혁신을 도모한다는 측면에서 교류협력체계를 통한 다양한 학습조직의 구축은 지방행정의 효율성과 효과성을 배가시키는 데 있어서 중요한 역할을 하게 될 것이다.

V. 결 론

광역권의 공동체 의식 조성과 교류협력 증진은 지방자치단체의 지역성장에 대한 공동대응을 통해 동반발전을 도모한다는 측면에서 긍정적인 요인이 될 수 있다. 지방자치단체의 생활여건은 물론 지역경쟁력확보 개선에 역점을 두어야 하기 때문이다.

지방자치단체 간의 교류협력에 있어서 역사적으로 동질의식을 갖고 같은 생활권에서 지역발전을 도모했다는 측면에서 중요한 의미를 갖는다고 할 수 있다. 더욱이 다양한 지방행정수요에 대한 차별화된 공급이 아니라 협력적으로 대응한다는 측면에서 이와 같은 논의는 필요한 것이다.

특히 통합주민의 정체성확보와 정주의식의 고취가 전제된 공동체 의식 조성이 선행되어야 한다. 가시적인 교류협력도 중요하지만 지역주민들의 정서에 부합하는 지역정책은 공동체 의식 조성에 중요하다.

지역의 역사성에 바탕을 둔 축제를 발굴, 육성하는 것도 크게 도움이 된다. 젊은 층의 취약한 애향의식을 고취하기 위해서는 지역의 역사자원탐방 아카데미와 함께 효교육 등 지역정체성 확보 노력도 필요하다.

이를 전제로 지역의 교류협력을 체계적으로 전개할 필요가 있다. 광역권 차원의 교류협력의 필요성이 전제되어야만 그 성과가 배가될 수 있다. 따라서 교류협력이 필요한 의제를 선정하고 이에 대한 체계적인 검토가 필요하다.

일시적인 행정협의회 차원을 넘어서는 정책적인 접근이 요구되는 것이다. 한편, 광역권을 통해 도시 및 지역개발계획, 교통, 상하수도, 환경 등 광역행정수요를 효율적으로 대응하는 데 있어 중요한 정책방향이 되기 때문이다.

앞서 살펴본 동해·삼척의 해안선 철조망 관계, 해안관광도로의 연계 및 경관관리, 항만관리 및 활용, 북평공단의 활성화에 대한 공동대응, 관광자원의 연계개발, 환경기초시설 설치 등 광역행정업무 처리에 있어서도 우선적으로 제기될 수 있는 의제가 될 수 있을 것이다.

교류협력을 통해 동해안의 거점도시기능을 동해·삼척시가 담당할 수 있는 시너지 효과도 기대할 수 있는 것은 이와 같은 공동의제 발굴과 추진이 가능한 광역권이라는 데 있다. 교류협력을 통해 지역의 공공서비스를 효율적으로 공급할 수 있다는 측면이 있어 보완적으로 공공시설을 공급하고 규모의 경제(economy of scale)를 달성할 수 있다는 장점도 있다. 행정구역규모 측면이나 지역발전을 도모한다는 측면에서 기존의 다른 지방자치단체에서 경험했던 교류협력보다 개선되고 차별화된 방향에서 지역발전을 모색할 필요가 있는 것이다. 행·재정, 지역개발, 지역정서, 교통문제 등 제반 문제를 적극적으로 해결해야 할 것이다.

외국의 사례에서 살펴볼 수 있듯이 지방자치단체 간의 교류협력의 문제가 거칠게 전개된 경우는 있는데, 처음부터 긍정적인 교류협력은 기대하기 어려운 분야도 있을 것이다. 다양하게 표출되는 교류협력의 문제를 해결하는 데는 협상전략을 검토할 필요가 있다. 상호 의존(interdependent)하는 가운데 서로 간의 이익을 존중한다면 그 해결책을 마련하는 데 있어서 절차적이나 제도적으로 필요한 많은 대안이 모색될 수 있기 때문이다.

따라서 인접자치단체 간의 행정서비스의 약화를 초래해서는 안 되며 이해상충에 따라 발생할 수 있는 갈등문제를 합리적으로 해결할 필요가 있다.

❖ 참고문헌 ❖

1. 경기도(1999), "지방자치단체 간 협력 활성화 방안 연구".
2. 권경득(1997), "지방자치단체 간 인사교류", 지방자치.
3. 박기관(2006), "도·농 통합의 성과평가에 관한 연구", 『지방행정연구』, 지방행정연구원.
4. 삼척대학교 지역사회연구회 등(2005). "동해·삼척 지역사회의식조사".
5. 이창균(2004), "일본시정촌합병사례연구", 지방행정연구원.
6. 이주희(2005), "지방자치제도", 행정자치부 자치인력개발원.
7. 이해종(1998), "인천광역시 도농통합형 도시발전에 관한 연구", 인천발전연구원.
8. 이해종(2006), "동해시 고객만족을 위한 지방행정서비스의 혁신방안", 동해시.
9. 주경일(2005), "1990년대 시군통합과정 분석을 통한 행정구역 변화기제 연구", 지방행정연구.
10. 최근열·장영두(2001), "대도시 자치행정구역 개편의 필요성과 대안모색", 한국지방자치학회보, 13(4), 25 - 45.
11. 행정자치부(2006), "지방행정혁신표준매뉴얼(제2판)".
12. 행정자치부(2006), "2006년도 지방행정혁신평가 성과평가 실시계획".
13. ICMA(1989), SERVICE DELIVERY IN THE 90s: Alternative Approaches for Local Government.

제5장

국토의 난개발 방지를 통한 지역경쟁력 강화

- 수도권 난개발 방지를 위한 제도적 개선방안

I. 난개발의 문제와 도시기능체계

　도시는 생명을 가진 유기체로서, 인간이 생명을 유지하려면 만족스런 의식주가 있어야 하는 것과 같이 도시를 구성하고 있는 요소들도 변함없는 상호작용의 되풀이 과정 속에서 도시에 활력을 제공하게 된다.[19]

　이와 같이 도시의 주체인 사람(주체), 도시활동(기능), 도시토지와 시설(구조)의 3요소로 구성되는 유기적 복합체로서 도시기능체계와 도시공간구조는 상호결정적인 관계에 있는 것이다.

　이런 도시기능은 도시의 활동, 상호작용, 과정 등의 동태적 의미로 파악되며, 생활기능(제1기능), 생산기능(제2기능), 위락(여가)기능(제3기능), 교통기능(연계)기능(제4기능)으로 구분되며 여기에 교육기능(제5기능)을 추가할 수 있을 것이다. 다만 도시기능은 이들 기능들이 상호 유기적으로 결합될 수 있도록 도시공간구조, 즉 장소와 밀접한 관계를 맺고 배분되어야 한다.

　2000년에 제기된 수도권의 난개발은 이와 같은 도시기능체계의 기본 원리마저 무시한 결과라 할 수 있으며, 이런 문제를 초래하게 된 것은 선계획, 후개발의 원칙을 무시한 선개발, 후계획이라는 지역개발의 시스템에서도 그 원인을 찾을 수 있다.

　물론 선계획, 후개발의 원칙이 정립되더라도 현재 우리나라의 계획 수립 시스템에서는 계획의 집행력 제고 및 계획의 일관성을 유지하기 위해서 여러 가지 개선해야 할 점이 있다.

　도시기능체계 배분의 적정화에 대해 독시아디스(Doxiadis)는 ① 도시민이 그들의 생활에 필요한 다른 모든 사회구성원과의 접근성을 극대화하고, ② 각 요소들에 접근하는 노력을 최소화하며, ③ 보호공간을 확보할 수 있는 공간구조를 최적화하며, ④ 생활에 필요한 자연이나 제반 사회적 시설물들과의 상호관계를 적정화하며 궁극적으로는 이 네 가지를 적절히 조화시켜야 정상적인 생활을 할 수 있다고 하였다.

---

19) 노춘희(1988), 『도시학개론』, 형설출판사, p.82.

이것은 결국 지역성장관리시스템(regional growth management) 측면에서 접근해야한다. 지금까지 지역별로 많은 계획이 수립되었지만 계획의 집행력 저하로 계획 추진의 성과보다는 미집행요소의 증대, 캐비닛에서 잠자는 계획(paper plan)에 따른 재정의 낭비가 심한 것이 사실이다.

더욱이 성장관리(growth management)에서 중요하게 평가되고 있는 ① 체계적인 목표 설정(광역자치단체와 기초자치단체의 경우 목표 설정과 기초자치단체들의 도정 목표와의 일관성), ② 실효성 있는 행·재정적 계획 수립, ③ 수립된 계획에 대한 지속적이고 주기적인 모니터링(지금까지 계획의 모니터링 요소 부족)이 이루어질 때 가능한 것이다. 2000년도 수도권지역 특히 경기도 용인시에서 진행된 난개발의 원인과 함께 제도적 개선[20]에 대해 살펴보면 다음과 같다.

Ⅱ. 수도권 난개발의 원인 및 실태

1. 수도권 난개발의 원인

수도권 난개발문제는 준농림지역의 난개발로 귀결된다. 준농림지역의 난개발은 무질서한 개발 및 농지의 무분별한 잠식, 기반시설의 미비와 환경오염 경관 및 스카이라인을 파괴하고 있으며, 이와 같은 원인은 ① 상대적으로 약한 토지이용규제, ② 국토이용계획변경의 의제처리(擬制處理), ③ 환경오염 및 경관을 파괴하는 산발적 개발, ④ 기반시설 및 공공시설용지 확보 의무의 회피, ⑤ 토지수급계획의 한계,

---

20) 2000년 용인난개발 감사에 참여한 이후 정리한 자료로 그 당시의 시점에서 살펴본 것으로 비합리적인 토지정책이 야기한 그 당시 난개발문제를 다룬 글이다.

⑥ 정부의 택지개발사업 추진의 한계 및 그에 편승한 민간공동주택의 비계획적 개발 등에서 찾을 수 있다.

1994년 준농림지 제도가 도입되어 민간주택건설이 늘어나고, 5개 신도시(성남-분당, 고양-일산, 군포-산본, 안양-평촌, 부천-중동) 이후 택지개발도 중소규모 위주로 시행된 바 있는데, 우리나라의 토지이용규제체계는 국토이용관리법상의 용도지역제와 도시계획법상의 용도지역제로 이원화되어 있었다. 가용토지확보수단으로서의 준농림지역을 활용하다 보니 도시적 용도로의 활발한 토지전용이 이루어져 1994년부터 1997년까지 전국 준농림지역 면적의 약 0.9%인 238㎢이 도시적 용도로 개발(수요중심에서 공급중심)되었다. 그 가운데 24.5%(58.4㎢)를 경기도가 차지해 개발행위가 가장 활발하게 이루어진 것을 알 수 있다. 특히 음식점 및 숙박업소의 난립이라든지, 기반시설을 갖추지 않은 취락지구개발계획에 의한 고층·고밀도의 공동주택이 급증하여 난개발문제가 제기된 것이다.

결국 이와 같은 난개발의 원인은 다음과 같이 귀결될 수 있다.

첫째, 상대적으로 약했던 토지이용규제도 한 원인이다. 국토이용관리법상 준도시지역과 준농림지역에 적용되는 용적률, 건폐율 등 토지이용규제가 도시지역 내의 녹지지역보다 상대적으로 약하기 때문에, 도시지역 내의 녹지지역보다 준도시지역, 준농림지역의 개발이 먼저 진행된 것이다.

개발수요가 많은 수도권의 준농림지역에 국토이용계획을 변경(국변)하여, 기반시설을 충분히 갖추지 아니하고 소규모 단위로 고층아파트가 건설되어 학교 및 간선도로 부족, 경관훼손 등을 유발한 것이다.

준농림지역은 도시지역의 외곽에 위치하여 도시계획구역 내 녹지지역보다 보전필요성이 높은 지역이 많으나, 행위규제가 녹지지역보다 상대적으로 완화되어 있었다. 준농림지역의 입지적 특성, 개발수요 등을 고려하지 않고 전국토의 26%인 25,890㎢라는 광범위한 면적에 대해 동일한 행위규제를 적용하고 있으며, 준농림지역에서 도로 등 기반시설을 확보할 수 있는 공공시설 정비계획이 취약했다. 이것은 결국 개발업자들은 도시지역에 비해 행위규제가 약하고, 땅값이 저렴한 점을 이용한 것으로, 준농림지역 개발을 선호한 것에 기인한다. 수도권지역의 난개발의 문제가 되고 있는 용인·광주군 등 개발수요가 많은 수도권지역에 300~700세대의 소규모 아파트가 체계적인 개발계획이 없이 산발적으로 건립되어 기반시설 부족 등을 초래하고 있으며, 팔당상수원 등 경관이 수려한 지역에 대형음식점이 건축된 것이다.

〈표-1〉 '93년 국토이용관리법상의 용도지역의 개편(준농림지역)

기존 용도지역	2000년 용도지역	행위제한 및 개발방향
① 도시지역	도시지역 (①+②)	• 도시계획법에 따라 계획적으로 개발 • 도시지역 내 개발가능지 최대한 활용
② 공업지역		
③ 취락지역	준도시지역 (③+④+⑤)	• 택지개발, 휴양시설, 농공단지 등의 계획적인 이용, 개발
④ 개발촉진지역		
⑤ 관광휴양지역		
⑥ 경지지역 ⓐ 농업진흥지역이 아닌 지역 ⓑ 농업진흥지역	준농림지역 (⑥ⓐ+⑦ⓒ)	• 토지효율성 제고를 위하여 환경오염의 우려가 있거나 일정 규모의 시설물을 제외하고는 許容行爲를 폭넓게 인정 • 구체적인 행위제한이 필요할 경우 농지관련법 등 개별법에서 이를 규정
⑦ 산림보전지역 ⓒ 준보전임지 ⓓ 보전임지	농림지역 (⑥ⓑ+⑦ⓓ)	• 농업진흥지역은 농어촌발전조치법, 보전림지는 산림법이 정하는 바에 따라 행위를 규제
⑧ 자연환경보전지역	자연환경보전지역 (⑧+⑨)	• 자연환경보전을 위해 개발행위는 원칙적으로 규제. 각 구역 관계법규를 적용하여 행위를 규제
⑨ 수산자원보전지역		
⑩ 유보지역	폐 지	

둘째, 국토이용관리법상 국토이용계획변경의 의제처리에 있다. 도시계획은 국토이용관리법상의 용도지역 중에서 도시지역에만 적용됨으로 인해 준농림지역, 준도시지역에 대한 도시계획적인 관리에 한계가 있었다. 특히, 주택건설촉진법 제33조 4항의 규정에 따라, 개발업자의 주택건설사업계획을 건교부장관이 승인하면, 국토이용계획변경이 의제처리 되도록 되어 있었다. 일부 시장·군수들은 소규모 면적에 대해 준

농림지역(용적률 100%)을 준도시지역(용적률 200%)으로 국토이용계획을 변경하여 고층아파트를 건설한 것이다.

<표-2> 준도시지역으로 국토이용계획변경을 통한 공동주택 승인현황

구 분	계	1994	1995	1996	1997	1998	1999
건 수	523	14	71	118	136	83	101
면적(㎢)	16.447	0.63	1.705	2.837	4.282	2.93	4.063
세대수	315,991	9,991	39,971	62,516	86,667	52,853	64,063

자료: 건교부 토지정책과(2000).

셋째, 환경오염 및 경관을 파괴하는 산발적 개발이다. 영세 민간주택 건설자본에 의한 개발일 경우, 소규모 주택단지가 시가지와 멀리 떨어진 곳에 밀집 또는 산발적으로 개발됨으로써 소규모 단지별로 필요한 시설만 확보하고 기반시설 및 공공용지 확보를 하지 않을 뿐만 아니라 환경오염 및 경관을 파괴한 요인으로 작용한 것이다. 특히 산지전용의 문제점으로, 전용권한의 범위가 넓은 것으로, 보전임지 전용허가·협의 권한이 ① 산림청장은 보전임지면적 20ha 이상, ② 시·도지사, 지방산림청장은 1~20ha 미만, ③ 시장·군수, 사유림관리소장은 보전임지면적 1ha 미만이며, 전용협의기준 미비 등으로 골프장·스키장·관광지 외에는 계량화된 전용협의기준이 없었다. 특히 준보전임지의 통제가 미흡했는데, 준보전임지의 산림형질변경은 법률상 시장·군수의 고유권한이며, 목적사업별, 면적기준별로 제한할 수 있는 근거가 없었다. 따라서 산림보전이 필요한 지역은 형질변경제한지역으로 고시를 확대할 필요가 있었으나 시장·군수는 민원발생 등을 이유로 제한지역 고시를 기피하는 실정이었다.

넷째, 기반시설 및 공공시설용지확보 의무의 회피이다. 대규모 민간주택 건설자본은 아파트단지 규모가 2,500세대 이상이면 초등학교 1개를, 3,000세대 이상이면 동사무소 등 공공시설 부지를 건설업체가 확보해야 하므로, 아파트단지 건설계획을 2,500세대 미만으로 허가받아 기반시설 및 공공시설 부지의 부담을 회피한 것이다.

준농림지역 전체의 개발계획 또는 지침 없이 건축허가 수준에서 개발허가를 개별적으로 판단하여 허가함으로써 난개발의 초래 및 도시기반시설이 미비한 채 개발을 추진한 것이다. 따라서 준농림지역등에서 기간도로망 등 사전계획 없이 기존도로를 이용한 주택건설사업계획을 승인함에 따라 기존도로의 계획교통량을 초과하는 등 교통문제의 발생과 함께 여러 가지 도시문제를 유발한 것이다.

주택건설촉진법 규정상 도로 및 상·하수도는 지방자치단체가 설치 아파트 등이 기승인 상태에서 지방자치단체의 열악한 재정형편상 도로 및 상·하수도시설의 확충에 어려움이 있었고, 아파트사업자에게 기간시설부담금을 부과할 수 있는 법적 근거 미비로 부과대상 사업과 부과금액 산정도 어려웠던 것이 사실이다.

다섯째, 토지수급계획의 한계이다. 현실적으로 도시계획 분야의 개발가능지 평가 및 그에 따른 분석 역시 지역여건을 반영한다는 측면에서 연구기관, 용역기관마다 그 기준이 다르고 그에 따른 결과 역시 다른 것이 현실인바, 토지수급계획을 마련한다는 것은 현실적으로 여러 가지 문제가 있는 것으로 나타났다. 이것은 결국 난개발의 한 원인이 된 것으로 평가되며, 토지수급제도의 과감한 폐지 및 종합계획을 수립한 후 사업을 추진해야 하는 문제도 제기되었다.

국토이용계획은 국토의 효율적인 이용·관리에 관한 견지에서 토지기능과 적성에 따라 적합하게 이용·관리하기 위한 계획이다. 토지수급계획은 제3차 국토종합개발계획 기간 동안 필요한 개발용 토지수요에 대응하여 가용토지의 합리적인 공급방안을 5년 단위로 마련하는 것이다. 이를 통해 토지수급의 불균형을 해소하며, 국토이용계획의 입안결정에 관한 기준이 되어 각종 개발사업에 따른 원활한 토지공급과 환경훼손을 방지하며, 국토의 개발과 보전이 조화를 이루도록 하기 위한 제도이기 때문이다. 토지수급계획이 가지는 한계를 개선하기 위해서는 비도시지역의 도시계획을 통해 종합적인 공간배치계획이 선행되어야 한다.

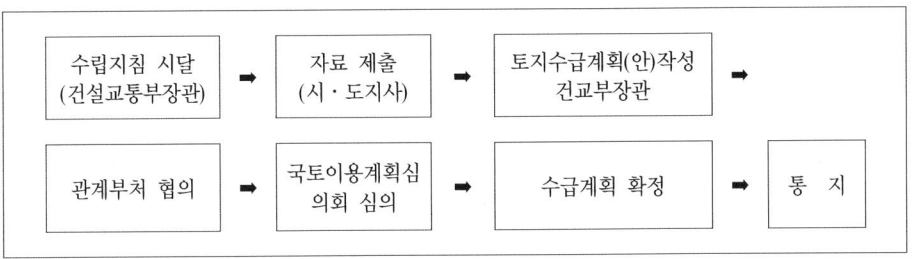

〈그림-1〉 토지수급계획의 수립절차

제3차 국토종합개발 계획 기간 중에는 택지 363㎢, 공장용지 118㎢, 공공용지가 678㎢와 기타용지 429㎢ 등 총 1,588㎢의 신규 개발용지가 소요될 것으로 예상했고, 이 기간 중 전반기인 1992~1996년에 801㎢, 후반기인 1997~2001년에는 787㎢가 소요될 것으로 건교부에서는 전망한 바 있다. 제3차 국토종합개발계획 기간 중 필요한 개발용지의 공급을 위한 개발가능한 토지는 3,259㎢로 파악되어 총량적인 수급에는 문제가 없을 것으로 예상했으며, 위치적 여건이나 개발규모 등을 감안할 때, 일부 보존용지의 전용이 예상되어 개발에 따른 일련의 토지수급과 관리의 문제가 제기되기도 했다.

여섯째, 정부의 택지개발사업 추진의 한계(신도시 차원의 공간계획 부재) 및 이에 편승한 공동주택 건설이 그것이다. 1993년 이후 경기도 지역 특히 용인지역의 택지개발사업은 종합적인 계획 수립이 전제되지 않은 가운데, 지역여건을 고려하지 않은 대규모개발사업이 추진되었다. 그 결과 연계교통망의 미비로 인한 제도적인 문제 등 각종 도시행정수요가 급증하고 있어 지방자치단체의 재정적 부담을 야기한 것이다.

2. 난개발의 실태

여러 가지 문제가 제기되었던 준농림지역은 제도 도입 그 당시 전 국토의 26%에 해당하는 면적이 지정되어 있었다. 시·도별로는 경북이 4,646.5㎢로서 제일 넓고, 강원, 전남, 경기, 충남 등의 순이며, 국토이용계획 변경현황을 보면, 1994년부터 1997년까지 전체 준농림지역 면적의 약 0.9%인 약 238㎢의 토지가 도시적 용도로 변경, 67.6%(161.1㎢)는 도시지역으로, 그리고 26.4%(63㎢)는 준도시지역으로 용도가 변경되었다.

결국 이 문제는 소규모(3만㎡ 이하) 개발이 공동주택 고층고밀화를 야기한 것이다. 따라서 계획적인 관리를 유도하기 위해 국토이용계획변경제도의 폐지와 행정적 관리를 통해 준농림지역 난개발문제에 강력하게 대처해야 하는 문제에 직면했다. 준농림지역의 난개발은 공동주택뿐만 아니라 일반주택, 음식점 및 숙박업소, 공장 등의 무계획적인 입지에서 기인하는 바가 크다. 준농림지역의 공동주택은 도시계획 시설 및 기반시설의 미비라는 문제 외에, 경관훼손, 환경오염, 농지잠식 등의 문제도 낳고 있는 실정이었다.

〈표-3〉 도시지역, 준도시지역, 준농림지역의 토지이용규제 비교

용도지역		건폐율	용적률	형질변경한도	아파트입지	비 고
도시 지역	주거지역	70% 이하	700% 이하	10,000㎡ 이하	전용주거 불가 일반, 준주거지역 가능	건축조례로 허용
	상업지역	90% 이하	1,500% 이하		중심, 일반, 근린상업지역 가능 유통상업지역 불가능	〃
	공업지역	70% 이하	400% 이하		전용, 일반 불가 준공업지역 가능	〃
	녹지지역	20% 이하	100% 이하		불가능	
준농림 지역	일반건물	60% 이하	400% 이하	—	—	
	공동주택	60% 이하	100% 이하	30,000㎡ 미만	300세대 미만	
준도시 지역	일반건물	60% 이하	400% 이하	—	—	
	공동주택	60% 이하	200% 이하	10,000㎡ 이상	20세대 이상	

〈표-4〉 용인 서북부지역 대규모택지 개발현황(2000)

구분	지구명	면적(천㎡)	사업비(억 원)	수용계획(명)		시행자	지구지정	개발계획승인(실시계획승인)	사업기간	수도권정비심의여부
				가구수	인구수					
합계(18)		20,253	47,664	129,357	423,342					
공공(2)	구 갈	217	185	2,329	9,316	토공	88.12.21	89.08.29(89.11.11)	99.12.31	규모 이하
	수 지	949	1,751	9,363	37,452	토공	89.10.14	90.12.28(91.12.9)	94.12.20	규모 이하(94만)
공공사업(4)	영 덕	116	236	640	2,304	주공	88.12.21	89.11.10(89.12.29)	00.03.31	규모 이하
	수 지2	965	2,923	6,581	24,349	토공	93.11. 8	94.12. 9(95.12.30)	00.06.30	규모 이하(96만)
	구 갈2	648	1,695	3,399	12,576	토공	94. 3.10	95.11.13(26.11.27)	00.12.31	규모 이하
	상 갈	330	1,221	3,759	13,908	주공	94.10.05	95.12.28(96.12.21)	01. 8.30	규모 이하
지정(8)	신 봉	447	1,433	2,722	10,070	토공	95. 8.29	98. 8.24	01.12.31	규모 이하
	동 천	213	804	1,928	7,140	토공	95. 8.29	98.12.31	01.12.31	규모 이하
	구 갈3	957	2,397	4,912	15,227	경기도	96. 4.24	99. 7.20	02.12.31	규모 이하(95만)
	동 백	3,265	10,000	17,381	53,881	토공	97. 2.27	99.12.31	04.12.31	심의예정
	죽 전	3,583	15,000	18,541	57,482	토공	98.10. 7	99.12.01	06.12.31	심의예정
	신 갈	404	1,331	3,702	11,477	주공	98.10. 7	99.11. 4	04.12.31	규모 이하
	구 성	1,252	5,221	9,150	28,365	주공	99.12.15			심의예정
	보 라	988	3,467	7,600	23,560	주공	99.12.15			규모 이하(98만)
검토(4)	보 정	1,960		9,500	29,000	토공				추 후
	영 신	1,934		11,000	35,000	토공				추 후
	동 천2	717		5,850	18,135	주공				
	서 천	1,308		11,000	34,100	주공				추 후

자료: 건교부·용인시(2000).

준농림지역은 도시지역에 비해 상대적으로 지가가 낮을 뿐만 아니라 최근 전원생활에 대한 수요가 급증함에 따라, 전원주택 등과 같은 일반주택의 건축활동이 급증하고 있었으며, 300세대 미만의 공동주택건설도 증가추세에 있었으나, 대부분 기반시설이 정비되고 있지 못한 실정이었다.

특히 취락지구개발계획에 의한 고층·고밀도의 공동주택이 급증하였는데, '준농림지역 운용관리 및 준도시지역 취락지구개발계획 수립지침'은 준농림지역 내 50세대 이상의 공동주택을 조성할 경우 준도시지역 취락지구로 국토이용계획을 변경하여 개발을 허용하였기 때문이다.

개정, 시행된 '주택건설촉진법제33조'('99.3.1.)에서는 20세대 이상·1만㎡ 이상의 대지조성사업의 경우 역시 국토이용계획변경을 의제함에 따라 준농림지역에 고층·고밀도의 공동주택 건설이 증가한 결과를 가져왔다. 공동주택건립에 있어서 대부분의 아파트단지 규모가 2,500세대 미만이어서, '도시계획시설기준에관한규칙'이 정하고 있는 도시계획시설의 설치의무를 회피한 것이다.

1980년대 이후 경기도 내에는 정부의 주택정책에 따라 총 126개 지구에 133백만㎡가 택지개발지구로 지정되어 완료되거나 시행했으며, 수용인구는 968천 세대에 3,585천 명에 달했다. 이것은 분당신도시 면적(20백만㎡)의 6.8배이며, 수용인구는 9.9배에 달하는 규모이다. 1990년대 이후 정부의 주택건설정책으로 경기도의 용인, 김포 등 지가가 저렴한 서울시 인접 준농림지역에 중·소규모의 택지개발과 민간아파트 건설이 집중되고 있는 실정이었다. 이 시기에 10여 년간(1983~1999년) 경기도에서 택지개발이 가장 많이 일어난 지역을 면적 측면에서 살펴보면, 고양(27.3%), 성남(24.8%), 수원(10.0%), 부천(7.6%), 안양(6.8%), 군포(5.8%), 광명(4.3%) 순으로 택지개발이 활발히 이루어졌음을 알 수 있다.

경기도 준농림지역에서 민간주택은 1994년 이후 88천 호가 건설·입주했으며, 81천 호는 사업신청을 한 바 있다. 택지개발도 5개 신도시 이후 20만 평 내외의 중소규모로 개발되었으며, 경기도에 1,520만 평, 380천 호가 건설된 것이다(전체의 80%).

수도권에는 분당신도시의 5배 규모인 중소규모의 주택단지가 도로 등 기반시설이 부족한 채로 건설된 것으로, 교통체증, 환경 악화 등 각종 부작용을 초래한 것이다.

특히 이러한 문제는 주택건설이 집중되어 있는 용인 서북부지역에서 더욱 심각하였다.

이런 집중은 중·소규모의 택지개발예정지구를 도시계획이 수립되지 않은 준농림지역에 산발적으로 지정하여 개발함으로써, 도시의 평면확산을 초래하고 도시기반시설 설치비용이 과다 투자되는 문제에 직면하게 된 것이다. 앞서 제기한 바 있듯이, 이런 집중은 택지개발 예정지구지정에 있어서는 지방자치단체에서 제시된 의견이 반영되지 않아 인접도시 간의 연결도로 및 용량의 검토가 미흡했고, 도로 등 교통시설계획 없이 지정됨으로써 지역 간 교통·환경문제, 도시기반시설 부족 등 도시문제가 발생하게 된 것이다.

특히 서울과의 접근성이 양호한 용인 서북부지역 등 서울 주변지역에 지방자치단체의 의견이 배제되고, 선계획 후개발의 원칙마저 무시된 가운데, 집중적으로 택지개발지구가 지정되어 지역 간 광역교통문제 발생 및 특정지역에 인구가 밀집되고 있는 것이다.

이와 같이 수익성과 주택보급률 향상 위주의 택지개발로 인구는 급속히 유입되는 반면, 산업·연구·교육기능 등 자족시설이 미흡하고, 도로·상하수도 등 도시기반시설이 열악한 실정으로 베드타운화 및 그에 따른 기반시설미비로 주민 불편은 가중되고 있는 실정이다. 물론 이것은 그동안 수도권인구유입에 따른 주택수요의 확대 및 주거비용 상승에 따른 교외화 현상도 그에 기인한다. 이와 같이 경기도로의 인구유입은 결국 신규 도시행정수요를 증가시키는 결과를 초래하고, 무주택자에게 주택공급이라는 긍정적인 측면 이외에도 경부축 중심의 비계획적인 개발로 인해 출·퇴근통행량의 급격한 증가로 인근 도시와의 교통난을 가중시키는 것으로 나타나고 있다. 수도권의 출·퇴근거리의 확대, 수도권의 교통체증문제, 공동주택의 조기건설에 따른 부실문제를 초래하고 있는 것이다. 판교~양재 간 출근시간대 소요시간은 현재 약 60분 정도 소요되지만 이대로 방치할 경우 주택입주가 완료되는 시점에는 더욱 많은 기회비용을 낭비하게 될 것이다.

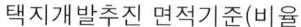

택지개발추진 면적기준(비율)

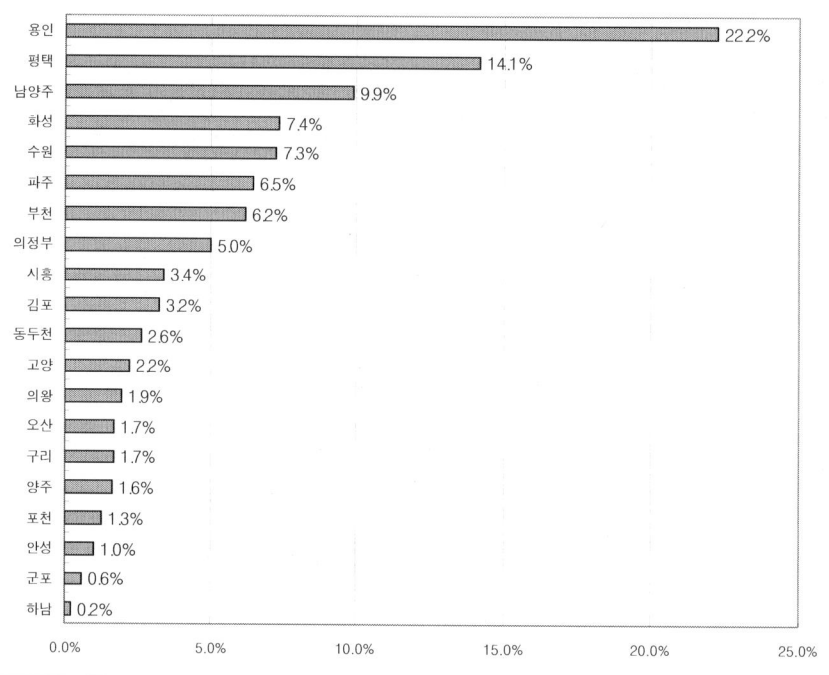

〈그림-2〉 경기도 택지개발계획 분석

　　개발될 택지개발추진 면적을 살펴보면, 용인(22.2%), 평택(14.1%), 남양주(9.9%), 화성(7.4%), 수원(7.3%), 파주(6.5%), 부천(6.2%), 의정부(5.0%) 등이며, 기존의 신도시중심의 택지개발 중심에서 신규 준농림지역 중심으로 택지개발 공급이 변화되었음을 알 수 있다. 이것은 최근에 문제가 되고 있는 미니신도시 건설에 따른 도시계획의 미비 및 도시기반시설의 확충부재 등 많은 도시문제가 수요자에게 전가됨을 간과해서는 안 된다는 것이다.

　　수도권지역의 도시성장관리계획을 통한 체계적인 지역계획시스템을 구축해야 하는 문제는 그래서 필요한 것이다. 지방자치단체의 재정수입보다는 성장관리계획을 근간으로 한 시민중심의 계획을 수립하여 계획적 지역토지관리 및 개발이 필요하다.

<표-5> 경기도 택지 개발현황

구 분	지구수	면적(천㎡)	수용계획		비 고
			세대수	인구수	
계	126	133,444	967,972	3,584,602	
준 공	67	81,320	578,724	2,290,560	
추진중	59	52,124	389,248	1,294,042	

<표-6> 경기도 연도별 개발현황

구 분	지구수	면적(천㎡)	수용계획		비 고
			세대수	인구	
80년대	14	5,874	28,248	118,372	준공기준임
90년대	112	127,570	939,724	3,466,230	

Ⅲ. 수도권 난개발 방지를 위한 제도적 개선방안

첫째, 수도권의 난개발을 방지하기 위해서는 선행적으로 수도권성장관리가 전제된 수도권공간계획의 재수립이 필요하다. 이와 함께 선계획 후개발 체계를 조기에 확립할 필요가 있다. 더욱이 용인, 김포 등 개발압력이 집중되고 있는 지역의 도시기본계획은 성장관리(growth management)에 입각하여 계획적으로 도시를 관리해야 한다.

수도권의 준농림지역은 아파트건설·개발요건을 강화하여 난개발을 방지하여, 쾌적한 주거환경 조성을 위해 주거지역의 용적률을 합리적으로 조정하고 상업시설 등의 입지를 제한하는 등 용도지역·지구제도를 개선해야 한다. 현행제도하에서 준도시지역이나 준농림지역의 난개발을 막고 계획적으로 관리하기 위해서는 이들 지역 가운데 개발이 활발하거나 예상되는 지역을 도시계획구역으로 편입시키는 방안을 모색할 필요가 있으며, 개발수요가 많은 수도권이나 대도시 주변지역의 준농림지역에 대해서는 도시계획구역으로 편입시켜 계획적 관리를 시도해야 한다.

특히 개발압력이 집중되는 시·군의 도시기본계획 조기에 확정해야 한다.

물론 난개발 우려지역의 도시계획구역 확장 및 도시계획 조기 수립이 필요하지만, 도시계획이 수립된다고 난개발을 완전히 방지할 수 있는 것은 아니므로, 성장관리시스템(growth management system)에 따른 체계적인 죠닝관리 및 계획의 집행력 강화가 전제되어야 한다. 더욱이 최근수도권에서 공간적으로 난개발 우려가 예상되는 남양주시의 진접·화도읍 및 오남·수동면 지역과 광주군의 광주읍·오포면 일대 및 곤지암 주변은 주변지역과의 공간계획을 전제로 이와 같은 시스템 개발을 통해 계획적 관리가 요구되는 것이다. 이것은 지방자치단체의 도시기본계획을 전 행정구역을 대상으로 수립하도록 할 때 문제의 접근이 가능함을 간과해서는 안 된다.

계획체계의 일원화에 대한 신중한 검토가 필요하다. 이것은 우리 계획시스템의 구조적인 문제라 할 수 있는 도시·비도시지역의 분리를 전제로 하는 계획시스템에 대응하는 개념으로 도시·비도시를 통합하여 하나의 계획을 수립하는 것이다(이해종, 1999).

물론 이와 같은 제도적 장치 속에서도 상위계획과 하위계획 간의 계획의 일관성 유지, 계획의 집행력 강화가 필요하다. 특히 수도권지역의 계획체계에서 있어서 '국토계획 → 수도권계획 → 시·군 계획'과의 계획시스템의 차이나 계획 수립 목적의 차이는 상위계획의 기능 설정에 있어서 한계가 있다(수도권계획과 시·군 특히 도시계획일 경우 상위계획과의 하위계획 수립 목적의 차이 등).

이 경우 수도권정비계획법상 수도권정비계획의 한계가 있으므로, 성장관리 차원에서 수도권계획을 재수립하고 그에 연계한 경기도계획이 수립되어야 하는데, 선계획 후개발의 원칙을 고수한다고 할지라고, 실효성 없는 공간계획의 부재나 계획과의 비일관성 유지는 난개발문제를 해결하는 대안이 될 수 없다.

경기도의 경우 31개 시·군의 지침적 성격의 '경기도 종합계획'을 수립해야 한다. 기본계획상의 토지이용계획은 해당 지역 토지이용의 근간이 될 수 있도록 해야 하는 것이다. 수도권정비위원회의 심의대상이 100만㎡ 이상의 택지개발지구에 한정하는 등 과도하게 높아 대부분 인구집중 여부 등에 영향을 미칠 수 있는 공간개발도 심의하지는 못했으며, 중앙정부 스스로 택지개발지역을 분할, 발주하여, 수도권정책의 한계를 드러냈다.

<표-7> 성장관리를 위한 단계별 추진전략 수립 시 검토대상

■ 단기적으로 해야 할 사항으로는,
① 성장관리를 해야겠다는 도시정책에 대한 인식의 변화
② 도시성장관리를 위한 법적·제도적인 정비
③ 경기도 종합계획 수립(시·군 계획의 상위계획 역할 / 정책목표 제시)
■ 중기적으로 해야 할 사항으로는,
① 도시성장관리를 위한 토지자원 조사 및 지역통계기반의 구축
② 도시계획체계의 변화 및 시·군 계획과의 일관성 유지
■ 장기적으로 해야 할 사항으로는,
① 비축토지의 확보
② 주기적으로 계획 추진에 대한 모니터링 및 성장관리기법의 개선

자료: 이해종(1999), "경기도 도시성장관리정책연구", 경기개발연구원.

용인지역에 지정된 택지지구 9개소, 10,813천㎡ 중 7개소가 100만㎡ 이하로 지정 시에 이 면적기준보다 규모를 작게 하여 수도권정비심의위원회의 심의기준을 피하기 위한 면적규모로 지정된 것으로 보이기도 했다(택지개발사업으로 인한 수용인구는 약 42만 명, 면적은 약 2천만㎡).

현재 100만㎡ 이상 규모로 지정된 동백지구(지구지정: 97.2.27.), 죽전지구(지구지정: 98.10.7.), 구성지구(지구지정: 99.12.15.)는 개발계획은 승인을 받았으나, 실시계획 승인이전으로 아직 수도권심의위원회의 심의를 받지 않은 실정이다(수도권정비계획법에서는 "개발사업에 대한 심의"를 전제로 하므로 실시계획 이후에 심의를 받는 것은 시기적으로 문제임).

더욱이 수도권정비법상 성장관리권역에서 추진하려는 대규모개발사업(100만㎡)의 경우 수도권정비위원회의 심의 및 광역적 시설을 설치하게 되어 있는바, 사업 추진에 있어서 이를 피하기 위해 일정 규모 이하로 사업 추진을 하여(택지개발사업 추진에 있어서 광역적 연계계획 및 종합계획의 부재) 지역 간 연계계획의 부재 속에서 지역개발상의 여러 가지 문제가 발생하고 있는 것이다.

둘째, 국토이용관리법의 제도적 개선이 필요한데, 준도시지역으로의 용도변경 폐지 및 준도시지역의 행위제한 강화가 그것이다.

개발업자의 입장에서 볼 때는 준도시지역으로의 국토이용계획 변경은 개발이익의 증가를 의미하므로, 준도시지역으로의 용도변경을 시도하고 있으며, 시장·군수 또한 무분별하게 허가해 주고 있는 실정이다. 그러므로 준도시지역으로의 불필요한 용도변경을 제한하고 기반시설을 충분히 갖춘 계획적인 개발이 될 수 있도록 개발계획기준을 보완할 필요가 있다.

〈표-8〉 계획의 일관성 및 집행력 제고를 위한 고려사항(경기도를 중심으로)

구 분	도시계획	군계획
• 계획의 집행력 저하 요인	① 시 전체의 구체적 비전 제시결여(추상적인 비전의 한계) ② 전체 인구배분기준과 시·군별 인구배분기준의 결여 ③ 행·재정투자계획의 결여(재원조달계획의 한계) ④ 기준연도의 장기기준 (단계별 단기 / 중기 / 장기계획이 차별화되지 않음: 현실의 변화여건을 반영할 장치가 없음) ⑤ 도시기반시설의 정확한 조사의 결여 (지하매설물 조사-인구유입에 따른 편익시설 용량 / 감가상각기준 / 체계적인 시설 관리 등의 결여) ⑥ 계획의 모니터링 부족	① 각 군계획에 대한 통합적 조정능력의 결여 -계획을 수립하는 계획가의 인식 차이로 지역기능이 합리적으로 배치되지 못하는 경우도 있으며, 심지어는 인근 군지역과 지역기능이 중복되기도 함 -일부지역의 경우는 재정여건상 자족성을 확보하는 데 한계가 있는데 자족기능이 완비된 도시여건을 전제로 계획을 수립하는 데 따른 한계가 있음 ② 지역관리 통계의 비일관성 ③ 현행계획의 비법정화 계획 (일회성 계획으로 예산낭비 가능성)

구 분	도시계획	군계획
• 계획의 집행력 강화를 위한 과제	① 계획 수립의 시스템 변화(관행적인 외부 용역발주 방법을 개선) 　➡ 실무형 프로젝트팀을 구성(계획전문가＋도청실무자＋시·군 실무자 프로젝트 참여/단기 집행계획은 계획전문가의 의존 부문을 줄이고 실무자 재검토) ② 현행 계획 추진방법에서 탈피하고 시·군별 특성 반영 　➡ 계획의 통합 부문을 강화하기 위해서 총론에서는 도시 전체의 비전 제시 　➡ 각 자치구별 계획의 특성을 반영한 계획을 수립(시설용량/기능배분의 합리화) ③ 행·재정계획의 현실적인 보완 및 지역통계기반의 구축(GIS구축/시·군별 GRDP 작성/인구통계 및 시설용량 등) ④ 계획의 모니터링을 주기적으로 실시	
➡	⑤ 도 계획은 '광역기본계획'으로 법정계획화, 가칭 '경기도 종합계획 수립'/31개 시·군 계획의 지침, 목표 설정(계획의 일관성 강화, 집행력 강화 - 모니터링)	

이것은 제도개편을 통한 권한과 책임의 재조정문제와 연계된다. 제도개편을 통한 문제의 해결 정도, 제도개편에 기인한 기회비용과 행정비용 등 제도개편에 수반되는 여러 가지 비용들을 종합적으로 감안하여 최소비용을 가져올 수 있도록 책임과 권한을 재조정하고 준농림지역의 개발 관련 제도개편은 이러한 원칙에 근거하여 이루어져야 할 것이다. 기반시설 설치에 관한 비용부담의 책임을 명확하게 명시해야 한다.

국토공간을 보존한다는 측면에서 준농림지역에서의 개발요건을 강화할 필요가 있는데, 건교부에서는 아파트건설을 위해 준농림지역을 준도시지역으로 용도를 변경할 수 있는 기준을 현행 3만㎡에서 10만㎡ 이상(평균 1,500세대 입지)으로 강화한 바 있다(국토이용관리법시행령 개정, 2.9). 한편 상수원·주요 하천주변 등 보전필요성이 높은 준농림지역에서 음식점·숙박시설의 입지기준을 강화하고 있으나, 준농림지역은 원칙적으로 지정취지를 살려 국변제도의 폐지를 신중히 검토할 필요가 있다.

개별법령에서 복잡하게 중첩 지정된 각종 용도지역, 지구제 등 토지이용규제를 도시성장관리정책에 부합할 수 있도록 유기적으로 체계화하여 비도시지역에 대한 도시계획적인 관리체계를 확보하도록 해야 한다.

주택건설촉진법 제33조 제4항의 규정에 의하면 주택건설사업계획 승인을 받으면 국토이용계획이 결정·변경된 것으로 보도록 규정하고 있는바, 주택건설사업계획승인 업무협의 시 입안공고 등의 절차를 이행토록 한다. 관계행정기관 등의 협의 결과 부동의 의견이 제시된 지역이나, 도시지역으로 변경추진 또는 변경 시 지장이 예상되는 지역, 상·하수도 등 도시기반시설이 미비한 지역은 부동의 의견을 제시하여 공동주택 입지를 제한할 수 있도록 업무처리지침이 시달되었다. 따라서 협의과정이 요식행위가 아니라 실질적인 지자체의 의견반영 채널로 활용할 필요가 있다.

셋째, 산지전용제도의 개선, 경관심의제 도입이 필요하다. 무분별한 산림훼손 방지 및 녹지 축의 보존을 통한 자연경관의 유지가 필요하다. 자연경관보존을 위해 시민들을 유도하는 적극적 행정의 추진이 필요한 것이다(사례발굴시상).

300세대 미만의 공동주택 건설에 대해서는 시·군의 건축·경관심의를 받도록 의무화하고, 300세대 이상의 경우에는 도의 건축계획·경관심의를 받도록 하여, 준농림지의 준도시지역으로의 국토이용계획변경을 수반하는 모든 공동주택사업에 대해 심의할 수 있도록 해야 할 것이다.

〈표 - 9〉 경기도 도시기본계획 수립현황

도시명	시승격일자	기본계획	재정비계획
수 원	'49. 8. 15	'98. 7. 6	'99. 6. 23
성 남	'73. 7. 1	'98. 7. 20	'99. 7. 6
의정부	'63. 1. 1	'00. 1. 5	'98. 12. 24
안 양	'73. 7. 1	'99. 7. 26	6.19. 공람예정
부 천	'73. 7. 1	'99. 4. 2	'94. 10. 13
광 명	'81. 4. 13	'93. 11. 3	'95. 3. 14
고 양	'92. 2. 1	'95. 6. 15	'98. 9. 15
구 리	'86. 1. 1	'96. 2. 2	'97. 11. 30
남양주	'95. 1. 1	'98. 2. 17	6.30. 의회상정예정
오 산	'89. 1. 1	5.15. 변경신청	'95. 11. 9
시 흥	'89. 1. 1	'00. 3. 31	'96. 11. 18
군 포	'89. 1. 1	'00. 1. 14	'97. 7. 8
의 왕	'89. 1. 1	'00. 3. 31	'99. 10. 6
하 남	'89. 1. 1	'95. 9. 16	'96. 11. 18
과 천	'86. 1. 1	'93. 12. 15	'91. 7. 23

도시명	시승격일자	기본계획	재정비계획
평 택	'86. 1. 1	'98. 4. 27	'00. 3. 3
동두천	'81. 4. 13	5.18. 변경신청	'97. 3. 12
안 산	'86. 1. 1	'97. 12. 8	6.7. 도 신청
김 포	'98. 4. 1	수립 중(6.7. 지방의회)	—
용 인	**'96. 3. 1**	**수립 중(6.5. 도 자문)**	—
파 주	'96. 3. 1	'00. 3. 28	—
이 천	'96. 3. 1	'99. 6. 11	'97. 12. 29
안 성	'98. 4. 1	수립 중(6.18. 공청회예정)	—
경 안	읍 급	'98. 6. 19	'93. 12. 7
곤지암	면 급	'99. 4. 2	'95. 11. 11

따라서 경관심의기준을 마련하고, 경관조례를 제정 및 그에 따른 시·군 경관조례 제정이 필요하다. 일본의 동경도, 센다이, 나고야 등 많은 지역에서 경관조례를 활용하여 도 차원 및 시·군 차원의 경관관리를 30년 넘게 추진하고 있으며, 경관조례가 없는 일부지역은 주민·개발업자 등과의 합의를 통해 지역경관을 관리하는 점은 우리에게 시사하는 바가 크다.

산림전용문제 개선에 있어서는 전용협의에 대한 세부기준을 마련하고, 전용허가권한 위임범위의 상향 검토가 필요하다. 보전임지 전용협의 권한을 면적별로 상향조정하고, 산림법상 시장·군수의 고유권한으로 되어 있는 준보전임지의 형질 변경허가권을 산림청장 또는 시·도지사로 상향조정하는 것도 필요하다. 한편 산지개발로 인한 경관훼손이나 산사태 훼손의 우려가 예상되는 지역에 대해서는 시장, 군수도 산림형질변경제한지역을 지정할 수 있도록 한다. 이와 더불어 산림법시행령을 개정하는 한편, 표고·임상 등을 고려 개발가능지를 재평가 하고, '산지전용 타당성 평가기준(가칭)'을 마련하여, 대상사업별·대상산지별로 사업허가 전에 평가를 통해 산지전용 여부를 결정하고 자연경관에 맞도록 개발을 유도해야 한다(산림법개정 필요).

우선 단기적으로는 산지전용지침을 마련하여 개발사업으로 자연경관훼손이 심각히 예상되는 지역에 대해서는 시장·군수가 산림형질변경 허가를 하지 않을 수 있는 방안 검토가 필요한 것이다. 다음에서 소개할 보전 및 개발의 갈등으로 야기된 법원의 재판 사례들을 통해 국가가 법으로 규정한 중재기준을 활용하여 향후 인·허가에 참고해야 할 것이다.

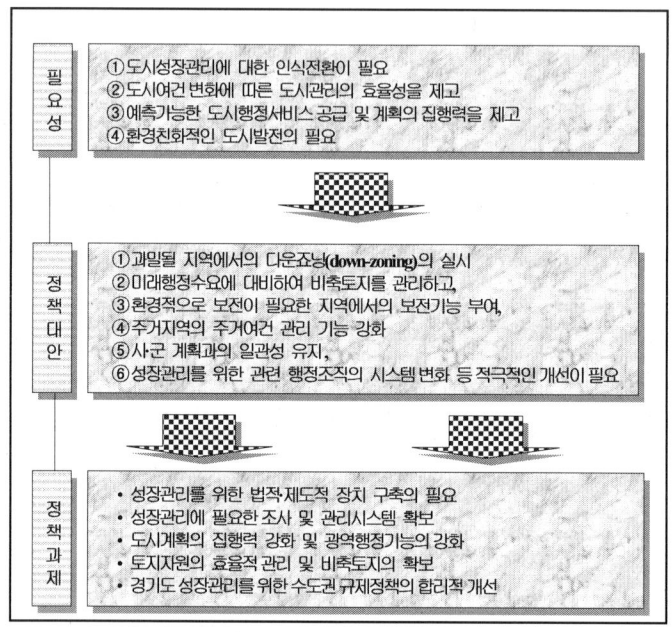

〈그림-3〉 경기도 성장관리정책 추진방안 예시

<u>※ 공익침해를 방지하기 위해 산림훼손을 불허한 판결문</u>

가. 법령이 규정하는 산림훼손 금지 및 제한지역에 해당하는 경우, 또는 금지 및 제한구역에 해당하지 않더라도 허가관청은 산림훼손허가신청 대상 토지의 현상과 위치 및 주위의 상황 등을 고려하여 국토 및 자연의 유지와 상수원의 수질과 같은 환경의 보전 등 중대한 공익상 필요가 있다고 인정될 때에는 허가를 거부할 수 있고, 그 경우 법규에 명문의 근거가 없더라도 거부처분을 할 수 있다.

나. 산림훼손허가 시 고려해야 하는 공익침해의 정도, 예컨대 자연경관훼손 정도,

소음, 분진의 정도, 수질오염의 정도 등에 관하여 반드시 수치에 근거한 일정한 기준을 정하여 놓고 허가, 불허가 여부를 결정해야 하는 것은 아니고, 사업계획에 나타난 사업의 내용, 규모, 방법과 그것이 환경에 미치는 영향 등 제반 사정을 종합하여 사회관념상 공익침해의 우려가 현저하다고 인정되는 경우에는 불허가할 수 있다(판례: 대법원 1993.5.27. 선고 93누 4854판결).

※ 환경보전을 위해 산림훼손을 불허한 판결문

가. 산림훼손은 국토 및 자연의 유지와 수질 등 환경의 보전에 직접적으로 영향을 미치는 행위이므로, 법령이 규정하는 산림훼손 금지 또는 제한 지역에 해당하는 경우는 물론 금지 또는 제한 지역에 해당하지 않더라도 허가관청은 대상 토지의 현상과 위치 및 주위의 상황 등을 고려하여 국토 및 자연의 유지와 환경의 보전 등 중대한 공익상 필요가 있다고 인정될 때에는 산림훼손허가를 거부할 수 있고, 그 경우 법규에 명문의 근거가 없더라도 거부처분을 할 수 있다.

나. 산림법시행규칙 제88조 제2항의 규정은 산림훼손허가신청 대상 토지가 훼손금지 및 제한 지역에 해당하지 않더라도 대상 토지의 현상과 위치 및 주위의 상황 등을 고려하여 국토 및 자연의 유지와 환경의 보전 등 중대한 공익상 필요가 있는지 여부를 검토하여 그러한 중대한 공익상의 필요가 있다면 허가신청을 거부하고, 위와 같은 공익이 침해되지 않을 경우에 한해 허가처분을 하라는 취지이다(판례: 대법원 1995.9.15. 선고 95누 6113판결).

넷째, 수도권 교통여건 개선 및 심의제도 개선이 필요하다. 수도권 광역교통계획의 실효성의 제고이다. 수도권은 하나의 생활권을 형성하고 있으나, 지자체별 또는 통행수단별로 교통계획을 수립하고 있어 광역적인 교통체계가 크게 미흡하므로 기수립한 광역교통계획(1999~2003)의 실효성 제고 등 집행력 강화가 필요하다.

용인 서북부지역의 공영택지개발사업(14개 지구 532만 평)과 민간주택건설사업(140개소 211만 평)이 완료되는 2008년을 기준으로 개선대책 수립이 필요하며, 첨두

시간대(08:00~09:00)의 교통서비스를 시간당 40~50㎞를 유지할 수 있도록 고속화도로, 국도, 지방도, 광역전철 등 교통시설을 확충이 필요한 것이다.

철도(전철)의 수송분담률을 제고하기 위해 광역전철망 확충, 간선도로축 신설, 경부고속도로의 교통량 유입을 최소화할 수 있도록 기존 경부축 좌·우측에 각각 간선도로 신설 및 개량이 필요하다. 이들 지역의 경우 지구지정단계에서부터 신도시 차원의 공간계획 수립이 전제되는 등 이 문제가 검토되었다면 지금의 우려나 재정적인 문제는 크게 반감되었을 것이다.

더욱이 또 다른 제도적인 장치가 될 수 있는 교통영향평가제도 개선이 필요한데, 현행 교통영향평가는 일단의 개발사업 또는 시설물 단위로 실시함에 따라 일정한 지역의 교통문제에 효과적으로 대처하기 위해 광역 차원의 교통대책 마련, 소규모 차원의 개별적 입지에 따른 난개발문제를 개선해야 한다는 점이다(새로 개정되는 통합 환경영향평가법에서 교통영향평가기능 강화).

효과적인 광역 차원의 교통대책이 미흡한데, 용인수지지역 등 소규모 공동주택단지가 개별적으로 입지하는 경우 교통수요증가에 따른 교통영향평가에 어려움이 있는 것이다(99년도 교통영향평가를 받은 주택건설업체 16개 사업).

교통영향평가 및 심의의 대상이 되는 사업 또는 시설은 주촉법 33조1항의 대지조성사업은 부지면적 50,000㎡ 이상, 주촉법 20, 21조의 아파트지구 개발사업은 부지면적 50,000㎡ 이상, 택촉법 9조의 택지개발사업은 부지면적 50,000㎡ 이상, 건축연면적 95,000㎡ 이상의 주거시설에 해당되는바, 그 당시 교통영향평가제도는 일정 규모 이상의 단위시설 또는 사업만을 대상으로 하고 있었다.

따라서 주변지역의 개발상황은 심각하게 고려되지 않으며 특히 광역적 교통영향은 평가의 범위에 포함되지 않았던 것이다. 용인 서북부지역의 경우 기사업승인된 146개 공동주택단지 중 교통영향평가대상은 42건(28.8%)에 불과한 실정이며 나머지 100여 건은 평가 비대상으로서 교통계획 수립 없이 사업승인이 이루어진 상태였다.

사업시행자는 이러한 규정을 악용, 교통영향평가를 회피하기 위하여, 실질적인 하나의 사업단지를 영향평가대상 미만의 소규모로 분할하여 신청했었기 때문이다.

따라서 소규모 개발사업 또는 시설물이 다수 설치되는 경우에는 권역별 교통영향평가를 실시하고, 준농림지역 등 소규모 개발사업이 난립하는 지역에는 도로망 등 교통계획이 수립될 때까지 교통영향평가를 유보할 수 있도록 도시교통정비촉진법의 개정이 필요했다.

교통영향평가대상을 사업의 경우 부지면적 30,000㎡ 이상, 시설의 경우 건축연면적 70,000㎡ 이상으로 강화하고, 부지면적 10,000㎡ 이상 30,000㎡ 미만, 건축연면적 30,000㎡ 이상 70,000㎡ 미만인 경우는 평가지침 29조에 의거한 약식평가를 받게 할 필요가 있었다.

시장·군수가 필요하다고 인정할 경우 일정 지구 내 개발사업을 복수로 묶어 지구단위로 종합교통영향평가를 실시할 수 있게 하는 것이다. 이와 같이 기준을 강화할 경우 대다수 사업이 교통영향평가를 거침으로써 난개발 억제에 상당한 효과가 있을 것으로 예상되었기 때문이다. 이 기준을 적용했을 경우를 가정하면 '94년 이래 용인시 서북부지역에서 승인된 146개 공동주택단지 사업 중 74개(50.7%)가 공식 영향평가를, 60개(41.1%)가 약식평가를 받았으며, 결국 전체 사업의 90%가 교통계획 수립하에 사업승인을 받았기 때문이다.

특히 일정 지구 내 복수사업을 묶어 종합적인 교통영향평가를 실시할 경우 지구단위 개발계획 수립에 준하는 효과를 기대할 수 있을 것이다. 만일 지구 내 사업시행자들이 미리 종합적인 교통영향평가서를 작성할 경우 이러한 효과는 더욱 증대될 것이기 때문이다.

한편 수도권정책의 실효성을 제고하기 위해 수도권정비위원회 심의제도 개선 및 기간의 단축이 필요한데, 지금은 제도적장치상 실질적인 심의의 한계가 있는바, 100만㎡ 이상의 대규모 택지 및 주택개발사업만 수도권정비위원회의 심의를 받도록 한 결과, 그 미만의 개발사업은 별도의 제한을 받지 않은 채 개발을 허용하여 난개발에 대한 여과장치 기능을 수행하는 데 한계가 있다.

수도권정비위원회 심의기준을 100만㎡ 이상의 대규모 택지 및 주택개발사업에서 33만㎡(10만 평)으로 낮추고, 10만㎡ 이상은 수도권정비실무위원회가 심의하도록 실질적인 기능을 할 수 있도록 할 필요가 있었다.

Ⅳ. 결 론

앞서 살펴본 바와 같이 수도권의 난개발의 원인은 토지정책이 갖는 정책적 한계와 계획원리를 무시한 공간개발정책이 가져온 결과인 것이다. 2000년도 수도권지역의 난개발은 ① 국토이용관리법상의 용도지역(10개 용도지역→5개 용도지역) 변화에 따른 준농림지역의 개발, ② 준도시지역으로의 국토이용변경에 따른 문제, ③ 취락지구개발 방식에 따른 비계획적 개발 및 토지수급계획의 한계 등 국토이용관리법의 문제, ④ 택지개발촉진법, 주택건설촉진법의 제도적 장치의 한계, ⑤ 교통영향평가제도, 환경영향평가제도, 수도권 대규모개발사업의 인구영향평가제도의 제도적 한계 및 업자들의 심의기준 이하로 사업 추진, ⑥ 산림법, 농지법의 법적 기능의 한계(의제처리의 문제) 등이 직접적인 원인이다. 그리고 수도권정비계획법의 기능적 한계 및 세부소관별 추진계획의 실효성 문제, 비도시지역의 계획기능 부재(도농통합시의 도시계획의 미수립) 등도 그에 버금가는 중요한 원인이라 할 수 있다.

따라서 실효성이 있는 수도권계획의 재수립을 통해 광역적·통합적인 수도권의 관리가 가능하도록 하는 한편 친환경적이고 지속가능한 개발(ESSD: Environmentally sound and sustainable development)이 필요했으며, 비축토지의 확보를 통해 개발의 시기를 조정하여 후세대에게도 개발의 여력을 부여할 필요가 있었던 것이다.

특히 수도권계획이 시·군 도시기본계획의 상위계획으로서의 기능에 한계가 있는 것이 문제이다. 수도권인구집중 방지를 위한 제도적 장치가 미비하며, 소관별 추진계획 확정 지연 및 그에 따른 정책기조의 연계가 미흡한 것이 사실이다. 더욱이 환경친화적이고 지속가능한 개발정책 역시 한계가 있어 실효성 있는 합리적인 규제정책의 추진에 어려움이 있는 것이다. 수도권 내 자연적, 역사적 경관자원의 보전을 위한 법·제도적 장치가 마련되어야 한다.21)

더욱이 택지개발사업의 경우 수도권 전체의 공간플랜 없이 수정법상에는 100만

---

21) 2007년 11월에 정부는 경관법을 제정, 공포한 바 있다.

제곱미터 이상 수도권정비계획 심의대상인 대규모 또는 소규모 택지개발 사업 추진에 따른 난개발문제가 대두되고 있었던 것이다.

일본의 경우 제5차 수도권계획(1997~2001)을 수립, 추진 중에 있는바 분산형 네트워크 구조 속에서 국제적 도시기능과 환경보전, 새로운 사회구조의 변화를 계획에 담고 있는 것이다.

따라서 수도권정비계획을 종합적 토지이용계획 및 도시개발기준, 시·군 간 토지이용 및 개발업무의 조정·통합이 가능하도록 계획기능·성격을 변화시킬 필요가 있다.

기존의 수도권정비계획의 한계를 개선하여, 친환경적이고 지속가능한 '수도권 성장관리정책(Growth management policy)'의 추진이 필요하며, 시·도계획, 시·군계획의 지침적 계획이 될 수 있도록 실질적으로 계획의 일관성 유지 등 계획시스템 개선, 모니터링 체계 구축 등을 전제로 수도권 공간계획 수립이 필요한 것이다.

이런 일련의 요소를 고려하여 관련 법·제도 개선을 도모한다면 우리의 국토공간은 새로운 활력이 부여될 것이다.

❖ 참고문헌 ❖

1. 건설교통부(1999), "준농림지 토지이용실태조사 및 계획적 관리방안 연구".
2. 건설교통부(1999), "도시삼법".
3. 건설교통부(1998), "국토이용계획업무편람".
4. 국토연구원(2000), "국토이용 계획체계 개선에 관한 정책토론회".
5. 대통령자문정책기획위원회(1998), "수도권인구분산정책방안".
6. 용인시(1999), "2016 용인도시기본계획(안)".
7. 이해종(1999), "경기도 도시성장관리정책연구"(경기개발연구원).

제6장

국토공간의 정보화를 통한 지역경쟁력 강화

- 지방자치단체의 토지정보화의 현황과 과제

I. 토지정보화(LIS)의 의의

　토지정보의 구축은 토지와 관련한 모든 정보체계를 의미한다. 필지의 집합체로서의 광범위한 지역에 걸친 '법률적, 행정적, 경제적 기초하에서 토지에 관한 자료의 체계적인 수집'으로서 토지에 관한 모든 자료를 포함하는 매우 광범위한 것이다. 또한 데이터처리의 모든 과정(수집, 가공, 저장, 출력 등의 기술적 측면)과 지역 간 데이터의 교환과 같은 문제도 해결되어야 한다. 컴퓨터를 이용한 통신이 발달하면서 토지정보관리 분야에서도 일대 혁신의 바람이 불고 있다. '토지관리정보체계'란 국가가 토지관리행정업무에 GIS 등 정보기술을 적용하여 구축한 토지데이터베이스, 토지업무처리 토지응용시스템, 네트워크 등으로 구성된 정보체계를 말한다(건교부, 2001). 단순히 종이에 기록된 속성정보나 그림으로 그려진 지적도 및 지형도의 한계를 넘어 정보를 가공하여 보다 정확하고 다양한 토지 관련 정보를 얻고자 하는 노력은 정부와 지방자치단체 및 기업 등 사회 전반에 걸쳐 진행되었다(이성화, 1999). 토지 관련 정보 중 지적공부의 속성정보(토지·임야대장)는 1991년 이미 완료되어 전국이 온라인화된 상태이며, 도형정보는 최근 지적도면전산화 사업을 통해 추진하고 있다. 다만 도형정보구축사업은 1995년 5월에 '국가지리정보체계 1단계 구축사업'을 수립하여 2000년까지 완료할 계획이었으나 여러 이유로 부진한 상태이다. 정부는 토지 관련 속성정보와 도형정보의 구축을 2001년부터 2단계 국가지리정보체계 구축에 포함하여 각 부처에서 확정하게 된다. 이렇게 범국가적인 사업이 다각도로 진행됨에 따라 그 활용 또한 매우 다양하게 적용될 것으로 기대된다. 특히 토지대장과 지적도를 이용한 필지중심 토지정보시스템은 도시계획, 지역계획, 조경, 토목, 국공유지관리, 국방, 조세 분야 및 각종 지상·지하시설물관리(전기·전화·상하수도·가스 등) 등 국민의 생활과 직접적으로 관련된 분야에 광범위하게 활용될 것이며 전산화에 의한 지적도 관리의 능률화와 효율화가 가능할 것으로 기대된다(과학기술부, 1999).

한편 2001년 7월 1일부터 시행된 '전자정부구현을 위한 행정업무 등의 전자화촉진에 관한 법률'(이하 '전자정부법': 법률 제6439호, 2001.3.28 공포, 동년 7.1 시행)의 시행으로 토지정보화 사업의 진행도 가속화되고 있는데, 전자정부법의 시행으로 국민들은 행정기관으로부터 정보를 취득하거나 자신의 민원을 처리하기 위하여 시간과 비용을 낭비하면서 관청을 방문해야 하는 불편을 겪게 되지 않게 되었으며(행정자치부; 행정자치백서, 2002), 이것은 국민들의 다양한 행정수요에 대해서 양질의 행정서비스를 공급하게 되었다는 점에서 행정경쟁력을 제고시킨 중요한 출발이라고 할 수 있다. 이런 관련 속에서 토지정보체계와 지적제도와의 관련은 무시할 수 없고, 그 구축은 도시토지이용의 효율성과 효과성을 증진시킬 수 있는데 기여하게 될 것이며, 국토난개발 방지를 위한 기초자료 및 최근에 더욱 요구되는 성장관리(growth management) 측면에서 토지정보화의 활용가치는 그 무엇보다 효용성이 배가될 수 있는 것이다(Gabor Zovanyi, 1998).

Ⅱ. 토지정보화의 영역 및 수요

1. 토지정보체계의 영역

토지정보시스템은 인간의 사회적 활동과 토지와 관련된 여러 가지 현상을 상호 연결하여 인간의 사회활동을 편리하게 하는 다양한 기능을 갖추어야 한다. 이와 같은 기능은 공간자료의 유지 및 분석기능, 속성자료의 유지 및 분석기능, 공간 및 속성자료의 통합분석기능 등으로 구분할 수 있다. 이들 기능 중에서 중추적 역할은 공간 및 속성자료의 통합분석이다(이성화, 1999).

정보는 인간의 모든 활동에 필요한 의사결정을 뒷받침해 주는 지식이나 유·무형의 자료를 말한다. 이러한 정보는 신속하고 적절한 의사결정을 위해서 필요한 시점에 적절한 내용과 형식을 갖추어 효과적으로 제공되어야 한다. 정보제공을 위해서는 먼저 정보의 분류가 필요하다. 정보를 분류한다는 것은 여러 실무에서 필요한 정보의 특징을 분석하고, 그들이 요구하는 공통적인 형식과 개별 실무자들이 필요로 하는 특정 요구조건을 파악하여, 가능한 한 광범위한 실무에 사용될 수 있도록 정보의 저장과 검색의 골격을 구축하여야 한다.

토지정보화의 내용으로 제시될 수 있는 항목은 자료의 구득상 토지정보체계의 영역은 다소 변화될 수 있다. 데이터 세팅에는 더 세부적이고 적절한 데이터가 요구되는데, 토지정보체계의 영역을 통해 살펴보면 〈표-1〉, 〈표-2〉와 같다.

〈표-1〉 토지정보화에 포함될 일반적 내용 예시

구 분	주요내용
측지적 조사자료	① 지형자료 ② 경계자료(주소, 단위면적, 평가, 용도)
법적 자료	① 소유권 ② 저당권 ③ 법률효력기한 ④ 도시계획 현황
환경 관련 자료	① 지질과 광물자원 ② 시간별 수량 ③ 수목(식생)분포 ④ 기 후 ⑤ 수질, 대기오염, 소음현황
시설자료	① 지하표면 ② 발전소 ③ 교통시설
경제, 사회적 자료	① 인 구 ② 교통현황 ③ 소득 관련 통계

〈표-2〉 토지정보체계(LIS), 도시정보체계(UIS), 지리정보체계(GIS) 비교

구 분	토지정보체계(LIS)	도시정보체계(UIS)	지리정보체계(GIS)
목 적	○ 토지정책의 수립 ○ 토지기록의 관리 ○ 토지이용의 효율성 제고	○ 도시지역의 관리 및 개발에 필요한 정보의 제공	○ 지리적 정보 제공 ○ 도시 및 지역계획 수립의 의사결정 자료로 활용
DB의 내용	○ 지적·등기 ○ 과세·평가 ○ 건 물 ○ 도시계획 ○ 지하시설물	○ 자연환경과 토지이용 ○ 인구와 고용 ○ 경제활동 및 산업 ○ 도시서비스 ○ 환 경 ○ 행·재정 ○ 주민행태 등	○ 경사·고도·방향 ○ 습도·토양·토지이용 ○ 도로·인조물·경계
활 용	○ 지리정보체계를 근간으로 하므로 보다 세부적으로 이용 및 발전 가능	○ 토지정보체계보다 포괄범위가 광범위함	○ 물리적 요소에 중점 ○ 컴퓨터 활용의 폭이 확대되어 다양한 자료 제공

※ 토지정보화는 전자정부의 출현으로 다양한 행정서비스를 공급한다는 측면에서 '종합정보시스템'으로의 발전 가능

토지정보화의 시스템 구축 과정을 살펴보면 〈그림-1〉과 같다.

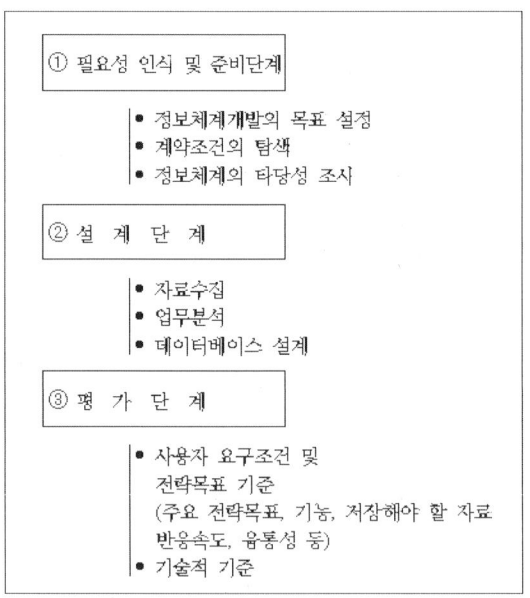

〈그림-1〉 토지정보화의 시스템 구축 과정

2. 토지정보체계의 수요

토지정보시스템은 컴퓨터 화상처리(CG: computer graphics)기술을 응용하여, 도형정보와 속성정보를 처리하기 때문에 다른 정보시스템과 차이가 있다. 다른 정보시스템과 데이터 호환 및 이용목적에 따라 활용 분야는 다양하다. 활용 분야는 도면을 수치화함으로써 데이터베이스를 구축하는 체계와 이러한 데이터베이스를 시설물관리 및 계획을 지원하는 체계 이외에도 특수한 분야에 활용하는 지원체계로 구분할 수 있다.

토지정보시스템의 상호관계를 고려할 때 이용목적에 따라서 구축한 다양한 데이터베이스를 연결하여 각 부처에서 업무특성별로 사용이 가능해야 한다. 토지정보시스템은 중앙부처와 지방자치단체 그리고 정부투자기관 등 다양한 이용자에 의해 활용되고 있다(이성화, 1999).

기관별 역할을 살펴보면, 행정자치부는 지적도면전산화 구축을 담당하고, 지방자치단체는 전산화된 지적도면을 이용한 응용업무에 각각 활용하고 있다. 이와 같은 각각의 분야를 상호 연결한 상태로 운영되어야만 국민들에게 다양한 정보를 서비스할 수 있는 여건이 조성될 수 있을 것이다.

토지 관련 정보 구축 소프트웨어에는 고도로 복잡한 공간정보를 처리할 수 있도록 발전되고 있다. 도시계획, 지역계획, 환경계획 그리고 각종 계획업무를 지원할 수 있는 응용시스템을 손쉽게 개발할 수 있는 여건이 구비되어 있다. 또한 통신망의 발달로 공간정보 데이터베이스의 접근도 계획입안자나 정책결정자에 국한되지 않고 일반국민들까지 활용이 가능하게 되었다.

토지정보의 수요자는 공공 부문과 민간 부문을 불문하고 폭넓게 형성되어 있다. 중앙부처는 물론 토지 관련 정보를 직접적으로 필요로 하고 지방자치단체의 지적과, 세정과, 세무과 등 여러 부서에서 토지정보를 필요로 하고 있다.

또한 행정부 이외에 사법부의 법원행정처에서도 부동산등기를 담당하고 있으므로 그 수요대상이 되며, 각종 공사(토개공, 주공, 도로공사 등)나 도시계획 전문가, 각종 자격증소지자(토지감정평가사, 공인중개사, 세무사, 법무사 등)도 토지 관련 정보를 필요로 하고 있으며, 보험회사, 증권회사, 금융기관, 건설회사 및 주택 및 토지를 매매하는 주민들에게도 토지정보는 필수적이다.

토지정보화와 연계한 지적도면전산화는 건설교통부, 산업자원부, 산림청 등과 한국전력, 한국통신, 가스공사 등에서 필지별 경계와 지번이 등록된 지적도의 전산화 사업 추진에 대한 요청이 늘어나고 있는 실정이다.

3. 외국의 토지정보화 사례

토지정보화의 근간은 지적제도의 발전에서 찾을 수 있다. 토지정보체계와 연계하여 지적제도를 살펴보면, 다목적 지적은 일필지를 기준으로 한 다양한 토지정보를 제공하며, 세지적·법지적의 한계를 극복하기 위한 지적제도의 발전형태의 하나라고 볼 수 있는 것이다. 따라서 다목적 지적은 토지정보체계의 기초가 될 수는 있으나 토지정보체계가 곧 다목적 지적이 되는 것은 아니라고 할 수 있다.

현재 전 세계에서 지적제도를 운용하고 있는 나라들을 살펴보면, 크게 토렌스제도에 기초한 호주, 뉴질랜드, 싱가포르, 미국 및 일부 주 및 캐나다 일부 주 등과 나폴레옹 지적에 영향을 받은 서유럽의 여러 국가와 그 외 영국과 미국의 토지등기제도에 영향을 받은 국가들 등의 3가지 유형으로 분류가 가능하다. 이러한 분류에 따라 지적제도의 운용방식과 공부운용방식 및 지적 측량방식에도 차이를 보이는데, 1980년대 이후부터 전산화 도입을 시도하고 있는 점에서 큰 차이가 없다. 토렌스제도하의 국가들은 유럽이나 영·미에 비해 상대적으로 지적제도가 늦게 시작되었고, 호주, 뉴질랜드, 미국, 캐나다의 일부 주 등과 같이 대부분 신개척지에서 정착되어 프랑스식 지적제도하의 국가에 비해 지적정보의 양이나 이동사항 등이 현저히 낮아 지적의 전산화에 대해 선도적으로 진행이 가능했다는 이점이 있다고 한다.

따라서 지적의 전산화는 단순히 지적목적을 수행하기 위한 수준을 넘어 국토의 종합관리를 위한 토지정보시스템(LIS: Land Information System)의 기초정보를 제공하는 수준에서 전산화가 진행되고 있다. 처음부터 전국에 대한 통일된 토지정보시스템 구축을 시도하는 경우는 많지 않다.

싱가포르의 경우 측량국의 도면제작 시스템과 필지 베이스 시스템(Lot Base System), 국가개발부(Ministry of National Development)의 통합 토지이용 시스템은 각자가 필요성에 의해 지적, 지형적 요소의 전산처리 시스템을 구축하고 있다.

뉴질랜드는 측량, 토지정보국에서 구축하고 있는 DCDB(Digital Cadastral Data Base; 수치지적)를 기본으로 하여, 뉴질랜드 토지정보시스템(LINS: Land Information New Zealand)을 구축하고자 DCDB 구축에 매진하고 있는 것인데 물론 LINS 구성 보조시스템 담당기관에서 DCDB외 자체 목적의 데이터를 저장 관리하는 전산 시스템을 운용 또는 구축하고 있다.

호주 뉴사우스웨일즈의 토지정보센타(LIC)의 DCDB작업, 토지권리사무소의 자동권리시스템(ALTS: Automated Land Titles System), 시드니 시의 공간참조시스템(SRS)과 계획시스템(PS), 그리고 이들 각 시스템의 보조시스템 등은 LIS를 구성하는 요소로서 역할하도록 설계되어 있다. 토지정보시스템(LIS: Land Information System) 설계 이전에 착수된 보조시스템의 경우 토지정보시스템(LIS: Land Information System)의 보조시스템이 될 수 있도록 데이터의 변환이 계획되어 있다.

일본의 경우는 토지정보시스템(LIS: Land Information System)을 구축한다는 점은 공통되지만 지적정보의 전산화란 측면에서 조금 다르다. 일본은 전산에 기초한 현행 지적의 개선을 위하여 지적조사사업을 펼치고 있고 조사사업의 성과는 바로 전산으로 관리하고 있다.

현시점에서 일본의 경우 토지정보시스템(LIS: Land Information System)에 대한 구상이나 설계가 우선되는 것이 아니라 LIS나 GIS 등 토지정보의 전산처리시스템 구축을 위한 소스 데이터의 중요성이 이의 정비의 절대적 필요성에 먼저 착안된 것이며, 호주나 뉴질랜드의 DCDB 작업 이전의 단계에 대한 거대한 국가적 사업의 시행이란 점에서 차이를 보인다.

한편, 독일의 함부르크(hamburg) 시의 토지정보화 사례를 살펴보면(Dr. Winfried

hawerk, 국토연구원, 2001), 함부르크 시는 20년 전부터 수치지도를 제작하기 시작하여 1 : 500~1 : 2,500의 DBM(Digital Base Map)을 1993년에 구축 완료하였으며, 용량은 총 3GB로 작성되었다. 함부르크(hamburg) 시는 ALKIS(Automated Property Cadastre Information Systems)를 UML, XML을 활용하여 ORM(Object Relational Modeling)하였다. 이 데이터에는 토지이용, 건물경계와 층수, 주택 수, 수계, 교통, 도로, 행정경계 등의 정보가 포함되어 있는데, 도형정보와 속성정보가 결합되어 있으며 자료의 포맷은 래스터(raster)와 벡터(vector) 형태를 모두 보유하고 있다. ALKIS는 ISO표준에 맞춰 실험적 연구를 실시하였으며, 2005년까지 ALKIS를 구현하기 위해 위원회를 최근에 구성하였다.

노르웨이의 국가지리정보체계 및 토지정보화 전략을 살펴보면(Helge Onsrud, 국토연구원, 2001), 노르웨이는 모든 토지의 문제를 법원을 통해 해결하고 있으며, 1980년 이전까지는 측량이 표준화되지 않고 지방에 따라 조악하게 이루어졌으므로 이에 따른 문제 제기가 있었다. 그러나 그 이후로 토지법원에서는 5년 이상 경험이 있는 측량전문가를 토지문제 해결의 판사로 하여 문제를 해결해 나가고 있으나 국가주도로 이루어지고 있다. 토지법원에서는 토지구획재정비, 토지조정, 보상에 관한 문제 해결 등을 담당하고 있다. 토지대장은 주로 민간 부문에서 이용하고, 지적도는 공공 부문에서 주로 이용하며, 토지대장의 수요가 많은 편이므로 토지대장발급에서 얻는 수익으로 지적도 갱신비용을 충당하는 것이 바람직하다고 의견이 모아지고 있다. 재산세는 지적에 근거하지 않고 토지가격에 근거하여 부과하며, 지적도의 변경은 별로 없는 편이다.

토지대장은 전산화되어 있으며, 토지대장과 지적대장을 사용할 수 있도록 동일한 고유식별자를 사용하고 있으며, 현재 토지대장과 지적대장 관리를 민간업자에게 맡겨 통합관리하도록 하고 있다. 한편 소규모 지방자치단체는 등기부관리에 어려움이 있으며, 지적도를 온라인상으로 이용할 수 없다는 문제, 토지사용규제사항이 기록되어 있지 않다는 문제, 3차원으로 부동산이 디스플레이(display)되지 않는다는 문제, 측량비용이 비싸다는 문제 등을 안고 있다.

현재 그동안 겪은 어려움을 해결하고자 민간업체를 통하여 토지대장과 지적대장을 관리하도록 하고 있으며, 수치지적도도 공인 맵(Map)으로 인정하도록 하는 법안을 상정한 상태이다. 또한 민간측량사 제도를 도입하여 민간권리문서화업무를 수행하도록 하고 있다.

Ⅲ. 우리나라 토지정보화 실태

1. 우리나라 토지정보화

우리나라 토지정보화의 근간이 된 지적제도는 금세기 초 일본에 의해 이루어진 역사를 갖고 있고, 그 역사에 대해서는 독일의 영향을 많이 받고 있다고 할 수 있다.

결국 우리나라의 지적제도는 '프랑스 → 독일 → 일본 → 한국' 등의 순서로 영향을 받은 결과로 볼 수 있으나, 운용방식에 있어서는 각국마다 사회, 문화적 요인에 의하여 차이를 보이게 된다.

토지정보화와 연계한 지적제도 전산화 방안을 연구함에 있어 가장 우리의 실정에 맞고 효율적이며, 경제적인 방법을 찾기 위해서는 유형별 지적제도 운용상 특징과 특징별 전산화 방안을 조사, 연구하는 것이 필요하다.

이런 일련의 연구의 방향으로 90년대에는('91.4) 내무부에서 추진하였는데, 토렌스 제도하에 있는 국가의 지적전산화에 대한 조사를 하고 이어 나폴레옹 지적에 기초한 서유럽 3개국에 대한 전산화 특징, 장·단점 등과 구축상의 실제 사례 등을 조사하여 우리나라 지적제도 전산화 연구에 최대한 활용하여 가장 경제적이고, 효율적인 방안 수립을 위한 연구를 진행하였다. 2000년대에 와서는 관련법의 정비와 함께 인터넷의 급속한 확대와 함께 토지정보화 사업이 본격 궤도에 접어들었다고 할 수 있다. 행정자치부에서는 토지정보화와 관련하여 지적정보화에 대해 규정을 제정한 바 있다(행정자치부훈령 제80호: 행정자치부 지적정보 보안관리규정, 2002.1.30).

이 규정은 국가지리정보체계의 구축 및 활용 등에 관한 법률(이하 '법'이라 한다) 제22조 및 동법 시행령 제23조와 국가지리정보 보안관리기본지침(이하 '기본지침'이라 한다)에 의하여 행정자치부소관 지적정보 등의 보안업무 수행에 필요한 사항을 규정함을 목적으로 한 것이다.

이 규정은 지적정보 등을 생산 · 구축 · 관리 · 유통 및 활용하는 행정자치부와 그 소속기관에 적용하고, 행정자치부장관과 그 소속기관의 장은 소관 지적정보 및 지적정보 데이터베이스 등을 보호할 책임 및 그 보호에 필요한 보안대책을 강구하여야 함을 강조하고 있다. 이것은 토지정보화에 따른 개인정보 및 국가정보의 보호 및 각종 부작용을 막는 제도적 장치라 할 수 있다.

이와 같이 토지정보화는 정보통신기술을 이용하여 행정업무 및 민원서비스 향상시키고 사용자중심의 정보사회(user oriented information society)를 구현하는 데 진일보하게 된다.

선진국에서 공공 부문의 정보화 사업을 꾸준히 추진하고 있음은 이와 같은 시각에서 접근할 수 있는 것이다. 따라서 이러한 차원에서 정부는 각 부처별 자료의 중복 생산을 방지하고 보다 효율적인 정보유통체계를 구축하여 신속 · 정확한 정책의사결정을 지원하기 위하여 국가지리정보기반(national geographical information infrastructure) 구축사업을 추진할 필요가 있다.

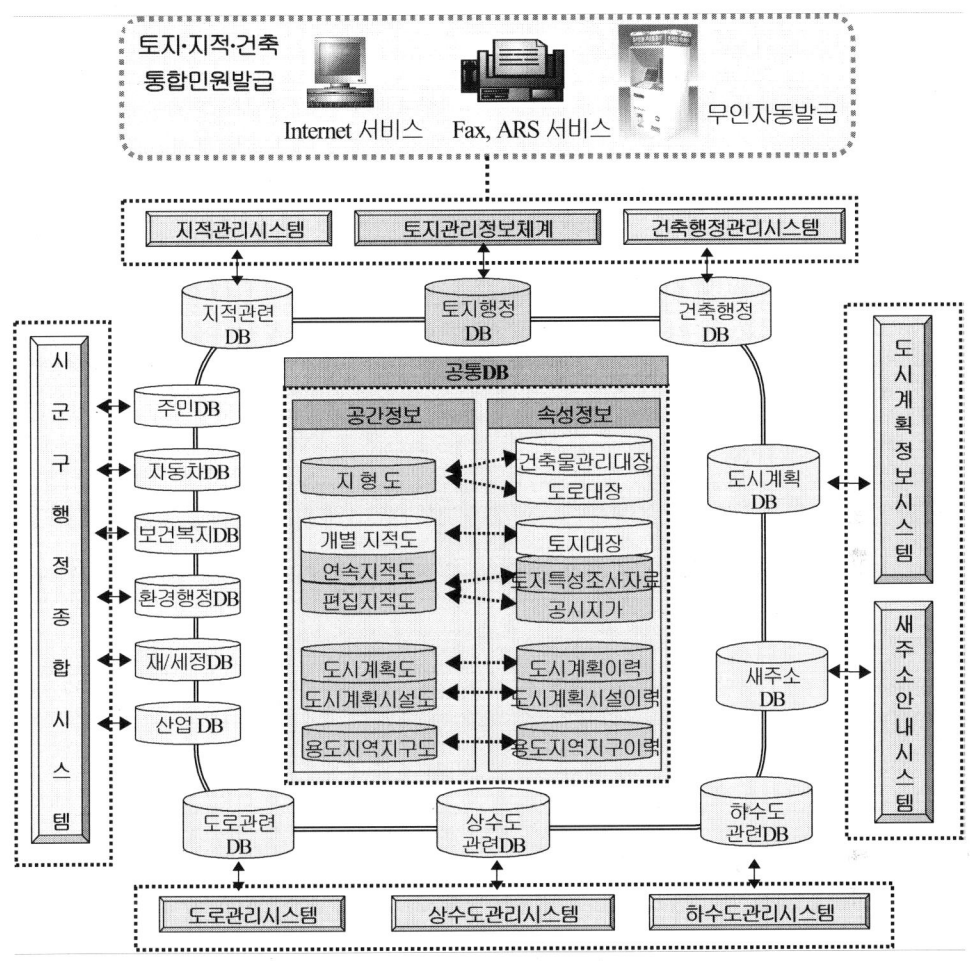

<〈그림-2〉 토지관리정보체계와 타 정보시스템과의 관계도(건교부)

<표-3> 토지 관련 정보화 사업의 비교

사업 / 항목	토지관리정보체계		시·군·구종합전산망	지적관리시스템
목적	• 민원업무 개선: 토지이용계획확인서, 개별공시지가 전국 온라인 발급 • 토지행정업무효율성 향상: DB 공유 등 • 토지정책업무과학화: 실시간 토지투기분석 등		• 행정효율 및 대민서비스 향상 • 기존 정보시스템 연계	• 지적 관련 대장과 도면이 통합된 대민서비스 실현 및 수요기관에 토지정보 제공
추진 주체	건교부 토지국 토지관리과		행자부 지방자치행정	행자부 지적과
사업 범위	시군구	용도지역지구관리 공시지가관리 개발부담금관리 토지거래관리 외국인토지취득관리 부동산중개업관리	• 신규개발: 지적, 환경, 보건복지, 지역산업, 농촌, 민원 • 연계개발: 주민, 건축, 차량, 재세정, 재난재해·호적 • 지적은 행정전산망시스템을 재개발하여 시·군·구로 이전구축 • 공시지가 등은 건교부에서 추진하는 토지관리정보체계와 연계	• 토지이동관리: 접수, 대장정리, 도면정리 • 측량성과검사 • 소유권변동관리 • 지적민원관리: 토지(임야)대장, 지적/임야도 등본, 지적측량기준점 등 • 지적업무관리: 비법인등록관리, 정리현황조회, 대장 및 조서작성 등 • 지적도면관리 등
	시도	용도지역지구 수립지원 및 관리		
	중앙	토지투기 등 토지정책지원 및 토지행정통계		
추진 일정	'98: 시범사업(대구 남구) '99: 1차 확산(강남구 등 12개) '00: 2차 확산(50개 지자체) '01: 3차 확산(100개 지자체) '02: 확산 완료		'98: 시범사업(4개) '99: 1단계 확산(20개) '00: 1단계 확산(208개) '01: 2단계 확산(87개) '02: 2단계 확산(141개)	'98: 1차 연도(지적/임야도 5만 매 수치도면화) '99: 2차 연도(33만 5천 매 수치파일화) '00: 3차 연도(전국 72만 매 지적/임야도 완료)
DB 구축	• 지형프레임워크(건물, 도로 등) • 연속/편집지적도 • 국토이용계획도 등 80여 개 용도지역 지구도		• 주민호적, 복지, 지역개발 및 정비, 도로/교통, 차량, 민방위, 재난/재해, 환경, 상하수도, 내부행정 등	• 지적도(도곽) • 임야도(도곽)
응용시스템 개발	• 6대 토지행정업무시스템 • 용도지역지구 수립지원 및 관리시스템 • 토지정책 수립지원시스템		• 주민행정지원시스템 • 복지행정지원시스템 • 도로/교통행정관리지원시스템 등	• 지적관리시스템

자료: 건설교통부(2002).

〈표-4〉 토지정보화 관련 지적정보 등의 분류기준(행정자치부)

구분		분류기준
비공개	기준	○ 공개될 경우 국가안보에 유해로운 결과를 초래할 우려가 있는 정보 ○ 법령에 의해 비공개 사항으로 구성된 지리정보
	사례	□ 항공사진 　○ 일반인 출입이 통제되는 국가보안목표시설 및 군사시설이 포함된 사진 □ 위성영상 　○ 해상도에 관계없이 위치좌표(緯·經·高度)가 표시된 자료 □ 수치지도 　○ 축척에 관계없이 국가보안목표 및 군사시설이 포함된 수치지도 □ 기타 지리정보 　○ 해상도에 관계없이 위치좌표가 포함된 3차원(입체) 영상자료 　○ 국가보안목표시설 및 군사시설이 포함된 속성자료가 포함된 지리정보
공개제한	기준	○ 공개될 경우 공공의 안전과 이익을 해할 우려가 있다고 인정되는 지리정보 ○ 공개될 경우 개인정보를 침해할 우려가 있는 지리정보 ○ 공개될 경우 관리기관의 업무수행에 지장을 초래한다고 인정되는 지리정보
	사례	□ 항공사진 　○ 비공개 국가보안목표시설 및 군사시설이 삭제된 지역 사진 □ 위성영상 　○ 해상도에 관계없이 지리좌표(緯·經度)가 포함된 영상자료 　○ 지리좌표는 없으나 국가보안목표 중 일반인 출입이 통제되는 시설과 군사시설이 노출된 해상도 6.6m 초과자료 □ 수치지도 　○ 모든 군사용 지도 　○ 전력·통신·가스 등 공공의 이익 및 안전과 밀접한 관계가 있는 국가기간시설이 포함된 수치지도

구 분		분 류 기 준

공개제한	사 례	― 국가지리정보체계기본계획에 의한 7대 지하시설물도
		― 아래의 시설물이 표기된 1/1,000 이상 수치지도
		  ● 전 력: 발전소, 변전소, 지상송전선, 송전탑
		  ● 상수도: 저수탱, 취수탱, 급수탱, 수문, 댐, 지상상수관, 지상용수관, 양배수장경계, 양배수장 기호
		  ● 가스·송유관: 지상가스관, 지상송유관, 저장소
		  ● 기타 관: 기타 수송관
		  ● 맨홀: 공동구맨홀, 송유맨홀, 가스맨홀, 전기맨홀, 통신맨홀, 전화맨홀, 기타맨홀(지형코드드상의 기둥이 미확인된 특정한 맨홀)
		  ● 특정건물: 교도소, 구치소, 가스공사지사 등 통제기능을 가진 지사 및 공급관리소
		  □ 기타 지리정보
		  ○ 좌표는 없으나 국가보안목표 중 일반인 줄입이 통제되는 시설과 군사시설이 노출된 해상도 6.6m 초과 3자원(입체) 영상자료
		  ○ 국가기간시설 등 공공의 이익 및 안전을 해할 우려가 있는 중요 속성자료가 포함된 지리정보

공개	기 준	○ 비공개 및 공개제한 지리정보 외의 지리정보로서 불특정인을 대상으로 공개 또는 제공되는 지리정보

	사 례	□ 항공사진
		  ○ 일반지역 항공사진
		  ※ 단 일반에 제공 또는 판매 시 인적 사항 및 사진내용 기록 유지
		□ 위성영상
		  ○ 일반인 줄입이 통제되는 보안목표시설 및 군사시설이 포함된 해상도 6.6m 이하 자료
		  ○ 좌표가 없는 일반지역 영상자료
		  ※ 단 해상도 2m 이상 위성사진은 항공사진에 준해 관련 기록 유지
		□ 수치지도
		  ○ '비공개' 및 '공개제한' 대상 이외의 수치지도(좌표는 인터넷 표시불가)
		  ※ 단 1/1,000 이상 수치지도를 일반에 제공시에는 인적 사항 기록 유지

구 분		분 류 기 준
공 개	사 례	□ 지적공부 ○ 지적도, 임야도, 토지대장, 임야대장, 경계점좌표등록부, 공유지연명부, 대지권등록부 □ 기타 지리정보 ○ 좌표가 없는 일반지역 3차원(입체) 영상자료 ○ 국민편의와 공공의 이익을 위해 공개할 필요성이 인정되는 속성자료 ※ 토양·지질도, 도시계획도, 도로건설계획도, 지반도, 전자해도 등 ○ 비공개 및 공개제한이 아닌 지리정보

※ 국가보안목표시설과 군사시설은 각각 국가정보원과 국방부가 정하는 바에 따름.
자료: 행정자치부(2002), 행정자치부 지적정보보안관리규정(제정 2002.1.30), 재작성.

2. 토지정보화의 데이터베이스(database) 설계

토지정보화에 있어서 데이터베이스 설계는 이용에 필요한 전체자료를 조직하고 정보체계 내에 효율적으로 배치시키는 과정이다. 데이터베이스 설계는 정보체계의 설계전략, 즉 중앙집중형 데이터베이스(centralized database)와 분산형 데이터베이스 (distributed database)로 나눌 수 있으며, 분산형 데이터베이스는 다시 분산분할형 (partitioned)과 분산중복형(replicated)으로 구분가능하다.

중앙집중형 데이터베이스는 자료의 관리가 용이하고 집중도, 안전도가 높으며 기술적 위험부담이 적은 반면, 데이터베이스가 복잡하고 그 구조를 변화시키기가 쉽지 않다.

분산형 데이터베이스는 자료에 대한 접근속도가 빠르고 자료 통신비용이 낮은 장점이 있으나 자료가 중복 저장되기 쉽고, 자료관리가 용이하지 않은 것이 흠이다.

3. 토지정보 데이터베이스(database)의 개발

1) 일반적인 토지정보 데이터베이스(database)의 개발

각 데이터베이스의 장·단점의 파악을 통해 어떤 유형으로 할 것인가의 결정에 대한 논의가 필요하다. 본격적인 자치제 실시에 부응하여 분산형으로 하는 것도 무리는 아닐 것이다.

문제는 지적을 중심으로 한 현행 데이터베이스 구축에 관련 행정부처의 필요에 따라 항목을 추가 입력시켜 활용하는 것을 검토하고 있는데, 그 근간이 되는 '불부합지'의 문제가 선행적으로 해결되어야 한다.

또한 분산형 데이터베이스 구축에서는 데이터 분류의 표준화가 이루어져야 하며 그것을 통해 자료중복문제를 해결하도록 한다. 표준화는 ① 데이터의 내용, ② 데이터의 포맷(Format), ③ 데이터의 분류방법 및 CODE, ④ 위치적 정확도, ⑤ 입력도면의 신뢰성 등을 지킴으로써 성취될 수 있다.

개념상의 토지정보체계를 살펴보면, 〈그림-3〉과 같다.

토지정보 데이터베이스의 개발은 크게 ① 입력체계의 개발, ② 연계체계의 개발, ③ 출력체계의 개발 등이 주류를 형성한다.

일반적으로 토지관리 데이터베이스의 도형정보에는,

- 도경계, 시경계, 구경계,
- 지적, 도시계획지역, 도시계획지구,
- 도시계획구역, 도시계획시설,
- 등고선, 기준점, 대축적건물, 지경계,
- 실폭도로, 도시계획도로, 항측도로 등이 필요하며, 많은 속성정보가 필요하다.

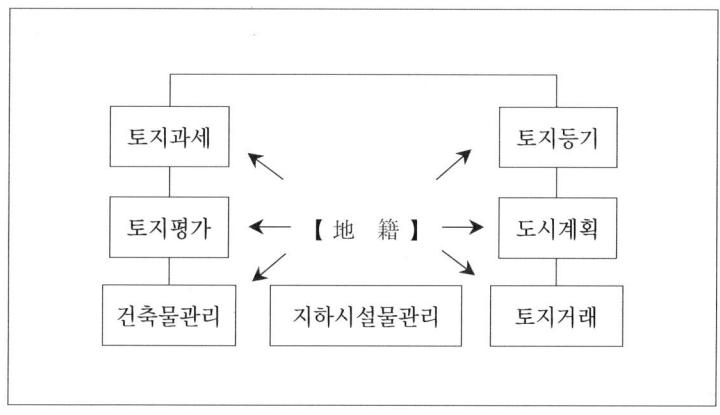

〈그림-3〉 토지정보체계 개념도

입력속성을 도형정보와 관련해서 살펴보면 〈표-5〉와 같으며, 각 데이터별 출력종류의 예를 살펴보면 〈표-6〉과 같다.

〈표-5〉 지방자치단체 토지정보화 주요 입력속성(도형정보 및 속성정보) 예시

분 야	세부 분야	입력속성	비 고
지적행정	• 토지, 임야대장	• 고유번호, 지번, 지목, 면적, 소유자, 소유자 주소, 주민등록번호	–
	• 지적, 임야도	• 경계, 도면번호	
토지소유권관리 (부동산)	• 토지소유권	• 소유자성명(주소, 주민등록번호)	–
	• 소유권 이외의 관리	• 지상권, 지역권, 전세권, 저당권, 임차권	
	• 건물소유자	• 소유자성명(주소, 주민등록번호)	
토지 관련 세무행정	–	• 토지등급, 세율, 감세 여부	• 국세, 지방세
토지평가 토지거래	–	• 과세시가표준액, 기준지가, 기준시가, 감정가격 • 이용목적, 매도인(주소, 주민등록번호), 매수인(주소, 주민등록번호), 거래가격	–
건축물관리	–	• 건물연면적, 건물종류, 건물번호, 건물구조, 건물양식, 건축물의 주자재, 소유자, 건축허가	–
도시계획	–	• 용도지역, 용도지구, 실제토지이용현황, 토지이용규제, 도시계획결정현황	–
지하시설물관리	• 지하시설물 관리 대장	• 지하시설물의 명칭, 도면번호, 시공자, 관리자, 준공연월일, 소재지, 구간노선명, 재질, 크기, 매설연장, 노출물 수량, 보수기록	• 상수도, 하수도, 전기가스 전화
	• 지하시설물관리도	• 기본도, 종합도, 상세도	
지형, 지리정보		• 토지자원, 토양, 지형, 경사 • 임야유형, 지질, 표고	–

〈표-6〉 토지정보화 데이터 출력 사례 예시

데이터베이스 항목	데이터 출력내용
① 지 적	• 소유자별 토지보유현황 • 소유자별 지목별 등록현황 • 지역별 지목별 토지등록현황
② 등 기	• 지적, 등기 불부합현황 • 지적정리를 위한 소유권 변동사항 조서
③ 과 세	• 지역별 지목별 과세시가표준액 현황 • 토지 관련 세제의 세액결정, 통보, 징수, 감독, 재발급 • 과세관리대장의 작성 • 필지별 과세표준액, 기준시가, 감정가격 비교표
④ 평 가	• 과세자료활용 위한 과세시가표준액 명세표, 기준시가 조사표
⑤ 거 래	• 부동산 거래정보 조사표 • 지역별 토지신고, 허가 현황 • 소유권 등기, 과세자료를 위한 매매자별 부동산 거래가격 명세표
⑥ 건축물 관리	• 건축물 등록사항이 표시된 지적도 • 건축물 관리대장의 작성
⑦ 도시계획	• 도시계획선, 건축선이 표시된 지적도 • 도시계획결정현황 명세표
⑧ 지하시설물 관리	• 지하시설물이 표시된 지적도 • 지하시설물 관리대장의 작성

2) 토지응용시스템 개발

토지정보화 문제는 업무분장상 건설교통부와 행정자치부에서 협력체계를 통해 운영되고 있다. 물론 다소간의 어려움도 있으나 국민들에게 양질의 행정서비스를 공급한다는 측면에서 문제 해결방안을 모색해야 할 것이다. 토지응용시스템 개발범위 내에서 시스템에 반영할 요구사항을 건설교통부에 제시할 수 있다.

건설교통부는 사업지역에서 요구한 사항에 대하여 모든 지방자치단체에서 수행하는 표준적인 업무인지 여부를 판단하여 응용시스템에 반영하여야 한다.

건설교통부는 관계부처의 협의를 거쳐 토지응용시스템 개발범위를 확장할 수 있다. 토지관리정보시스템은 토지거래, 부동산중개업 등 기초자치단체에서 이루어지는 토지관리업무를 처리하고 필요한 통계작성, 도면작성 등을 수행하는 정보시스템을 말한다. 토지관리정보체계의 토지응용시스템 개발범위는 다음과 같다(건설교통부, 2001).

첫째, '국토이용관리법'에 의한 토지거래관리

둘째, '개발이익환수에관한법률'에 의한 개발부담금관리

셋째, '지가공시및토지등의평가에관한법률'에 의한 공시지가관리

넷째, '부동산중개업법'에 의한 부동산중개업관리

다섯째, '외국인토지법'에 의한 외국인토지취득관리

여섯째, '국토이용관리법' 등에 의한 용도지역 · 지구관리

〈표-7〉 응용프로그램에 의한 토지데이터베이스 구축

DB 항목	주요 속성자료
토지거래DB	거래토지, 매도자, 매수자, 선매기관, 매수기관, 기관협의, 취득대상농지, 노동력 확보방안, 기계장비 확보방안, 소유농지 이용현황, 불허가 이의신청, 허가조사 의견, 검인처리, 등기처리, 허가처리, 민원 접수, 신고처리 등과 관련된 자료를 대상으로 구축
개발부담금DB	개발사업, 부담금대상 사업, 개발사업 변경, 개발토지, 부과징수, 부과징수 수납, 기부토지, 지가상승률, 개발비용, 사업토지, 인허가 통보접수, 사업시행자, 분납, 분납 납부일, 물납, 물납 납부토지, 연납, 심사청구, 부과징수 현황, 미징수 현황, 사업별 징수현황 등과 관련된 자료를 대상으로 구축
부동산중개업DB	부동산중개업 기본자료, 등록, 등록사항 변경, 업무보증 설정 및 변경, 휴업 · 휴업연기 · 폐업 · 재개업 현황, 공인중개사 및 법인임원, 인장, 보증확인서 발급 현황, 행정처분, 분쟁조정, 등록 및 신고사항 통보서, 부동산 코드, 기재사항변경 통보서, 업무보증 설정 및 신고안내 명부, 휴폐업 사항(통보), 고용해고 사항(통보), 행정처분 통보, 행정처분 내역 등과 관련된 자료를 대상으로 구축
공시지가DB	개별토지 특성, 표준지 자료, 공통비준표, 지역비준표, 지가대장, 지가확인서 발급대장, 의견 / 이의 신청접수, 의견 / 이의신청 검토처리, 산정지가 조정필지, 산정배율, 지가상승률 통계 등과 관련된 자료를 대상으로 구축
외국인토지DB	매도인, 매수인, 국적, 개인(법인)구분, 지분, 건물정보, 거래금액, 신고원인 등과 관련된 자료를 대상으로 구축

DB 항목	주요 속성자료
지형도DB	국립지리원에서 제작한 수치지형도를 제공받아 건설교통부가 GIS Data형태로 구조화 편집하여 사업지역 행정구역별로 구축, 지형도DB는 건물, 담장, 건물명, 건물기호, 도로, 도로 중심선, 도로명, 도로번호, 도로기호, 도로시설, 도로시설기호, 도로 시설명, 철도, 철도 중심선, 철도명, 철도시설, 철도 시설명, 하천, 하천 중심선, 호수(저수지), 하천명, 하천시설, 하천 시설번호, 하천 시설명, 등고선, 표고점, 등고수치, 표고수치, 기준점, 특별·광역·도계, 시·군·구계, 읍·면·동계, 행정동계, 동·리계 등을 대상으로 구축하되, 국립지리원에서 제작한 수치지형도에 포함되어 있는 내용을 갱신하거나 이외의 다른 내용을 추가하지 않음
지적도DB	개별지적도, 연속지적도, 편집지적도, 필지별 정보, 도곽보정량, 편집지적 변환구역, 편집지적 변환점, 지적Index, 지적행정구역, 필지별 토지이용현황 등과 관련된 자료를 대상으로 구축
용도지역·지구도DB	사업지역에 현재 지정되어 있는 용도지역·지구를 연속용도지역·지구도, 편집용도지역·지구도, 지정권자, 지정연도, 용도지역·지구 명칭, 용도지역·지구코드, 도면표시번호, 민원발급 / 조회현황, 민원발급 이력, 고시이력, 용도지역, 용도지구, 도시계획시설, 필지별 조서, 개발제한구역 단속사항, 시설물 관리내용, 토지이용계획확인서 마감자료, 토지이용계획확인서 발급현황, 제증명 수수료 징수 등과 관련된 자료를 대상으로 구축

자료: 건설교통부 토지국(2001), "토지관리정보체계 구축사업수행지침", 재작성.

3) 필지중심 토지정보시스템(PBLIS)

토지정보화에는 속성정보의 입력과 함께 적지 않은 예산과 시간이 소요된다. 토지정보화 사업의 일환으로 현재 지적공사를 중심으로 시행되고 있는 필지중심 토지정보시스템(PBLIS) 개발이 이루어짐은 고무적이다.

이 사업이 완료됨에 따라 시스템을 시·군·구 및 출장소의 지적업무에 유용하게 활용될 것이다. 이것은 PBLIS와 LMIS가 시스템통합 개발(KLIS)이 추진되고 있으나, 개발이 완료되고 안정화되기까지는 상당한 기간이 소요되어 지적도면전산화 사업 수치파일 작성 완료 이후 토지의 변동자료가 계속발생, 변동자료 갱신을 위하여 기 개발된 PBLIS 우선 설치, 운영한다는 취지이다(지적공사, 2001). 이에 따라 시·군·

구청 PBLIS 시스템을 설치했는데, '02년도 전반기에는 39개소, 후반기에는 215개소를 설치하였다.

이에 대한 시스템 운영에 필요한 각종 장비는 지방자치단체에서 확보하고, 시스템 설치는 시·군·구 지적행정시스템과 연계 운영됨에 따라 전문기술력 필요로 개발업체에 용역, 비용은 공사에서 부담하고, 지적도면 데이터베이스는 시·군·구청 자력으로 구축하는 것이다.

〈표-8〉 시·군·구 필지중심 토지정보시스템(PBLIS) 구축계획

1. 주요 내용	○ 지적공사 출장소 PBLIS 시스템 설치 -지적측량업무에 활용하기 위하여 PBLIS를 설치 운영 -2002년도: 39개소(시·군·구 설치지역), 2003년도: 168개소 -시스템 운영에 필요한 장비 확보 -시스템 설치는 업무추진 부서 자체인력으로 설치
2. 추진현황	1. PBLIS 응용프로그램 개발 내역 ○ 지적공부관리시스템: 274본 ○ 지적측량시스템: 175본 ○ 지적측량성과작성시스템: 96본 2. 도형DB 엔진 확보 ○ 품 명: GOTHIC TOOL ○ 제조회사: 영국 Laser Scan사 ○ 사용권한: 공사, 시·군·구청 지적업무에 무제한 사용권 확보 3. 데이터베이스 구축 ○ 속성정보(토지대장, 임야대장) 시·군·구행정종합정보시스템 구축사업에 의해 대장데이터 베이스 구축 완료, 운영 중 ○ 도형정보(지적도, 임야도, 수치지적부) -지적도면전산화 사업에 의하여 수치파일 작성 중 -PBLIS에 탑재할 도형 데이터베이스는 2002년부터 연차적 구축
3. 시범운영	○ 운영지역: 경기도 고양시 일산구(구청 및 출장) ○ 추진현황 -시스템 설치: 2001년 6월 -운영자 교육: 소관청 2명, 출장소 전 직원 -데이터베이스 구축 중에 발생된 변동자료 처리 중 -PBLIS에 의하여 민원발급 및 지적측량업무 처리

자료: 지적공사(2001), "필지중심토지정보시스템(PBLIS) 확산계획(안)", 재작성.

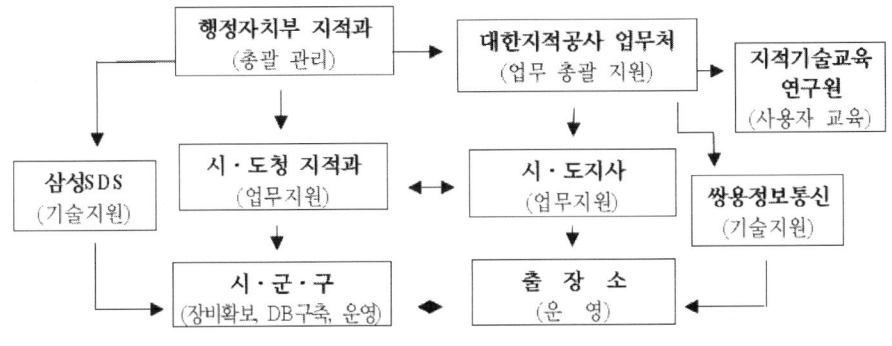

〈그림－4〉 필지중심 토지정보시스템(PBLIS) 추진체계

지적도면전산화 사업은 1999년부터 2003년까지 연차별로 1,058억 원을 투입하여 지적도면의 활용도가 높은 지역부터 단계적으로 예산을 투입하여 추진하였다. 지적도면전산화 사업은 지적도면에 등록된 각종 정보를 체계적으로 관리함으로써 국토의 효율적인 관리와 양질의 대민서비스 제공, 국가 토지행정의 효율화를 목표로 하였다.

1994년 1월부터 1995년 말까지 경남창원시 일부지역(3.1㎢)을 대상으로 기존 지적제도의 문제점을 도출하고 해결방안을 마련하기 위하여 지적재조사 실험사업 실시와 플로토타입 형태의 종합토지정보시스템을 개발하였다.

또한 1996년 4월부터 1997년 말까지는 기존 지적도면전산화의 시범사업으로서 대전 유성구를 대상지역으로 지정하고 시범시스템을 개발함과 동시에 시범운영을 위한 데이터로 유성구 전체 지적도면의 데이터베이스를 구축한 후 부동산관리시스템과 연계하였다.

최근에는 스캐너를 이용하여 지적도면 전산화하는 방안에 대한 연구가 활발하게 추진되어 디지타이징 방법과 혼용하여 사용하고 있다. 그러나 74만 매에 이르는 지적도를 현재의 디지타이징 방법으로 전산화한다면 엄청난 시간과 비용이 소요되고, 도면의 신축이나 훼손에 의한 변형을 현재의 도곽 보정방법으로 보정할 경우 정확성이 떨어진다는 문제점들이 제기되고 있다.

한편 지적도면전산화 과정에서 발생할 수 있는 오류와 정확도 저하를 막기 위해서는 일관된 작업방식과 품질검사 등이 필요하다는 취지에서 지적도면전산화에 필요한 전 과정을 프로그램화하고 이를 하나의 패키지로 통합하여 지적도면전산화 과정에서 발생할 수 있는 문제점들을 해결하고자, 지적도면 벡터라이징방법, 기준점매칭방법, 신축보정방법, 지적도면수치화의 품질검사, 연속도면작성 프로그램개발 등 활용화 방안에 대한 연구가 1999년에 과학기술부에서 지적도전산화를 위한 도곽보정, 접합보정 및 품질검사 전문가시스템개발을 시도한 바 있다(과학기술부, 1999).

〈표-9〉 2000년도 지적도면전산화업무추진현황(지사별)(단위: 장 / 천 원)

지사별	2000년 계획		완료실적		
	수량(A)	금 액	수량(B)	금 액	비율(A:B)
합 계	163,056	9,730,140	22,217	1,204,198	13.6%
서 울	−	−	−	−	−
부 산	1,330	26,866	−	−	−
인 천	2,708	162,480	−	−	−
경 기	18,675	1,120,500	2,617	146,533	14.0%
강 원	16,397	983,808	1,726	94,550	10.5%
충 북	12,421	745,206	1,411	66,085	11.4%
대전·충남	19,303	1,158,116	4,800	265,514	24.9%
전 북	15,506	930,314	2,560	120,428	16.5%
광주·전남	27,607	1,656,348	1,639	98,340	5.9%
대구·경북	27,981	1,678,820	2,793	153,000	10.0%
울산·경남	19,122	1,147,322	3,955	219,545	20.7%
제 주	2,006	120,360	716	40,203	35.7%

자료: 행정자치부 지적과(2000)

Ⅳ. 지방자치단체의 토지정보화 과제

1. 지방자치단체 간의 자료공유의 문제

    토지정보를 활용하는 데 있어서, 조직체계와 법적규정, 지방자치단체의 권한 등이 다르므로 현실의 문제를 해결하는 것도 다를 것이다. 현재 우리는 부처 간, 지방자치단체 내의 부서 간 자료공유의 어려움이 있는 것이다. 이 문제는 외국에서도 많이 발생했던 사례로, 노르웨이는 토지정보화를 추진하면서 가장 어려운 문제가 지방자치단체와 비용분담, 데이터(Data) 공유에 대한 것이었다(Helge Onsrud, 2001).

    독일의 경우는 전력회사들이 자료를 공개하려 하지 않아 어려움이 많았으나, 정부에서 메타데이터시스템을 이용하여 상호 자료를 공유할 수 있도록 하였다(Dr. Winfried hawerk, 2001). 이를 통하여 자료를 요청하고 비용을 지불하도록 하고 있어, 이 문제를 해결하였으며 현재에는 자료를 공유하고 있다.

    한편 사업 초기에는 정치적 지원이 없어서 추진상에 어려움이 많았으나, 이후 정치적 지원을 얻어 시 차원의 위원회를 구성하였고 해결책을 찾을 수 있었기에 초기 사업 추진에서 무엇보다도 정치적인 뒷받침도 필요했음을 보여준다. 이런 일련의 과정은 향후 우리나라의 토지정보화 사업을 궤도 위에 올리는 데 있어서도 시사하는 바가 큰 것이다.

2. 지형과 지적의 불일치의 문제

지적과 지형의 불일치는 기술적, 제도적 측면에서 적지 않은 문제가 있는 것이 사실이다. 토지정보화를 위해서는 선행되어야 할 과제인 것이다. 독일의 경우 축척의 문제는 일반화의 과정을 거치면서 해결하였으며, 기하학적인 왜곡의 문제는 수학적 처리과정을 거치면서 해결하였다. 그러나 함부르크시(hamburg)에서도 지적이 지형도보다 일찍 제작되었으므로 불일치 문제가 있으며, 이는 위원회를 구성하여 주간, 월간회의를 거쳐 끊임없이 해결하고 있는 과정에 있다(Dr. Winfried hawerk, 2001).

우리나라의 경우 지적불부합의 문제 해결 역시 시급한 사안이며, 토지정보화 사업을 추진하는 과정에서 중앙정부와 지방자치단체와의 협력이 필요한 부문이다.

3. 데이터 구축의 비용 문제 및 측정된 데이터 질 문제

우리는 토지정보화를 추진하면서 많은 논의가 필요한 것이 지적불부합의 문제이며 이를 해결하는 데 있어서 적지 않은 비용이 수반되는 것이 사실이다. 노르웨이 역시 토지정보화를 추진하면서 데이터 구축의 비용이 문제였다고 한다(Helge Onsrud, 2001). 특정 지자체가 독자적으로 사업을 추진할 때는 사업 추진에 따른 재정적 부담이 큰 것이다. 일관적 속성자료와 함께 데이터 구축이 필요한 것이다.

토지정보화 사업은 건설교통부에서는 건설교통부소관 '토지관리 및 지역균형개발 특별회계'(토지종합전산망 구축사업)로 연차별 예산집행계획을 수립하고, 예산의 범위 내에서 구축 가능한 사업지역을 선정하여 집행한다. 건설교통부가 수립하는 예산집행계획에는 다음의 항목을 포함한다(건설교통부, 2001). 즉 ① 연구용역 사업비(민간대행 사업비), ② 기본 소프트웨어 구입비, ③ 토지응용시스템 개발비, ④ 지형도 데이터베이스 구축비, ⑤ 연속 및 편집지적도 데이터베이스 구축비, ⑥ 각종 용도지역·지구도 데이터베이스 구축비, ⑦ 토지관리정보체계 설치 및 교육비, ⑧ 기타 사업 추진에 필요한 운영관리비 등이다.

한편 데이터 질의 문제는 자료의 신뢰성 측면에서 중요한 것이다. 측량의 질에 대한 문제제기이다. 노르웨이에서는 민간측량사제도를 도입하면서 허가증을 내 주는 문제를 제도적으로 보장하도록 하는 데 어려움이 있었다.

결국 10년은 조정기간으로 두어 이후에 민간측량사제도가 정착하도록 하고 있다. 한동안은 지자체 측량사와 민간측량사의 경쟁적 관계가 지속될 것으로 본다.

우리나라는 지적공사가 측량업무를 독자적으로 수행하고 있으나 향후 추가적인 사업 추진이 예상되고 있어서 이에 대한 문제를 간과할 수만은 없는 것이다.

4. 지적자료(지적공부) 안전관리 대책의 미비

정부에서 추진 중인 지적도면전산화 업무를 수행함에 있어 국민의 재산권이 수록된 지적·임야도면의 원본을 직접 대행법인에서 장기간 사용함으로써 발생할 수 있는 안전 및 도난 등에 문제가 나타나고 있다.

지적도면전산화를 위해서는 지적사무처리규정 제6조(지적공부 관리)의 규정을 준수해야 할 것이며, 소관청의 지적서고와 같은 조건의 화재·도난 등의 위난에 대비가 미비한 실정이다.

특히 지적도면은 종이로 되어 있어 지적법에서 요구하는 온도 20 ± 5도, 습도 65 ± 5퍼센트를 유지하기란 어려운 형편이다(이성화, 1999). 온·습도의 극심한 변화에 따라 도면 신축이 많이 발생할 경우 국민의 재산권에 막대한 피해를 주는 것이 자명한 사실이다. 지적도면전산화를 대행하는 대한지적공사와 지방자치단체 소관청은 이에 대한 대책이 시급하다.

Ⅳ. 결 론

　토지정보체계는 GIS나 UIS와 깊은 관계 속에서 그 구축의 필요성이 크게 대두되고 있다. 다만 GIS에서도 거론된 바 있는 지적과 항측의 불부합문제라든지, LIS 구축 후 지도사용양태와 표준 심볼의 지정, 데이터 공개에 따른 문제, 방대한 데이터(지적레이어 등) 운용상의 문제 등과 원시데이터(도면 및 대장, 조서 등)의 정비문제가 선행되어야 한다는 점이 있다.

　다른 나라 역시 19세기 초와 중엽에 걸쳐 등록된 지역이 전체에서 차지하는 비율이 아직도 높고 게다가 전 국토에서 미등록지역이 차지하는 비율도 높아 이들 지역에 대한 재측량 및 재조사가 전산화의 전체 사항으로 인식되고 있다는 점은 간과해서는 안 될 것이다.

　따라서 구방식에 의해 설정된 기준점에 대한 재측량을 시행함에 있어 GSP(Global Positioning System)를 상당히 광범위하게 이용하여, 지적도를 개선하는 데 활용할 필요가 있다.

　토지정보화를 시행하는 데 있어서 지적도 전산화는 적지 않은 인력, 예산, 시간이 요구되지만, 지적도 전산화는 그 효용성과 유용성 및 파급효과를 볼 때 그 어느 사업보다 신중하고 완벽한 조사 연구가 요구된다.

　지적조사사업을 통한 지적정보의 정비 및 전국적 통일기준 제공 등이 이루어지고 난 다음 이들 정보의 관리시스템의 통합과 보조시스템의 개발 등은 LIS, GIS와 연계가 가능할 것이다.

　입체적 토지정보관리를 위한 지적도면전산화 방향은 통합적인 토지정보관리를 위하여 종합적인 토지정보구축을 위한 정보관리모형 개발을 관련 부처와 협의하여 개발해야 한다.

　이것은 국가GIS 제2차 기본계획과 결합될 때 진정한 국토의 정보화가 가능해지기 때문이다. 제대로 된 토지정보의 구축은 도시행정에 있어서도 도시민에게 보다 나은 행정서비스를 제공할 수 있다는 장점을 지니게 되며, 토지자원의 효율적 이용을 통해 국토의 난개발 방지는 물론 도시관리 및 성장관리에 중요한 기여를 할 수 있는 것이다.

❖ 참고문헌 ❖

1. 과학기술부(1999), "지적도면전산화를 위한 도곽보정, 접합보정 및 품질검사 전문가시스템 개발".

2. 대한지적공사(2001), "필지중심토지정보시스템(PBLIS) 확산 계획(안)".

3. 행정자치부(2002), "2002 행정자치백서".

4. 김재준(1995), "건설정보 통합화 방향과 관련기술의 현황 및 전망", 『건설경제』, 국토개발연구원, 제2호, 통권 11권.

5. 이성화(1999), "국가지리정보시스템을 위한 LIS 구축현황과 발전방향에 관한 연구", 대구대학교 대학원 박사학위논문.

6. Dr. Winfried hawerk(2001), "Land Information System in Germany", 『Workshop on the Status and Development Strategy for Land Information System in Europe』, 국토연구원.

7. Gabor Zovanyi(1998), Growth Management for Sustainable Future: Ecological Sustainability as the New Growth Management Focus for the 21st Century, PRAEGER.

8. Helge Onsrud(2001), "Land Administration in Norway", 『Workshop on the Status and Development Strategy for Land Information System in Europe』, 국토연구원.

9. James A. Kusher(1997), Subdivision Law and Growth Management, West Group.

10. John J. Delaney(1998), Land Use Practice and Forms: handling the land use case, West Group.

11. John Ratcliffe & Michael Stubbs(1996), Urban planning and real estate development, UCL Press.

12. I.C.M.A(1994), Managing Small Cities and Counties: A Practical Guide.

13. Peter W. Salsich, jr &Timothy J. Tryniecki(1998), Land Use Regulation, Real Property, Probate and Trust Law American Bar Association.

제7장

효율적인 접경지역관리를 통한 지역경쟁력 강화

ㅡ접경지역의 공간통합과 개발인프라 구축방안

　접경지역은 비무장지대 및 민간인 통제지역을 말한다. 접경지원법에 명시된 접경지역이라 함은 군사시설보호법 제2조제3호의 규정에 의한 민간인통제선(이하 '민통선'이라 한다) 이남의 시·군의 관할구역에 속하는 지역으로서 민통선으로부터 거리 및 지리적 여건·개발 정도 등을 기준으로 하여 대통령령이 정하는 지역을 말한다. 다만 군사분계선 남방 2킬로미터 지점을 잇는 선으로부터 민통선 사이의 지역으로서 집단취락지역 등 대통령령이 정하는 지역과 해상의 북방한계선 이남지역 중 대통령령이 정하는 지역은 접경지역으로 본다고 밝히고 있다(접경지역지원법 제2조 1항).

　한편 '접경지역종합계획'이라 함은 동법 제4조의 규정에 의하여 수립·확정된 계획으로서 접경지역의 종합적 이용과 주민복지의 증진, 자연환경의 보전·관리 및 통일기반 조성에 관한 기본적인 중장기계획을 말한다(동법 제2조 2항).

　이와 같이 접경지역의 개념은 법적 근거 아래 다음과 같은 지역을 포괄하고 있다. 비무장지대는 정전협정(1953.7.27) 이후에 휴전선 남북으로 각 2㎞씩 군사시설을 후퇴시킨 지역(약 907㎢)이며, 남측은 유엔군사정전위원회가 관리하는 지역이다. 이 지역은 군사 목적상 시계청소로 산림이 제거되어 대부분 초원형태로 유지되고 있고 민간인 통제지역은 군사 목적상 휴전선 남방 15㎞ 이내에 지정된 지역(약 736.8㎢)으로 민간인의 출입 등 일반활동이 제한되고 있는 지역이다.

　접경지역은 지난 40년간 국토개발의 변화에도 불구하고 지역발전은 상대적으로 낙후성을 극복하지 못하고 있다. 다만 지금처럼 계속해서 접경지역의 논의 자체를 개발과 보전이라는 이분법적 논의 속에서 팽팽히 맞서서 진행된다면 오히려 그 지역 주민들이 일상에서 겪는 문제를 탁상에서 다루는 것과 같은 결과를 가져올 수도 있다.

<표-1> 현재 접경지역상 행정구역

인천광역시	경기도	강원도
강화군(1읍 12면) 옹진군(4면)	동두천시(4동) 고양시(3동) 파주시(3읍 · 10면) 김포시(5면) 양주군(1읍 · 4면) 연천군(2읍 · 8면) 포천군(6면)	춘천시(2면 / 사북면북산면) 철원군(4읍 · 7면) 화천군(1읍 · 4면) 양구군(1읍 · 4면) 인제군(1읍 · 5면) 고성군(2읍 · 4면)

○ 대상지역: 인천 · 경기 · 강원 등 3개 시 · 도 15개 시 · 군(98개 읍 · 면 · 동)

자료: 행정자치부(2003), 접경지역종합 10개년계획(2003~2012).

접경지역의 실제조사를 통해 느낀 점은 단순히 개발논리나 보전논리로 전개할 것이 아니라 법적 · 제도적 틀 속에서 접경지역을 관리할 필요가 있다는 점이다. 다만 무분별한 개발이 진행될 경우 그동안의 개발수요에 따른 여러 가지 문제가 발생할 소지가 있다. 단순보전만을 주장할 경우에는 지금도 많은 지역이 극도로 훼손되었기에 접경지역의 단순방치에 따른 식생, 문화재, 지역발전 등이 오히려 저해될 수도 있다. 이제는 접경지역 내에서도 국토기본법의 제정취지에 따라, 지역구분을 하고 이를 통해 관리지원을 포괄적으로 하여 지역주민들이 다른 지역과의 발전격차에서 느끼는 상대적 박탈감을 해소할 필요가 있다.

한편 접경지역지원법의 구체적인 집행계획으로 행정자치부에서 추진하는 접경지역추진계획 집행계획의 실효성을 높인다는 측면에서 공간통합화의 의미는 중요하다고 할 수 있다. 이와 같은 공간통합화의 문제는 기존에 정부에서 추진한 행정구역상의 통합의 요인보다는 광역행정[22]의 구체화를 통해, 지방자치단체와 협력적인 관계를 구축하는 한편 접경지역 사업 추진에 있어서 규모의 경제(economy of scale)를 달성할 수 있다는 데 그 의미가 있다고 할 수 있다.

---

22) 광역행정에서는 행정수요의 처리에 있어 지방자치단체의 법정행정구역에만 국한되지 않고, 그 영향권 내에 있는 주변의 자치단체를 포함하는 지역을 대상으로 행정업무를 통합적으로 처리한다. 광역행정의 수요는 도시권이 확장되면서 행정적 관할구역과 기능지역의 불일치가 높아짐에 따라 증대되고 있는 추세이다.

광역행정은 지방자치단체의 관할구역을 넘는 광역적 행정수요에 대응함에 있어 중앙정부가 직접 담당하지 않고, 지방자치단체들이 상호 협력함으로써 중앙집권과 지방분권을 절충하는 성격을 가진다. 광역도시서비스 수급과 관련하여 광역행정은 서비스 생산에서 규모의 경제를 통해, 보다 저렴한 가격으로 많은 지역의 주민들에게 동일한 서비스 혜택을 제공할 수 있으므로, 능률성과 형평성이 상호 조화를 이룰 수 있는 출발점이 되기도 한다.

이와 같이 접경지역의 문제는 생활권을 중심으로 지역의 공간통합과 그에 따른 인프라 구축을 해야 한다. 이것은 결국 접경지역이 인위적인 기초지방자치단체 행정구역중심의 문제라기보다는 공동의 문제를 협력적 관계를 통해 문제 해결방안을 모색하는 데 그 의의가 있는 것이다.

접경지역의 문제가 단일 지방자치단체의 문제가 아니라, 접경지역이 가지는 지역적 특수성으로 인해 강원도 기초자치단체는 물론 접경지역 광역자치단체들과(강원·경기·인천)의 협력적 관계의 구축이 필요하기 때문에 제기되는 문제이다. 따라서 접경지역의 공간통합화는 지방자치단체 간의 협력적 관계를 통해 접경지역의 향후 발전방안을 모색하고자 하는 데 그 목적이 있기 때문이다.

여기에서는 개발과 보전이라는 양분된 논의의 전개보다는 접경지역의 지역적 특성을 활용한 관리방안을 중심으로 공간통합화와 그에 따른 인프라 구축에 논점을 두고자 한다.

Ⅱ. 접경지역의 보전과 개발에 대한 논의

접경지역에 대한 논의는 크게 보전과 개발의 논리로 대별할 수 있는데, 때로는 접경지역이 갖는 특성으로 인해서 논의 자체가 중첩되어 전개되는 측면도 있다.

여기에서는 접경지역의 보전과 개발에 대한 논의를 살펴보고, 접경지역을 종합적으로 관리대상 측면에서 접근해 보고자 한다.

1. 접경지역의 보전에 대한 논의

접경지역의 보전 측면의 주장은 접경지역조사에서 자연생태계 보전, 희귀동물의 보호 그리고 남한만의 단독개발은 통일 후에 실현 가능한 측면이 배제되어 남북공동으로 개발계획을 전개해야 한다는 것이다. 1997년 5월 세계화 추진위원회에서는 접경지역을 자연환경 보전 위주로 관리해야 한다고 밝힌 바 있다. 이런 정부 측 주장과 함께 접경지역 보전에 대한 많은 논의가 있었으나 여기서는 크게 제기되는 점을 중심으로 살펴보고자 한다.

접경지역 보전의 중요성은 몇 가지 점에서 제기되는데, 접경지역의 자연훼손은 복원의 어려움이 있고 자연생태계의 변화가치도 중요한 반면 토지소유자가 불명확하기에 관리대상에도 다소 한계가 있다는 것이다(양병이, 1997: 296 - 297). 한편 접경지역보전에 대한 논의는 통일 전뿐만 아니라 통일 후 접경지역 효율적인 관리를 위해서 모든 지역의 조건을 감안해서 절대 보존해야 할 지역, 보전적 개발을 해야 하는 지역과 개발허용지역 등을 구분해서 관리해야 한다는 주장(양병이, 1997: 297)과 함께, 접경지역의 생태적 중요성에 대한 논의(선우영준, 1996: 29 - 30)가 지속적으로 이어졌다.

특히 유네스코한국위원회는 강원도 민통선지역 중심으로 자연생태계의 보전과 지역사회 발전을 위한 연구를 통해 접경지역의 보전적 관리방안을 제시한 바 있다.
이런 일련의 논의가 접경지역 전체에 대한 지역적 특성을 종합하기에는 한계가 있다.

접경지역의 조사가 해당 기관마다 각기 다른 목적을 가지고 접경지역의 실태를 조사하고 있으며, 다른 시점에서 조사하여 동일 지역의 여건이 다르게 나오고 있다. 이제는 범국민적으로 접경지역에 대한 관심을 가질 수 있도록 유관 부처의 보전과 개발에 대한 인식을 같이하고 매년 주기적으로 이 지역의 생태계조사가 필요하다.

지역의 특수성으로 접근이 금지된 지역도 있고 군사 목적상 시계청소가 되어 방치되거나 다른 목적으로 활용되는 지역도 있으며 역사유적지가 황폐화된 지역도 있기 때문이다. 물론 조사 자체가 자연자원을 더 훼손할 수 있다는 주장도 있을 수 있으나, 서로 다른 목적으로 조사하고 발표한다면, 자연자원은 더욱 황폐화될 수도 있고 우리의 관심에서 멀어질 수도 있는 것이다.

오히려 접경지역이 실제보다 잘 보존되어 있거나 법적 제약이나 지역의 특수성으로 인해 잘 보존되지도 않은 경우도 있으므로 단순 보존 논의만을 전개할 경우 지역의 자연자원이나 역사유적지가 방치상태에서 훼손될 수 있다는 점을 간과해서는 안 될 것이다.

2. 접경지역의 개발에 대한 논의

접경지역은 통일기반을 조성한다는 측면에서 우선적으로 토지이용계획을 수립하고, 접경지역의 전체적인 현황을 구체적으로 재조사하여 접경지역의 활용문제와 개발과 보전문제를 제시해야 한다.

남북한의 교류협력에 있어서 그 접촉지점이 접경지역이 되어야 한다. 특히 접경지역의 역할과 개발 및 보전방향을 제시해 줌으로써 중앙정부, 지방정부, 민간 부문과 지역주민들이 조화되고 통합된 발전을 이룰 수 있기에 접경지역지원법의 실효성 있는 집행을 통해 지역관리의 체계적 추진과 함께 환경친화적인 개발이 필요한 것이다.

한편 접경지역의 비무장지대는 남북한의 신뢰 구축을 위한 거점지대로 평화적 활용방안(제성호, 1997: 6)이 제기되기도 하였는데, 이런 논의가 그간의 개발논의의 전부가 될 수 없겠지만 자연환경의 종합적인 조사를 통해 환경보전을 전제로 한 지속가능한 개발의 문제를 시사하는 데 일치하고 있다. 잘 보전된 자연자원을 무분별하게 개발하자는 논리는 아니기 때문이다.

3. 관리대상으로서의 접경지역

접경지역에 대한 개발과 보전의 논의가 접경지역지원법 제정 및 그에 따른 계획 수립 등 관련 법규의 정비와 함께 더욱 가속화되고 있다.

환경부, 산림청, 문화체육부, 건설교통부, 행정자치부, 국방부 등 정부 관련 기관과 환경단체 그리고 해당 지방자치단체의 협력을 통해 접경지역추진계획의 실효성을 배가할 필요가 있다.

이것은 접경지역지원법 등 관련 법규의 정비로 접경지역의 논의가 일견 정리된 것처럼 보이지만 부처 간의 입장 차이로 다양한 논의가 전개되고 있기 때문이다. 접경지역관리문제가 법제화 이전부터 각기 다른 관점으로 논의되어 왔기 때문에 그런 것이다. 지역의 특성상 단순히 비무장지대(DMZ)의 문제뿐만 아니라 그 인접지역의 문제를 공유하면서 해결방안을 모색할 필요가 있다.

인접지역에서 주민들이 겪고 있는 생활의 불편함과 소득원의 감소 등 다각적인 측면에서 접경지역을 논의해야 하며 통일을 준비하는 현시점에 있어서 남북한이 공동으로 이 지역의 관리에 관심을 가져야 한다.

이런 측면에서 접경지역의 논의는 몇 가지로 귀결시켜서 살펴보면 다음과 같다.

첫째, 접경지역문제는 단순히 비무장지대(DMZ)만을 의미하는 것이 아니라는 것이다. 단순히 비무장지대만을 다뤄서는 한계가 있으므로, 그 인접지역까지 관리대상에 포함되어야 한다는 사회적 인식의 확산이다.

지금까지는 법제화에도 불구하고 사회적으로 접경지역의 문제는 생태적 우수성에 대한 선입견과 함께 전자만이 접경지역으로 인식되어 온 경우가 많았기 때문이다. 대부분 주민들은 비무장지대 밖에 거주하므로 접경지역을 포괄하는 문제는 후자의 경우가 지방자치단체에 미치는 영향이 클 수도 있기 때문이다. 따라서 접경지역의 문제는 비무장지대(DMZ)뿐만 아니라 인접지역까지 포괄적 범위의 논의인 것이다.

군사적 목적으로 일부지역은 지역특성상 이런 구별이 거의 무의미한 지역도 있는 경우도 있다. 상위계획과 하위계획이 조화를 이루는 가운데 접경지역은 계획적 관리가 이루어져야 한다. 이것은 국토의 난개발을 방지한다는 측면에서 제정된, 선계획 · 후개발의 원칙을 강조하는 국토기본법의 취지와도 그 맥을 같이할 수 있다.

둘째, 접경지역은 남 · 북한이 공동으로 관심을 갖고 관리해야 한다. 한반도의 지역적 특성상 남한만의 문제로 접경지역을 개발 또는 보전하는 데는 한계가 있다. 특히 단순 보존 위주는 오히려 접경지역의 문제를 왜곡시킬 수 있으므로 남 · 북한이 협력하여 남 · 북한 공동으로 이 지역의 역사적 · 생태적 · 문화적 자원의 조사를 통해 공동으로 보전이 필요한 지역과 개발지역을 지정하여 관리할 필요가 있다.

셋째, 접경지역에 거주하는 주민들의 어려움을 해소해야 한다. 실제적으로 접경지역은 많은 지역이 성장잠재력이 있는 실정이며, 접경지역에서 생활하는 지역주민에 대한 고려는 접경지역 보전론으로 인해 이 점이 간과된 면도 있다.

그런 연유로 인해로 인해 접경지역 생태조사 등 구체적인 조사를 하는 데 있어서 접경지역의 지역주민과의 마찰로 어려움에 직면한 경우도 있다. 조사로 인해 새로운 규제가 발생, 주민들의 생활 자체를 구속하는 것으로 인식이 가능했기에 발생한 사례이다.

이제는 접경지역의 논의 자체를 단순히 개발의 붐에 따른 자연훼손에 국한할 것이 아니라, 지역주민의 의견을 반영하는 등 주민생활의 장으로 개발과 보전이 추진되는 지역으로 인식해야 한다.

넷째, 접경지역은 개발과 보전의 논의를 포함하는 관리 차원에서 접근해야 한다. 접경지역의 보전이나 개발의 양분된 논의 속에서는 접경지역의 구체적인 개발과 보전전략을 수립하는 데는 한계가 있다. 접근성이 결여되고 방치되어서는 안 되고, 밀폐된 유리병 속의 단절된 물질같이 접경지역문제를 귀결시켜는 안 된다.

이와 같이 접경지역은 단순히 이분법적 논의로 차별해서 접근하는 데는 한계가 있으므로 종합적이고 체계적인 조사를 통해 권역별 관리방법을 모색할 필요가 있다.

<표-2> 접경지역 권역의 특성 및 기준

구 분	특 성	기 준
보전권역	• 자연생태·문화유산의 보전과 고도의 군사활동을 위하여 보전 및 관리가 필요한 지역	• 국토이용관리법상 자연환경보전지역 • 군사시설보호법상의 통제보호구역 • 생태자연도 1등급지역(환경부의 자연 환경 기초조사)
준보전권역	• 우수한 자연경관과 역사·문화 및 안보관광의 보전·관리 및 활용과 농업진흥이 필요한 지역	• 국토이용관리법상 농림지역 • 문화재보호법상 보호구역 • 생태자연도 2등급지역
정비권역	• 지역발전 및 주민생활여건 개선을 위하여 토지의 체계적 이용 및 정비가 필요한 지역	• 보전권역, 준보전권역 이외의 접경지역

자료: 행정자치부(2001).

법적·제도적 장치가 보완되었으므로 접경지역의 지원과 함께 체계적으로 관리할 필요가 있는 것이다. 행정자치부의 접경지역 토지이용의 기본 방향은 접경지역종합계획 수립지침(2001.3)에 따라 보전권역, 준보전권역, 정비권역 등 3개 권역으로 구분한 바 있다.

첫째, 보전권역은 국토이용관리법상 자연환경보전지역, 군사시설보호법상의 통제보호구역, 생태자연도 1등급지역,

둘째, 준보전권역은 국토이용관리법상 농림지역, 군사시설보호법상의 제한보호구역, 생태자연도 2등급지역,

셋째, 정비권역은 보전권역, 준보전권역 이외의 생태자연도 3등급지역 포함 등으로 분류하고 권역마다 토지이용 관리를 지역실정에 맞는 친환경적 개발계획 수립해야 한다는 것이다.

Ⅲ. 공간통합화 및 개발인프라 구축과 연계한 관련 계획과 법적 근거

1. 중앙정부의 주요 계획

1) 행정자치부 접경지역종합계획(2003~2012)

행정자치부의 접경지역종합계획(2003~2012)은 접경지역의 친환경 개발을 유도하여 10년 동안 5조 1,278억 원을 단계적으로 지원한다는 것이다(행정자치부, 2003).

접경지역의 경제활동에 대한 통제와 규제로 인해 초래된 지역개발의 낙후성에서 탈피하기 위한 각종 제도 개선 요구가 증대된 데 기인한다. 평화통일기반 조성 등 주변여건 변화에 능동적으로 대처하고, 주민생활환경 개선과 지역경제 활성화 및 자연환경의 체계적인 보전을 위해 접경지역에 대한 종합적인 발전과 관리계획을 수립할 필요성 대두되었기 때문이다.

이 계획은 다음과 같은 내용을 포함하고 있다.

첫째, 접경지역의 종합적 이용과 주민복지 증진 및 자연환경의 보전·관리 기반을 조성하기 위하여 필요한 중장기적인 발전방향과 전략을 제시(정책계획)하며,

둘째, 접경지역의 환경·경제·사회 등 접경지역의 개발과 보전을 위해 수립하는 물적·비물적 부문을 포함(종합계획)하며,

<표-3> 행정자치부 접경지역지원사업 사업규모
(14개 부처, 274개 사업: 총 5조 1,278억 원)

구 분	사업량(건)	사업비(억 원)					
		계	%	국 비	시·도비	시·군비	기 타
계	274	51,278	100	21,649(42)	8,071(16)	6,213(12)	15,345(30)
인천광역시	52	3,364	6	2,036	603	557	168
경 기 도	41	24,418	48	9,459	4,866	2,280	7,813
강 원 도	181	23,496	46	10,154	2,602	3,376	7,364

※ '03년도 행자부 소관 시범사업비 286억 원 확보(국비 200, 지방비 86)

자료: 행정자치부, 접경지역종합계획(2003~2012).

셋째, 접경지역의 주민복지 향상 지원, 지역경제 활성화, 친환경적 개발과 남북교류협력기반 조성을 위한 전략적 사업을 제시(전략계획)에 역점을 두고 있다.

<표-4> 행정자치부 접경지역지원사업 사업규모부문별 사업계획

구 분	사업량(건)	사업비(억 원)					
		계	%	국 비	시·도비	시·군비	기 타
7개 부문	274	51,278	100	21,649(42)	8,071(16)	6,213(12)	15,345(30)
사회간접자본 확충	27	2,135	4	1,514	136	280	205
산림·환경보전	64	5,521	11	2,057	2,468	919	77
산업기반 및 관광 개발	129	21,731	42	6,073	2,781	3,203	9,674
정주생활환경 개선	43	15,126	30	11,379	2,176	1,260	311
남북교류 및 평화통일기반 조성	4	600	1	435	15	20	130
문화재 발굴 및 문화유산 보존	4	167	—	66	45	56	—
지역별 전략사업	3	5,998	12	125	450	475	4,948

자료: 행정자치부, 접경지역종합계획(2003~2012).

〈표-5〉 접경지역인프라 구축 시 연계계획(상위·관련 계획)

구 분	소관부처	계획의 명칭	수립연도
국가 단위 계획	행정자치부	접경지역종합 10개년계획(2003~2012)	2003
	건설교통부	제4차 국토종합계획	2000.1.
	건설교통부	국가기간교통망계획	1999.12.
	해양수산부	해양수산발전기본계획(Ocean Korea 21)	1999.12.
	환경부	환경비전 21	1996
	환경부	환경개선중장기계획	1999
	문화관광부	전국관광장기종합개발기본계획	1989
	농림부	농업농촌발전계획	1998
	농림부	21세기 산림비전	2000
	농림부	축산중장기발전계획	1999
	정보통신부	사이버코리아 21	1999
	과학기술부	지방과학기술 진흥종합계획	1999
	과학기술부	과학기술혁신5개년계획	1997
강원도 단위 계획	강원도	강원비전 21	1996
		동해안 광역권 계획	1999
		접경지역종합관리계획	1999
		백두대간 종합관리계획	1999
		탄광지역 개발촉진지구계획(변경)	2000
		춘천-원주축 수도권 1일 산업휴양벨트 조성	2000
		설악산-금강산연계개발방안	2000
		원주-강릉축 동서내륙 리조트산업벨트	2000
		지역산림계획	1998
		강원정보화 21	2000
		강원환경종합계획	1997
		강원도(권역별)관광개발기본계획	1997
		강원도 경관형성기본계획	1997
		1~4차 개발촉진지구계획	1996~1999
		지역산업진흥계획	1999
		강원해양수산종합계획	2000
시·군 단위 계획	18개 시·군	장기발전계획	1995~2000
인접지역 계획	건설교통부	제2차 수도권 정비계획	1997
	경기도	경기도계획	1999

이와 같이 접경지역종합계획은 낙후되어 왔던 접경지역에 대한 효율적인 이용과 활용방안을 제시하고 지역자원의 보전과 개발의 한계를 합리적으로 설정, 지역경제 활성화와 정주여건의 개선 등 단계적인 계획을 마련하는 데 있는 것이다. 다만 계획지표가 국토계획(2000~2020)과 연계하지 않은 측면에서 선행계획과의 일관성 문제는 제기될 소지가 있다.

2) 건설교통부 제4차 국토종합계획(2000~2020)

1963년에 국토건설종합계획법이 제정되어 법적 근거가 마련되었으며 1972년도부디 추진되어 온 국토계획은 시대적 여건에 부응하여 공간직 측면에서 국가발전의 기틀을 형성하는 것을 그 기본 방향으로 하여 왔다.

제4차 국토종합계획(2000~2020)은 21세기의 시대조류에 능동적으로 대처하고 새로운 패러다임에 입각한 국토계획의 전면적인 개편의 필요성에서 제3차 국토종합계획의 종료시점을 앞당기고 수립되었다.

제4차 국토종합계획은 3차에 걸친 국토개발과정에서 집적된 국토문제의 해결뿐만 아니라 21세기를 맞이하여 급변하는 시대적 조류에 부응하는 국토구조를 만들어 나가기 위하여 수립되었다. 특히 제4차 국토계획은 그 명칭을 과거의 국토종합개발계획에서 국토종합계획으로 변경한 데서 볼 수 있듯이 개발 위주에서 나아가 개발과 환경의 통합을 통해 국토환경의 적극적 보전의지를 강조하고 있다.

제4차 국토종합계획에서는 21세기 통합국토의 실현을 기조로 설정하였다. 이는 지역 간의 통합, 환경과 개발의 통합, 동북아 지역과의 통합, 남북한의 통합을 포괄하는 것이다.

또한 제4차 국토종합계획에서는 4가지 목표로서 균형국토, 녹색국토, 개방국토, 통일국토의 실현을 설정하였다. 이들 목표를 달성하기 위해 개방형 통합국토축 형성, 지역별 경쟁력 고도화, 친환경적 국토관리 강화, 고속교통 · 정보통신망 구축, 선진생활공간 확립, 문화 · 관광국토 구현, 남북한 교류협력기반 조성 등 7대 기본 전략을 제시하였다.

<표 - 6> 국토계획의 여건과 기조변천

구분	제1차 국토계획 (1972~1981)	제2차 국토계획 (1982~1991)	제3차 국토계획 (1992~1999)	제4차 국토계획 (2000~2020)
배경	- 국력의 신장 - 공업화 추진	- 국민생활환경 개선 - 수도권 과밀완화	- SOC 미흡에 따른 경쟁력 약화 - 자율적 지역개발	- 세계경제 자유화와 동북아 성장 - 지방자치의 성숙 - 지식정보화 - 안정성장기로의 전환
기본목표	- 국토이용관리 효율화 - SOC 확충 - 국토자원개발과 자연보전 - 국민생활환경 개선	- 인구의 지방정착 유도 - 개발가능성의 전국적 확대 - 국민복지수준 제고 - 국토자연환경 보전	- 지방분산형 국토골격 형성 - 생산적·자원절약적 국토이용체계 구축 - 국민복지 향상과 국토환경 보전 - 남북통일에 대비한 국토기반의 조성	- 개방형 통합국토축 형성 - 지역별 경쟁력 고도화 - 건강하고 쾌적한 국토환경 조성 - 고속교통·정보망 구축 - 남북한 교류협력기반 조성

자료: 건설교통부(2000), 국토정책국.

<표-7> 4차 국토계획상 강원도 개발방향

항 목	주요내용
기본 목표	◑ 관광·휴양산업과 연계된 지역특성화축의 구축 ◑ 교류협력기반 강화를 위한 교통·통신망 확충 ◑ 테크노밸리 추진에 의한 청정복합산업의 활성화 ◑ 관광인프라 정비 및 전 산업의 관광자원화
주요내용	**(1) 관광·휴양산업과 연계된 지역특성화축의 구축** ○ 원주권-강릉권 간 동서내륙 리조트·산업벨트의 조성 　- 고속도로 확장, 철도개설 등 고속교통망을 확충하고 21세기 전원주거와 휴양·산업지대 조성 ○ 접경지역 민족통일 평화지대의 조성 　- 남북교류도시 및 세계평화광장 등 평화통일기반 조성을 위한 전략지역을 개발하고, 민족휴양·거점 지대를 조성 　- 자연생태계를 활용한 생태공원, 시범 생태마을·도시, 생태연구소 등을 조성하고 접경지역지원방안을 모색 ○ 수도권 1일 산업·휴양벨트의 구축 　- 중앙고속도로를 축으로 하여 멀티미디어, 영상산업, 생물·환경산업, 의료건강산업 등의 지식기반산업과 관광·휴양산업을 연계 육성 ○ 신국토축인 환동해축 완성을 위한 강원동해안 광역권의 개발 　- 전통과 현대, 산악과 해양, 업무와 관광이 조화된 복합관광지대를 구축 　- 해양 및 연안역을 환경친화적으로 개발·관리하고 LNG 공급 등 청정에너지 공급기반 구축

항 목	주요내용
주요내용	○ 설악-금강산 국제관광자유지대의 조성 　-설악권의 국제관광 역할을 제고하여 금강권과 기능적 보완체계를 구축하고, 한반도의 상징적 평화관광지대를 조성하여 동북아 크루즈관광의 거점으로 육성 ○ 폐광지 개발촉진지구 중심의 태백권 고원 리조트지대 형성 　-폐광지역 개발사업을 시행하고 지역 내 핵심지구사업으로 카지노리조트를 추진하여 폐광지역진흥 및 고원관광의 거점지역으로 육성 ○ 백두대간축의 종합관리 및 활용 　-산촌 생활환경을 정비하고 관광거점 기능을 강화하며 대관령 일대에 강원(백두대간)역사문화촌을 건설하는 등 관광테마상품화 **(2) 교통·통신망 확충에 의한 대외 교류협력기반 강화** ○ 국가기간교통망의 확충 및 물류거점기능 강화 　-중앙고속도로를 철원까지 연장하는 등 통일을 대비하여 남북연결 도로망을 확충하고 동서고속도로 및 동해고속도로를 신설하는 등 국가기간고속도로망을 확충 　-주요 결절점에 물류기지를 건설하여 물류거점기능을 강화 ○ 육상교통망 정비와 항공 및 항만시설 확충 　-원주-강릉 간 철도 및 동해선 철도를 부설하고 경춘선을 복선화하여 동해안까지 연장하는 등 철도망을 확충하고 국도확장 및 터널화 등 도로망 정비 　-양양국제공항 건설을 계획대로 추진하고 동해항 등 기존항만을 확충하며 동해안 국제신항만을 건설 ○ '정보화 21' 운동의 전략적 추진으로 지식정보화사회의 기반 구축 **(3) 삼각 테크노밸리(Triangle Techno Valley)의 추진** ○ 춘천, 원주, 강릉 3개 도시권의 기능집적도 및 상호 연계성 향상 　-춘천권은 멀티미디어·애니메이션 영상산업과 생물산업을 기반으로 하는 지식문화산업도시로 육성 　-원주권은 의료전자 및 첨단 정보통신산업의 육성과 기존 제조업의 첨단화를 통하여 물류·정보통신도시로 육성 　-강릉권은 해양 및 신소재와 연계된 지식기반산업, 정보기술과 관광이 접목된 문화예술·산업도시로 육성 ○ 대북 및 대환동해권 거점산업벨트로 육성 　-삼각 테크노밸리를 중심으로 수도권 춘천-원주 간 신산업 벨트, 원주-강릉 간 리조트·휴양산업벨트 및 강원동해안 광역권의 임해산업벨트가 연계되는 도농복합형 광역청정산업지대를 형성 **(4) 관광 인프라 정비 및 전 산업의 관광자원화** ○ 21세기 생태형 도시 조성 및 관광거점도시기능 보강 　-자연친화형 주거단지를 개발하고 수도권 인근에 전원생태시범도시의 건설을 추진 　-도시 및 소도읍의 경관형성계획을 추진하며 농산어촌의 관광거점기능 육성 ○ 관광수용시설의 확충 및 회의산업의 유치 　-국제수준의 해양휴양단지를 조성하는 등 관광수용시설을 확충하고 지역별 특화관광사업을 추진하며, 삼각 테크노밸리 거점도시 및 관광거점도시에 회의시설을 확충 ○ 농림어업 및 기존산업의 관광연계와 고부가가치화 　-기존 산업을 첨단화하고 관광과 연계하여 고부가가치화 　-농림어업을 생명산업 및 관광·문화산업으로 육성하고, 지역연고산업을 진흥하여 제조업을 첨단화하고 고부가가치화 　-새로운 양식품종 발굴, 천해어장 조성 등 신어업 기반을 조성하고 해양·관광어촌 육성, 산림자원의 육성과 자연친화적 활용 　-산림자원을 지속적으로 확충 및 생산하고 관광 및 휴양자원으로 활용

자료: 건설교통부(2000), 제4차 국토계획, 재작성.

2. 제3차 강원도 종합개발10개년계획(2000~2020) 및
강원도 접경계획(2002~2011)

제3차 강원도종합계획의 성격은 지방자치제하의 도계획은 전국계획의 '하위계획'으로서 국토종합계획을 지역 차원에서 구체화하는 성격과 역할에만 만족할 수 없는 것이 현실이다. 지역에서는 이 계획이 도민 삶의 바람직한 미래를 구상하고 현실과 미래와의 갭을 줄여 나갈 총체적 정책시스템을 구축하는 종합계획으로 수립되기를 요구하고 있다. 이러한 상황은 시·군에 있어서도 마찬가지로 아무리 작은 지역단위라 하더라도 독자적인 미래상과 이를 위한 실천체계를 가져야 하는 것이 현실이다.

이 계획은 강원도 행정구역을 계획의 대상으로 한다. 그러나 여건변화의 진단이나 강원도의 전략적 방향을 설립하기 위해서는 동북아의 정세나 세계적 동향 및 인접 자치단체의 전략이나 동향을 함께 검토함으로써 계획의 내실화를 도모해야 한다.

계획의 대상기간은 제4차 국토종합계획과 동일하다. 즉 2000년에서 2020년까지로 하되 목표연도는 장기적 목표연도를 2020년, 중기목표연도를 2010년, 단기적 목표연도를 2004년으로 한다. 강원도 접경지역계획의 수립의 근간은 접경지역지원법 제4조 2항에 의한 것[23]이다.

---

23) 행정자치부장관은 제1항의 규정에 의하여 수립된 지침을 해당 광역시장 및 도지사(이하 '관계 시·도지사'라 한다)에게 통보하여야 하며, 관계 시·도지사는 지침에 따라 시·도 접경지역계획을 수립하여 행정자치부장관에게 제출하여야한다. 관계 시·도지사가 시·도 접경지역계획을 수립할 때에는 이해관계 있는 주민의 의견을 들어야 한다고 명시하고 있다(접경지역지원법 제4조 2항).

〈표-8〉 강원도 10개년 개발계획의 추진실태

구 분	강원도 종합개발 10개년계획 (1982~1991)	2차 강원도건설종합계획 (1992~2001)
배 경	○ 2차 국토종합개발계획 ○ UNDP의 태백권 종합개발계획(82~91), 철원을 제외한 강원도 및 충북 일부지역 대상	○ 3차 국토종합개발계획 ○ 제7차 경제사회발전 5개년계획 ○ 전국관광장기종합개발계획(1989~2001)
기본 목표	○ 복지강원의 건설 　-인간정주체계 확립 　-쾌적생활환경 조성 　-지역성장기반 강화	○ 보존적 개발체계 확립 ○ 교통의 고속화, 국제화, 체계화 ○ 산업기반 구축과 산업의 첨단화, 특성화, 무공해화 ○ 전도의 관광휴양지화와 관광개발의 연계화, 국제화, 지역소득화 ○ 주민복지수준 향상과 도내 지역 간 균형개발
개발 전략	○ 성장거점도시 개발(춘천/원주/강릉) ○ 개발전략권 계획 추진 　-개발촉진지역: 영/평/정/삼/태/동/원 　-개발정비지역: 춘/홍/원 　-정비보전지역: 강/속/양양 　-보전우선지역: 평/인/횡/홍/춘 　-특수개발지역: 철/화/양구/인/고	○ 다핵구조 개발 　-주핵: 춘천, 원주, 강릉, 속초 　-부핵: 동해, 삼척, 태백 ○ 신도시개발: 원통, 진부 ○ 농어촌개발: 오지개발 등 ○ 특수지역개발: 접경지역, 고랭지
특 징	○ 인구지표: '91년 2078천 명(연 1.4% 증가율) ○ 농업 및 광공업 중시 ○ 영동고속도로 4차선화	○ 인구지표: 2001년 170만 명(연 0.3% 증가율) ○ 농업 및 광공업 중시 ○ 영동고속도로 확장, 중앙고속도로 개설 ○ 태백-진부-원통축의 도로 정비
평 가	○ 인구의 과다 추정 ○ 성정거점도시 개발전략에 의하여 춘천·원주·강릉을 개발하였으나 수도권인구집중 추세에 밀려 큰 성과를 거두지 못함. ○ 개발전략권 계획도 국가투자의 미비로 미흡하였음. ○ SOC 기반은 많이 확충되는 성과를 거두었으나 목표치에는 이르지 못하였음. ○ 쇠퇴산업이라 할 농업 및 광공업을 중시함으로써 강원도 산업구조 개선효과를 꾀하지 못함.	○ 1차 계획의 기조를 이어 다핵구조의 공간개발을 시도하였으나 큰 성과를 거두지 못했음. ○ 원통·진부 등 신도시 개발은 추진되지 못했음. ○ 1차 계획과 마찬가지로 농업 및 광공업을 중시하고 산업구조 개편 시도를 하지 못했음. ○ 지방자치제 실시에 따른 시·군 간 과다경쟁 및 토지 난개발 등에 대비하는 계획을 세우지 못했음. ○ 국가계획에 따라 고속도로, 국도 및 지방도의 대폭 확충성과를 거두었음.

3. 공간통합화를 위한 접경지역지원법, 군사시설보호법 등 관련 법제 검토

접경지역지원법은 앞서 살펴본 바와 같이 낙후된 접경지역의 경제발전과 주민복지 향상과 함께, 자연환경 보전·관리 그리고 평화통일기반 조성 등을 목적으로 제정된 것이다. 중앙정부는 그동안 각종 개발제한규제에 묶여 불이익을 받아 온 접경지역의 지방자치단체가 시행하는 사업에 대해 기준 보조율에 20%를 더한 국고보조비를 지원하는 등 각종 지원과 혜택을 주게 된다.

더욱이 접경지역 내에 회사를 설립하거나 공장을 신·증축 이전하는 경우 조세감면혜택을 주고 근로자 고용안정을 위한 보조금을 지원할 수 있게 된 것이다.

이 밖에 산업단지·교통시설·전력·상수도 등 기반시설 설치·유지 및 보수를 우선적으로 지원하고 지방도로 건설비용의 일부도 중앙정부가 지원한다. 한편 민자투자업체에 대한 지원과 함께 양로원·장애인복지회관·보육원·병원 등 사회복지시설의 설치사업에 대해서도 다른 지역에 비해 우선적으로 지원된다.

다만 접경지역 혜택을 받도록 된 대부분의 지역이 군사시설보호법에 의해 각종 규제를 받는 군사시설보호구역으로 묶여 있어 지역개발 과정에 어려움이 있으므로 군사시설보호법의 운영과정에서 생길 수 있는 문제를 적극적으로 해결해야 한다.

접경지역은 지역발전의 잠재력이 있음에도 불구하고 입지적 특성으로 인해 발전이 되지 못하는 것이 현실이다. 특히 이들 지역은 지역의 여건상 일시에 개발하는 데는 한계가 있으며 지역주민의 생활여건 개선과 자연자원의 보호라는 이중적인 문제를 해결하는 차원에서 지역발전의 한계를 극복할 필요가 있다. 이들 지역은 지역여건상 법적·제도적인 측면에서 발전의 어려움을 겪고 있는 점을 간과해서는 안 될 것이다.

<표-9> 접경지역 공간통합화 및 인프라 구축을 위한 주요 관련 법규 검토

항 목	주요 법규(접경지역지원법, 군사시설보호법)		관련 법규
관련 법규	• 접경지역지원법 (일부개정 2002.12.30 법률 제 06842호)(동법 시행령)	• 군사시설보호법 (동법 시행령)	국토기본법, 농어촌도로의구조 · 시설기준에관한규칙, 농어촌도로정비법, 농어촌도로정비법시행규칙, 농어촌도로정비법시행령, 농어촌주택개량촉진법, 농어촌주택개량촉진법시행규칙, 농어촌주택개량촉진법시행령, 도서개발촉진법, 도서개발촉진법시행령, 새마을금고법, 새마을금고법시행규칙, 새마을금고법시행령, 새마을운동조직육성법, 새마을운동조직육성법시행령, 새마을운동중앙협의회규정, 새마을지도자연수원설치법, 새마을지도자연수원설치법시행령, 소하천정비법, 소하천정비법시행규칙 소하천정비법시행령, 오지개발촉진법, 오지개발촉진법시행령, 온천법, 온천법시행규칙, 온천법시행령, 지역사회자력개발상규정
주요 내용	• 접경지역지원에 관한 법	• 군사적 목적 등 강한 규제	
법적성격	• 지원성격(공간인프라 지원 등)	• 규제성격 (군사적 목적 우선고려)	
개선항목	• 지역현안 사업의 상위계획과의 연계성 미흡, 개선	• 불필요한 보호구역 해제 (구역의 합리적 조정) • 행정위임확대 및 규제 개선 • 부적격시설의 이전 • 피해시설 정비 • 각종 피해에 대한 보상기준 및 방지대책 조항 신설	

<표-10> 접경지역 제반 인프라 구축을 위한 법적 지원 근거조항(접경지역지원법)

항 목	접경지역 주요 지원내용
1. 기업 등에 대한 지원 (동법 제12조)	• 국가 또는 지방자치단체는 종합계획에 따라 접경지역에서 회사를 설립하거나 공장을 신축 · 증축 또는 이전하는 자에 대하여는 조세특례제한법 · 지방세법 기타 조세 관련 법률이 정하는 바에 의하여 조세감면 등 세제상의 지원 • 관계중앙행정기관의 장은 접경지역 안에 있는 지방중소기업이 업종전환 및 합리화로 존속하거나 기존 근로자와의 고용관계를 계속 유지할 경우 대통령령이 정하는 기준에 의하여 보조금을 지급
2. 사회간접자본 지원 (동법 제13조)	• 관계 중앙행정기관의 장은 접경지역의 산업단지 · 교통시설전력 및 상수도시설 등 기반시설의 설치 · 유지 및 보수에 있어 우선하여 지원 • 접경지역의 지방자치단체에서 추진하는 지방도로의 건설에 소요되는 비용의 일부를 지원
3. 민자유치사업의 지원 (동법 제14조)	• 국가 또는 지방자치단체는 접경지역에서 민자유치사업을 시행하는 자에 대하여 지역균형개발및지방중소기업육성에관한법률에 의한 지원
4. 사회복지 및 통일교육 지원 (동법 제15조)	• 관계 중앙행정기관의 장은 접경지역에서 양로원 · 장애인복지관 · 보육원 · 병원 · 청소년회관 등 사회복지시설의 설치에 대하여 우선하여 필요한 지원 • 통일부장관은 통일교육을 장려하기 위하여 접경지역의 견학 및 방문사업을 추진하고, 이에 필요한 비용의 일부를 관계 기관 또는 단체에 대하여 지원
5. 자연환경보전대책의 지원(동법 제16조)	• 환경부장관은 남방한계선 이남으로부터 민통선이북지역과 접경지역의 무분별한 개발을 방지하고 자연환경을 체계적으로 보전하기 위하여 기초조사를 실시하여야 하며, 이를 기초로 하여 자연환경보전대책을 수립 · 시행하여야 한다. • 환경부장관은 제1항의 규정에 의한 기초조사를 관계 기관 또는 단체에 위탁할 수 있다. 이 경우 이에 필요한 비용의 일부를 관계 기관 또는 단체에 지원

항 목	접경지역 주요 지원내용
6. 교육·문화·관광시설에 대한 지원 (동법 제17)	• 관계 중앙행정기관의 장은 접경지역에 각급 학교, 문예회관·도서관·박물관 등을 포함한 문화시설, 관광·숙박·위락시설 및 체육시설을 설치·유치 • 교육·문화·관광시설을 접경지역으로 이전하고자 하는 자에 대하여는 우선적으로 인·허가
7. 농림해양수산업의 지원(동법 제18조)	• 국가 및 지방자치단체는 접경지역 내에서의 농림해양수산업 생산기반의 육성을 위하여 대통령령이 정하는 바에 의하여 지원
8. 지역주민의 고용 및 지원(동법 제19조)	• 당해 사업장 인근의 지역주민을 우선적으로 고용 • 사업시행자는 사업의 시행에 필요한 토지 등을 제공함으로 인하여 생활의 근거를 상실하게 되는 자를 위하여 공공용지의 취득 및 손실보상에 관한 특례법 제8조의 규정에 의한 이주대책을 수립·시행
9. 수로보수 등의 지원 (동법 제20조)	• 접경지역의 지방1급하천 및 지방2급하천에 대한 수로의 보수와 유지에 소요되는 경비의 일부를 지원.
향후개선방안	• 접경지역지원사업비의 총액예산 확보 지원(산자부의 폐광지역지원사업: 사업 초기부터 기획예산처와 협의, 총액예산으로 별도 지원→'사업 추진 시 국고지원 80%선까지 확대 필요' - 현재 국비지원에 따른 지방비의 부담분은 행정자치부의 지침(국비 70%, 지방비 30%)으로 되어 있으나 실제 부담분은 약 50:50 정도임→80%까지 지원 가능(접경지역지원법 시행령 제14조) - 폐광지역지원에관한특별법시행령(제24조)의 내용도 동법과 유사, 탄광지역개발지역 국고보조율은 80% 적용

Ⅳ. 지역발전을 위한 공간통합화와 인프라 구축방안

접경지역의 개발인프라를 구축하는 데는 여러 가지 어려운 점이 있는 것이 사실이다. 우선적으로는 법적·제도적 한계를 검토해야 하며, 우량환경보전을 고려해 개발인프라를 구축해야 한다는 점이다.

이와 같은 개발인프라의 구축은 지역의 접근성을 개선하여 지역소득 창출은 물론 접경지역을 '개발의 섬'이라는 인식에서 벗어나게 하는 중요한 출발인 것이다. 국가균형발전법, 지방분권특별법, 지역특화발전특구의 지정 및 운영에 관한 법이 연계된다. 신국토관리전략에 부합하는 지역특화 및 국토관리전략이 전제된 산업클러스트를 통한 접경지역지역발전을 도모함은 물론 지역소득원 창출이 필요하기 때문이다. 접경지역의 인구·산업 공동화 문제를 해결할 수 있는 정책적 대안과 함께 집행력이 필요한 것이다.

1. 지역소득 증대를 위한 산업클러스트와 지역인프라 구축

정주환경 개선과 지역경제 활성화를 통한 지역성장 촉진을 목적으로 하는 것이다. 지역소득 창출을 위한 공간통합의 문제는 접근성 제고가 필요한 것이다. 접경지역은 지리적인 특성뿐만 아니라 군사적 목적에 따른 각종 규제로 인해 인프라 구축 방안의 여러 요인이 어려운 실정이다. 따라서 국가계획의 구체적인 추진을 통해서 이 지역의 인프라 구축은 우선적으로 생활권 중심으로 구축되어야 하며, 장기적으로는 국토개발 축과 연계한 인프라 구축이 이루어져야 한다. 더욱이 이제는 접경지역지원법 및 행자부의 구체적인 집행계획이 마련되어 있는 만큼 이와 연계한 사업 추진이 본격화되어야 한다. 물론 지역개발에 있어서 자연생태 보존과 지속가능한 개발이 이루어져야 한다.

〈표-11〉 행정자치부의 접경지역 발전지표

주요 부문	Ⅰ. 평화와 교류의 지역	Ⅱ. 지속 가능한 자연·환경의 지역	Ⅲ. 풍요와 인간중심의 지역
■ 세부사항	• 농산물 종합 물류센터 건립 • 통일·생태교육기관 건립 • 남북연결 철도망 복원 등	• 자연생태공원 조성 • 접경생물권 보전지역 지정·관리 • 접경지역 생태보전지역 지정·운영 등	• 정주환경 개선 • 민북마을 취락개선 • 정보화센터 및 교육시설 설치 • 환경친화적 환경기초시설 설치 등

주요 부문	Ⅰ. 평화와 교류의 지역	Ⅱ. 지속 가능한 자연· 환경의 지역	Ⅲ. 풍요와 인간중심의 지역
■ 계획시점 (1999)	◆ 총 인구수: 657,304명 ◆ 1인당 GRDP: 671만 원 ◆ 도로길이: 5,293㎞ ◆ 도로포장률: 38.6% ◆ 교원당 학생 수: 66.75명 ◆ 의료기관 수: 422개 ◆ 사회복지시설: 41개 ◆ 하수처리율: 34.2%		
■ 목표시점 (2012)	◆ 총 인구수: 861,659명 ◆ 1인당 GRDP: 957만 원 ◆ 도로길이: 6,365㎞ ◆ 도로포장률: 55.2% ◆ 교원당 학생 수: 54.5명 ◆ 의료기관 수: 649개 ◆ 사회복지시설: 162개 ◆ 하수처리율: 69.6%		

자료: 행정자치부(2001), 재작성.

　토지이용 측면에서 접경지역에 대한 자연생태조사 결과를 근거로 토지이용·관리 권역을 구분하고, 생태계가 우수한 지역은 생태보전지역으로 지정할 필요가 있다. 방치 및 훼손된 자연자원의 회복을 지원·촉진하기 위하여 지역별 자연생태자원을 체계적으로 파악하며 보전계획을 수립하고, 지역별 사업을 중심으로 테마 설정 및 지역의 특성화 방안이 마련되어야 할 것이다.

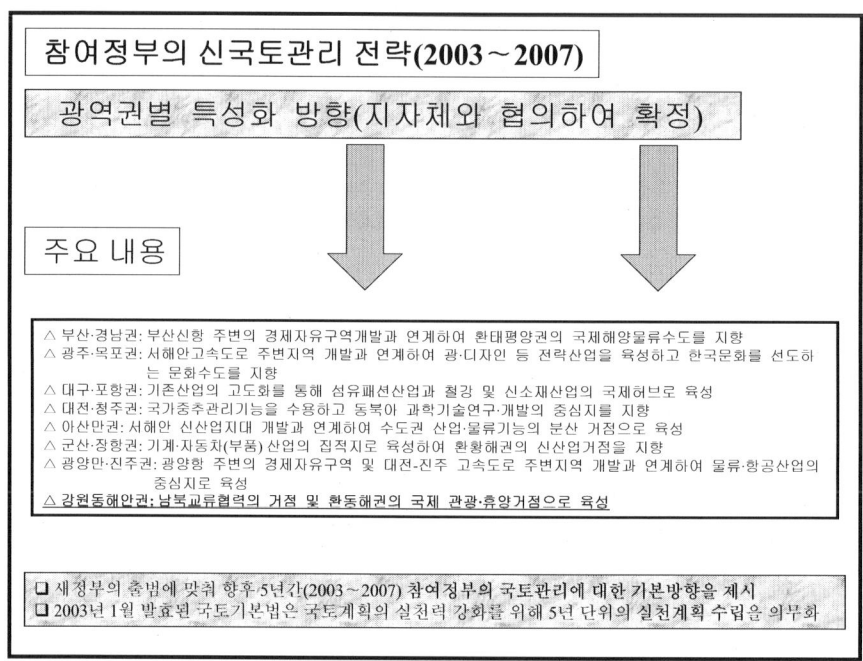

<그림-1> 참여정부의 신국토관리전략상 광역권 특화방향

강원도 접경지역에서 추진하고자 하는 산업클러스트 방향을 살펴보면 다음과 같다.
강원도 접경지역을 기수립된 관련 계획(강원도 접경지역계획-안-)에 근거하여
세 그룹으로 나누어 보면 다음과 같다. 첫째, 북한 동해안·내륙이 연계될 철원-화
천권(물류기지 모델), 둘째, 내금강을 육로로 접근할 최단거리의 양구·인제권(평화
교류 모델), 셋째, 설악-금강 연결선상에 있는 고성·속초권(관광교류 모델)을 권역
화해서 지역특화를 추진할 필요가 있다.

따라서 이를 지원하기 위해서는 농축수산업 유통구조 등을 개선해야 하는바, 산
지포장센터, 물류센터, 농민시장 확충 및 지원강화를 통한 유통구조 개선과 직거래
를 활성화하고, 농업정보화 확대 및 지원체제 확립이 필요하다. 농업지원을 위해서
는 경지정리, 기계화, 농업용수 등의 개발을 통한 농업생산기반의 확충과 유기농업
을 활용한 환경친화적 농업생산이 전제되어야 한다.

산업단지 조성을 통한 산업개발 측면에서 남북교류협력에 따른 수요와 국내수요 (수도권 및 접경지역)를 구분하여 물류단지를 조성하고, 물류단지개발 사업시행자 및 입주기업에 대한 지원 강화가 있어야 한다.

따라서 지역 간·지역 내 도로 개설 및 확장의 추진과 함께, 지역생활권마다 교육·복지·문화·의료시설을 확충하여 생활권 중심의 정주기반 조성이 필요하다.

<표-12> 강원도 접경지역의 지역특화발전특구 현황 및 특화목

특화권역	시·군	특구 명칭	특화목표
철원-화천군 (물류기지 모델/ 내륙 남북교류 집적지)	철원군	평화프라자특구	• 남북교류의 중심기반 확보 • 지역소득원 창출 및 정주의식 제고 • 생태·안보관광자원의 활용
		군사문화체험특구	
		신지식산업특구	
		농촌체험(관광)특구	
		한탄강체험관광특구	
		두루미특구	
	화천군	백암산 평화생태공원특구	• 지역소득원 창출을 통한 정주기반 확대 • 생태관광자원의 활용
		파로호권종합레포츠타운특구	
양구-인제군 (평화교류 모델)	양구군	국토정중앙특구	• 국토공간에 대한 재인식 • 지역소득원 창출
		파로호 수변문화관광특구	
	인제군	모험 레포츠특구	• 지역소득원 창출 • 생태자원의 보호 및 관광자원화
		평화생명공원특구	
고성-속초시 (평화교류 모델/동해안 남북교류집적지)	고성군	고원관광스키특구	• 남북교류의 중심기반 확보 • 지역소득원 창출 및 정주의식 제고
		남북교류거점도시특구	
		연안어촌관광특구	
		온천특구	
		평화교류특구	
		휴양레제관광특구	
	속초시	설악동휴양관광특구	
		통일지구특구	

자료: 강원도청 기획관실(2003), 재작성.

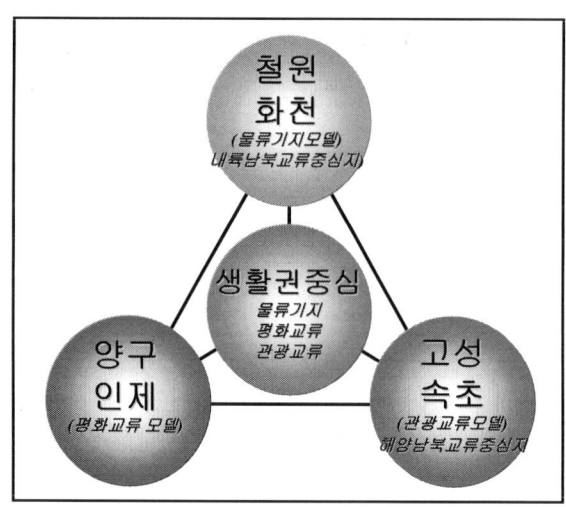

〈그림-2〉 생활권 중심의 지역클러스트를 통한 지역경쟁력 제고

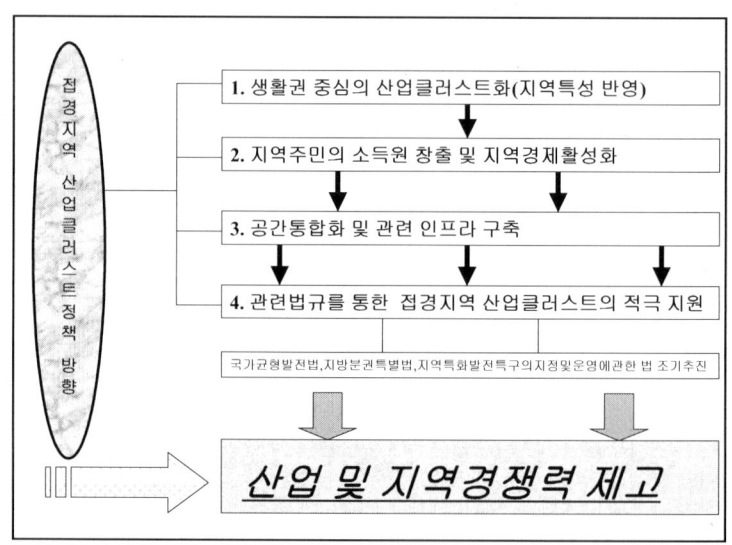

〈그림-3〉 접경지역 산업클러스트를 통한 지역활성화

이것은 접경지역의 정주생활환경 개선이 전제된 것으로, 접경지역의 주요 거점별로 정주기반 소도시를 육성·정비하고, 민북마을의 환경친화적 신정주촌 조성, 주민편익시설 확충, 초고속 위성통신망 구축 등 마을단위의 정주환경 개선이 이루어져야 하는 것이다.

접경지역 및 민북지역의 정주기반시설 확충이 동시에 이루어져야 한다. 불량주택 정비, 마을 내 도로 정비, 마을 하수도처리시설 설치로 자연환경 보호, 위생환경 개선 및 주민 정주의식 고취가 필요하다.

공간통합화를 통한 인프라의 구축은 농어촌기반시설 부족, 열악한 교육환경 해소를 위해 마을기반시설 정비로 주민생활 불편을 해소하는 데 기여하게 되는 것이다. 이것은 통근·업무·쇼핑 등의 경제활동, 통학활동을 수용하기 위해 시·읍·면 중심의 정주생활환경의 기반구축이 필요하다. 따라서 생활권별 정주환경 개선을 추진하고, 정주생활권 내 마을의 취락·생활 및 주거환경시설을 개선해야 하는 것이다.

시·군·도 및 농어촌도로 중심의 지역 내 교통시설 확충에 있어서는 농촌적 특성이 강한 접경지역의 특성을 고려하여 시·군·도 및 농어촌도로 등 지역 내 도로 개선에 중점을 두는 교통시설 투자가 필요하다.

더욱이 제4차 국토종합계획에 의한 간선교통망 계획과 연계하여 지방단위 도로의 확충을 중심으로 보조노선 도로망 체계 구축 및 남북관계의 진전상황 등을 고려하여 경의선 및 경원선 복원, 동해 북부선 단절노선 복구가 있어서 한다. 이와 연계한 철원군의 물류체계 개선을 위한 현안 사항을 살펴보면, 경원선복원, 금강산철도복원, 중앙고속도로 철원 연장, 국도87호선 조기착공 및 연결도로망 확충, 동송~운천 간 (4차선) 도로 확·포장 등이 그것이다.

〈표-13〉 접경지역 주민들의 정주의식 고취를 위한 추진과제 및 전략

정책적 과제	추진전략	세부추진전략
• 도·농 간의 격차 완화(소득 증대, 지역경제 활성화)	• 소득원 개발 및 농촌 지원 행정서비스의 개선	• 지역관광산품 개발 (지역마케팅전략 구축) • 산업시설, 기반투자 지원 • 내고장으뜸산품판매점확대 실시 (판로 개척) • 접근성 제고(생활권별 생활기능 제고)
• 지역주민의 결속력 강화 (정주의식 고취방안 모색)	• 군민의 날 이벤트 행사화 • 지역문화·역사자원의 체계적 발굴 관리	• 다양한 이벤트를 통한 행사주관의 민간 위탁 • 지역역사자원의 홍보·교육기능 확대 • 지역의 중요성 강조 • 통일기반으로서의 접경지역 중요성 강조 • 국토의 정중앙점의 상징성 부각
• 행정에의 주민 참여 (직·간접적 참여방법)	• 공무원의 현장탐방 강화, 주기적인 주민의견 청취 • 지역소식지의 발간	• 주기적인 지역실태보고서 작성 (전산처리) • 시정간담회, 여론 모니터제 • 행정예고제, 이동관서제 • 시정소식지, 반상회보의 내실화

2. 남북경쟁력 우위를 위한 통합적 공간 인프라의 우선적 구축

행정자치부의 접경지역계획에서는 접경지역의 유기적 공간적 기능 확대 측면에서 접경지역의 특성을 고려하여 도시발전축을 설정, 이를 근간으로 연속성이 확보되는 개발·관리계획을 수립하고, 환경보전공간 형성의 추진을 밝히고 있다. 이에 수반되는 정책적 고려는 ① 남북교류협력을 촉진하기 위한 각종 도시기능의 체계적 배치 촉진, ② 지역 내 공간적 연계성 확보와 지역경제 활성화 유도, ③ 중장기적 관점에서 철도 및 간선도로 연결사업의 추진과 공단·물류단지·배후도시 등 상호기능 배분과 연계 유도 등이 그것이다.

이와 같은 사업 추진은 남북관계뿐만 아니라 광역행정의 효율성 증대를 위한 공

간통합과 인프라 구축 차원에서 중요하다. 다만 사업 추진의 시급성 및 지역소득원 창출 측면에서의 접근성 확보가 전제될 필요가 있다. 따라서 우선적으로는 지역현안사항인 지역 간 단절된 교통망의 조기건설과 함께 지역특수성에 따른 남북교류의 경쟁력 확보 측면에서 단절된 교통망과 신규 국가기간망의 지속적 확충이 추진되어야 한다.

계획에 대한 지속적인 평가시스템 도입 등 계획 모니터링 체계를 강화하여 계획된 공간인프라에 대한 집행력을 강화한다. 강원도 역시 중앙정부의 관련 계획에 대해 지속적인 연계를 통해 지역의 접근성을 제고하는 데 역점을 두어야 한다.

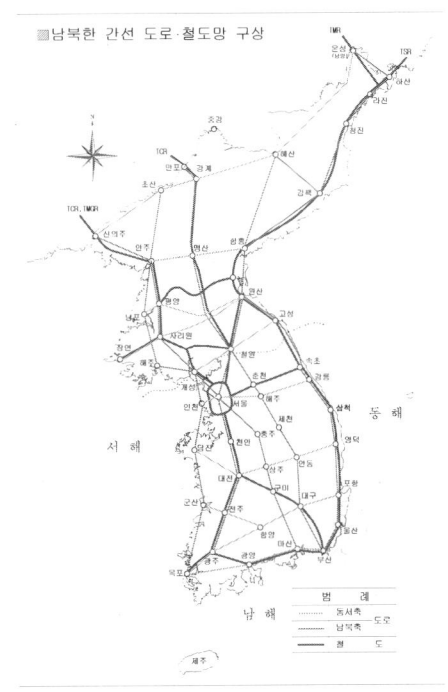

■남북한 간선 도로·철도망 구상

〈그림-4〉 남북한 도로·철도망 구상

〈표-14〉 국가기간망 구축계획

남북 7개 축	동서 9개 축
1. 강 화-목 포	1. 인 천-간 성
2. 문 산-완 도	2. 인 천-속 초
3. 동두천-충 무	3. 시 흥-강 릉
4. 포 천-마 산	4. 안 중-삼 척
5. 철 원-김 해	5. 당 진-울 진
6. 양 구-부 산	6. 서 천-영 덕
7. 간 성-부 산	7. 군 산-포 항
	8. 영 광-대 구
	9. 목 포-부 산

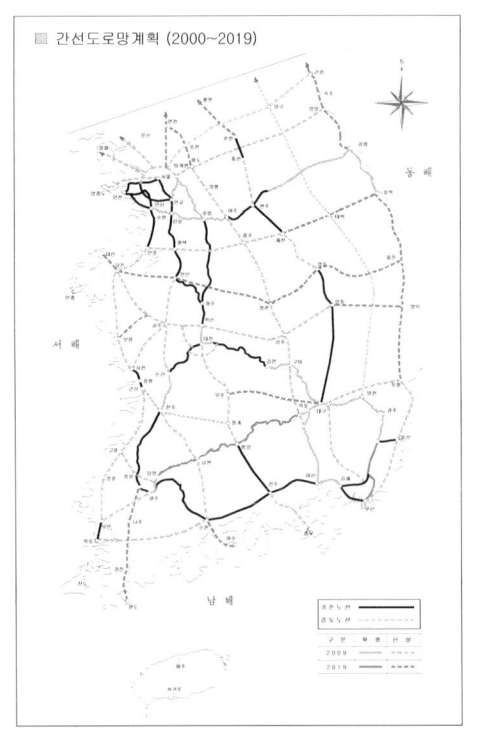

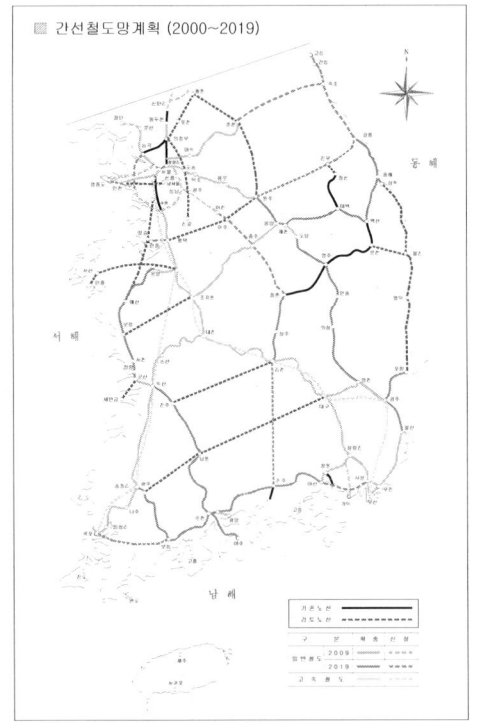

〈그림-5〉국가기간교통망계획(2000~2019)/도로   〈그림-6〉국가기간교통망계획(2000~2019) / 철도

건설교통부는 5년간(2003~2007) 참여정부의 국토관리에 대한 기본 방향을 마련하고, 신행정수도 건설, 지방분권화, 동북아 경제중심지 건설 등 참여정부의 주요 국정 과제를 구체화하기 위해 신국토관리전략을 수립하였다. 2003년 1월부터 시행 중인 국토기본법은 국토계획의 실천력 강화를 위해 5년 단위의 실천계획 수립을 의무화한다는 것이다. 신국토관리전략의 중점 추진방향은 다음과 같다.

첫째, 국가균형발전을 도모하기 위해 신행정수도건설을 통한 수도기능의 분산과 산업별 수도화 및 전문기능도시화를 통한 지방의 특성화 발전을 도모한다는 것이다.

수도권은 현재의 집중 억제 기조를 유지하되 동북아의 경제중심지로 육성하기 위하여 필요한 거점은 전략적으로 개발하고, 지방은 특성화 발전을 유도하기 위해 지자체와 협의하여 권역별 전략산업을 선정하고 공공기관 지방이전시책과 연계하여 지방도시의 산업별 수도화를 유도한다는 것이다. 지방대학을 R&D 센터로 육성하고 특화산업의 클러스터화를 유도하기 위하여 도시첨단산업단지를 조성하고 지역혁신 거점화를 추진한다. 이를 위해 기존의 광역권계획을 기반시설 위주에서 지역특성화 발전을 유도하는 계획으로 보완한다는 것이었다.

둘째, 자연재해 및 인위재난에 효율적으로 대처하기 위해 도시, 해안, 산지 등 국토의 모든 영역에 대한 사전예방적인 방재계획을 수립하여 재해에 강한 국토관리체제를 형성한다는 것이다.

셋째, 동북아 경제중심국가로의 도약을 위해 경제자유구역 등 신개방거점을 개발하고 동북아 물류 허브 육성을 위해 국내외 고속교통망을 구축한다는 것이다.

넷째, 환경과 개발이 조화를 이루는 지속가능한 국토관리체제를 확립하고 '선계획 – 후개발' 원칙에 의한 질서 있는 국토이용체제를 구축한다는 것이다.

다섯째, 남북한 교류협력사업을 추진하고, 단절된 남북연계교통망을 단계적으로 복원하여 남북교류협력의 기반을 조성한다는 것이다.

〈표-15〉 국토기본법상 개편된 용도지역

현행 용도지역		개편된 용도지역	
대분류	소분류	대분류	소분류
도시지역	주거지역	도시지역	주거지역
	상업지역		상업지역
	공업지역		공업지역
	녹지지역		녹지지역
준도시지역	–	관리지역	보전관리지역
			생산관리지역
준농림지역	–		계획관리지역
농림지역	–	농림지역	–
자연환경보전지역	–	자연환경보전지역	–

3. 가칭 '접경지역 행정협의회' 등 행정기구의 광역적 협력기구 설치

현행 접경지역지원법에서는 접경지역지원에 관한 사항을 심의하기 위하여 국무총리소속하에 접경지역정책 심의위원회를 둔다고 밝히고 있다(동법 제5조).

이 위원회는 ① 종합계획의 수립에 필요한 목표 및 지침의 수립에 관한 사항, ② 종합계획의 종합적 조정에 관한 사항, ③ 접경지역지원사업의 우선순위 조정에 관한 사항, ④ 기타 동법의 목적을 달성하기 위하여 위원장이 필요하다고 인정하는 사항 등을 심의한다.

특히 이 위원회는 위원장 1인을 포함한 30인 이내의 위원으로 구성하되, 위원장은 국무총리가 되고, 위원은 관계 중앙행정기관의 장과 관계 시·도지사 및 위원장이 위촉하는 민간전문가로 한다고 한다. 다만 이것은 중앙정부 차원의 집권적 측면의 성격이 강하므로 지방분권적 측면뿐만 아니라 광역행정의 효율성을 제고한다는 측면에서 해당지방자치단체의 광역행정의 효율성 및 생활권 중심의 지역관리 및 개발을 위해서 가칭 '접경지역 행정협의회' 설치가 필요하다. 이 기구의 성격은 현재 수도권지역의 수도권행정협의회와 유사한 기구성격을 가지나 이 기구는 접경지역의 공동문제를 특화시켜서 다룬다는 데 그 기구 발족의 의의가 있다. 더욱이 앞서 밝힌 바와 같이 중앙의 위원회와 협력적 관계를 유지하는 한편 접경지역의 현안과제를 정례적(분기별 협의 등)이고 구체적으로 다룰 수 있다는 강점이 있다.

수도권 행정협의회의 물이용 부담금 결정사항 등은 광역행정의 집행력 및 실효성을 제고시키고 있어서, 기구운영의 부작용보다는 지방자치의 효과를 배가시킨다는 측면에서 긍정적 요소로 작용하고 있다.

접경지역의 문제는 남북관계의 개선 등으로 공간통합화 및 인프라 구축 문제는 단일지방자치단체의 문제라기보다는 강원도 인접지방자치단체 그리고 경기, 인천 간의 광역지방자치단체 간의 협력적 관계가 중요하기 때문이다.

따라서 1차적으로는 강원도 접경지역의 해당 지방자치단체의 행정협의회의 발족과 함께 2차적으로는 인천, 경기와의 광역자치단체 간의 가칭 '접경지역행정협의회'

를 발족하여 접경지역의 관리 및 지역개발에 성장동인을 모색하는 주체가 되도록 해야 한다.

이와 같이 광역행정은 지방자치단체의 행정구역을 넘어서 발생하는 행정수요에 상호 인접된 몇 개의 지방자치단체가 상호 협의와 협약 등에 의해서 공동으로 대처하는 지방행정의 방법이라 할 수 있다. 지방자치단체 간의 협력적 관계를 모색하자는 것이다.

광역행정은 국가행정·지방행정의 효율성 증진과 주민의 자치권 옹호라는 측면을 동시에 충족시키는 행정방식인 것이다.

특히 공익사업과 도시 및 지역계획, 대중교통, 상·하수도, 보건위생, 환경 등의 부문과 경찰, 소방 등 일반행정 부문에서도 다양한 광역행정수요가 발생하고 있다. 광역행정의 촉진요인으로는, ① 사회권·경제권의 확대, ② 광역적 행정서비스의 증대, ③ 개발행정, 계획행정의 필요성, ④ 행정의 경제성확보 등이라 할 수 있다. 이와 같은 광역행정의 당면과제로는 광역행정 수행체계의 취약성, 광역행정제도와 운영상의 문제점, 광역행정주체 간의 대립, 갈등 등이 문제라 할 수 있으므로 광역행정체계의 내실화를 통해 합리적으로 처리하여야 할 것이다. 수도권지역의 수도권행정협의회 사례를 살펴보면 다음과 같다. 강원도 역시 충청북도와 같이 참여하고 있으며, 이와 같은 시스템을 1차적으로는 강원도 시·군 그리고 2차적으로 강원·경기·인천의 광역자치단체 간의 협력적 관계를 모색할 필요가 있다.

<표-16> 수도권행정협의회안건목록총괄(민선2기)

회 수	번 호	안건명	관련 시·도
제 8 회 ('98.9.30.)	1	① 한강상수원 수질개선대책	공동 → 공동
	2	② 자원회수시설 인접 자치단체 공동건설방안	서울 → 인천, 경기
	3	③ 가양대교 북단 연결도로 건설	서울 → 경기
	4	④ 서울~하남시 간 경량전철 건설	경기 → 서울
	5	⑤ 평촌~신림 간 도로개설공사	경기 → 서울
	6	⑥ 서울~춘천 간 도로건설 공동건의	강원 → 서울, 경기
	7	⑦ 수도권매립지 지방공사 설립동의 촉구	서울 → 인천, 경기
	8	⑧ 접경지역 종합관리방안 공동추진	강원 → 인천, 경기
	9	⑨ 농·특산품 직거래 활성화	충북 → 서울, 인천, 경기
	10	⑩ 수도권행정협의회 활성화 방안	서울 →4개 시·도
제 9 회 ('98.11.16.)	11	① 자주재원 확충과 자주재정권 확대를 위한 공동노력	경기 →4개 시·도
	12	② 서울시계외 운행버스 기능 정립	서울 → 인천, 경기
	13	③ 인천~강화 간 도로 조기건설 공동건의	인천 → 경기
	14	④ 수도권 대중교통문제 개선방안	경기 → 서울, 인천
	15	⑤ 접경지역 개발 촉진방안 마련	경기 → 인천, 강원
	16	⑥ 대도시권 광역전철사업 비용분담개선 공동건의	경기 → 서울, 인천
	17	⑦ 과천~우면산 간 연결도로 조기개설	경기 → 서울
	18	⑧ 경춘선 복선전철 조기건설	강원 → 서울, 경기
	19	⑨ 통일관광로(강화~고성) 개설	강원 → 서울, 인천, 강원
	20	⑩ 99국제관광 엑스포 개최 협조	강원 →4개 시·도
	21	⑪ 수도권 광역관광루트 개발	충북 →4개 시·도
	22	⑫ 시·도출연 연구원 사업교류	충북 →4개 시·도
제 10 회 ('99.2.25.)	23	① 서울 월드컵경기장 주변 환경정비 협조	서울 → 경기
	24	② 수도권 공영도매시장 간 연계체계 구축	서울 →4개 시·도
	25	③ 수도권매립지 매립가스 이용방안	서울 → 인천, 경기
	26	④ 수도권행정협의회 규약 변경	서울 →4개 시·도
	27	⑤ 제2연육교 건설 공동건의	인천 →4개 시·도
	28	⑥ 수도권 도로표지판 정비 공동 추진방안	인천 → 서울, 경기

회 수	번 호	안건명	관련 시·도
제 10 회 ('99.2.25.)	29	⑦ 지방자치관련 제·개정 공동건의	경기→4개 시·도
	30	⑧ 부도사업장 방치폐기물 처리대책 공동건의	경기→4개 시·도
	31	⑨ '뉴밀레니움' 공동 프로젝트 추진	강원→4개 시·도
	32	⑩ 국립공원 관리권 지방위임 추진	강원→4개 시·도
	33	⑪ 경제 활성화 공동협력 추진	충북→4개 시·도
	34	⑫ 청주 국제공항 기능 강화 협조	충북→4개 시·도
	35	⑬ 안중~삼척 간 고속도로 조기건설	충북→경기, 강원
	36	⑭ 서울~춘천 간 도로건설 국가사업 추진 건의	경기, 강원→서울
제 11 회 ('99.6.4.)	37	① 경인고속도로 교통체증 해소방안	인천→서울, 경기
	38	② 사회복지공동모금회법 개정 공동건의	경기→4개 시·도
	39	③ 대기및수질환경보전법 개정 공동건의	경기→4개 시·도
	40	④ 제2경인고속도로 연결로 조기건설 공동 건의	경기→서울
	41	⑤ 구일전철역 남부역사 조기건설 공동건의	경기→서울
	42	⑥ 평촌~신림 간 도로개설공사 조기추진	경기→서울
	43	⑦ 동남아 관광판촉전 공동개최	강원→4개 시·도
	44	⑧ 한-대만 조기복항 추진 공동건의	강원→4개 시·도
	45	⑨ 댐 건설 및 주변지역지원 확대방안 공동 건의	강원, 충북→서울, 인천, 경기
	46	⑩ 경춘선 '서울~춘천' 복선전철 국가사업화	강원→서울, 경기
	47	⑪ '평화관광로' 조기 국도지정 추진	강원→서울, 인천, 경기
	48	⑫ 광역상수도시설비 지방분담 시정	충북→4개 시·도
	49	⑬ '한강수계 수질보전 및 관리를 위한 비 용분담방안 연구' 용역결과 보고	4개 시·도→5개 시·도
	50	⑭ 인천앞바다 수질개선비용 분담비율 결정	인천→서울, 경기
	51	⑮ 경주마권세 광역자치단체 세원 존치 건의	경기→4개 시·도

V. 결 론

　　접경지역은 서해안의 도서 그리고 내륙지방과 동해안까지 비무장지대(DMZ) 및 인접지역을 포괄하는 광범위한 지역이다. 이를테면 인천광역시는 백령도를 포함하는 서해5도와 강화도 지역 그리고 경기도에는 파주·연천 등지가 대표적이며, 강원도의 경우는 춘천시의 일부와 철원, 양구, 인제, 고성 등이다. 이런 범역을 가지기에 접경지역은 국토계획 차원의 거시적인 안목에서 남북교류 및 통일에 대비한 기반 구축이 필요하며 부존자원의 개발과 생산적 활용이 필요하다. 지역적 특수여건으로 지금까지 산업·인구의 공동화, 과소문제가 지속적으로 제기되어 법제 정비와 함께 계획 수립 단계에 이른 것이다. 이제는 지역주민들에게 실질적인 혜택을 줄 수 있는 정주여건이 마련되어야 하는 것이다.

　　이런 측면에서 볼 때, 접경지역은 이제 단일 부서의 개발이나 보전의 문제가 아니라 해당 기초자치단체나 지역주민의 의견을 무시한 단순한 개발억제와 무분별한 개발논리를 접경지역에 적용하는 데도 한계가 있다. 보전지역은 보전전략을 마련하고 개발여건이 있는 지역은 투자여건을 개선하기 위해 세제지원이나 보조금을 지원하여 접경지역에 대한 실질적인 투자를 지원할 필요도 있다.

　　특히 남북교류의 증가에 따라 여건이 변화될 수 있으며 통일 이후에는 그 변화의 폭이 증대될 것이다. 그러나 이 지역의 생태자원, 역사유적 등 소중한 가치를 고려한다면 환경친화적인 측면에서 지속 가능한 지역정책을 추진하고 관련 시설을 정비할 필요가 있다.

〈표-17〉 접경지역의 공간통합화 및 통일에 대비한 접경지역의 관리방안

구 분		1단계	2단계	3단계
사업목적		• 접경지역 주민소득 창출 및 남북 교류의 경쟁력 확보	• 접경지역 활성화 및 통일대비	• 주민정주의식 강화 및 정체성 확보 • 남북교류의 중추기능 수행
남북관계		통일 이전(제한적 교류)	통일 과정(전면적 교류)	통일 이후
대상지역		접경지역	접경지역	남·북한 접경지역
관리방안		• 접경지역주민의 생활여건 개선 • 지역인프라 구축 • 법제정비 및 제도의 보완 • 유관 부처 간 협의체 구성 (가칭 접경지역행정협의회) • 3개 광역자치단체의 광역행정의 협력 모색(공동연구, 제도보완) • 남북연결교류망 복원 개발 • 남북교류공간의 조성	• 사업추진 계획구체화 • 남북공동개발사업 추진 • 남북접촉·교류·협력의 교두보로 활용 • buffer zone으로 활용 (환경친화산업시설도 입 등)	• 지역소득 창출 및 추진계획의 지속적인 모니터링 • 남북 균형개발을 위한 국토축 형성 • 접경지역의 권역별 환경친화적 개발 추진 • 국제환경센터 조성
향후 추진 계획 (안)	생활 인프라 구축	• 취업기회, 의료, 문화, 복지시설 등의 생활권 중심의 대대적인 확충(생활인프라 구축) • 접경지역을 특정지역 등으로 지정·개발·관리(생활권 중심의 광역적 계획) • '접경지역관리법' 및 행정자치부 접경지역계획의 구체적 집행(군사시설보호법 개선) • 생활권 중심의 산업클러스의 본격 추진(산업인프라 구축)		
	교통 인프라 구축	• 접경지역 지방자치단체 간 접근교통망 확충(통합적 인프라 구축) • 인천~고성 연계한 접경지역 도로개설 검토(접근성 제고) • 통일에 대비한 교통기반 복원(경의선, 경원선, 금강선 등 철도 복원) / 물류계획 • 고속도로망 확충 및 남북연결 도로망의 구축(복구·연결) • 항만정비를 통한 남북교류의 활성화		
향후 추진 계획 (안)	남북접촉 교류협력 공간조성	• 평화시, 남북교류도시, 남북평화구역 개발구상의 구체적 추진 • 환경시범도시(Ecopolice)의 건설 • 비무장지대 또는 남북한 특정지역에 무역, 통상, 상품전시, 공동생산을 위한 남북경제협력단지와 과학기술 협력단지 등 공동 개발		
	남북공동 협력사업 추진	• 금강산~설악산을 연계하여 국제적 수준의 관광지로 개발 • 서해접경지역~동해접경지역을 연결하는 환경생태학습장 조성 및 인프라 구축 • 남북연결 수자원에 대한 다각적인 공동개발 추진 • 비무장지대 자원에 대한 지속적인 공동조사 실시와 보전 및 개발 추진(보존지역 지정) • 남북한 지하자원 및 해양자원 공동개발		
	통일 후에 대비한 대책강구	• 한반도 전체를 대상으로 한 국토개발 구상 작성 • 중국대륙횡단철도(TCR), 시베리아횡단철도(TSR), 범아시아관통철도(TAR) 추진 • 남한으로의 인구유입에 대비한 대책 강구 • 토지의 소유·이용·관리대책 및 기반시설 정비방안 마련(국토기본법 내실화)		
	법제정비	• 군사시설보호법의 개정(지역의견 수렴) • 국가균형발전법, 지방분권특별법, 지역특화발전특구의지정및운영에관한 법 조기추진		

물론 지원제도정비에 있어서는 다른 낙후지역과의 형평성 문제가 제기될 수 있지만 지역여건을 고려한다면 이 문제는 다소 상쇄될 수 있을 것이라 생각된다. 자연

자원을 활용한 지역발전을 도모하고 생업활동의 불편을 해소하는 등 지역주민의 생활여건을 개선할 수 있는 방안이 모색되어야 할 것이다. 접경지역 주민생활을 지원한다는 측면에서 각종 법률에 의해 규제된 토지이용 제한을 지역실정에 맞게 재조정하고 생활여건 개선을 위해 생활권 중심으로 부족한 사회간접자본(SOC) 투자를 해야 한다. 이것은 접경지역의 인구·산업공동화를 방지하는 한편 지역 간 교류를 원활하게 하고, 통일을 준비하고 중국·러시아와 육상 교류 축을 형성하는 데 있어서 이 지역이 중요한 결절기능(node point)을 할 수도 있기 때문이다.

이제 접경지역은 더 이상 유리온실 속의 화초나 유리병 속에 잘 정제된 영양제와 같은 존재일 수 없다. 실질적인 조사를 해 보면 우리의 기대를 무너뜨리는 지역도 있기 때문이다.

중요한 점은 접경지역의 개발과 보전의 차별화된 정책 추진이 필요하다는 것이다. 유관 부처의 협력 속에서 접경지역을 관리하고 지역의 다양한 사업 추진을 통해 남북 간의 신뢰 구축과 평화체제기반을 조성할 필요가 있다.

국지적인 측면에서 사업을 추진하고 점진적으로 전 지역으로 확산시켜 궁극적으로는 민족공동체적 생활권을 회복하는 데 역점을 두어야 할 것이다. 더욱이 남북관계 진전에 적극 대비해 가면서 향후 통일과정을 관리하기 위한 범정부적 대책 수립이 필요하다. 중장기적인 구상하에 일부지역은 환경보호의 대표적인 환경생태의 시범적인 지역으로 국제적인 생태학습장의 보고로 보전할 필요가 있다.

이런 측면에서 볼 때 접경지역은 낙후지역의 지원개념이 아닌, 통일 준비지역으로 육성하고 국토통일에 대비한 전진기지라는 인식이 필요한 것이다. 이제는 접경지역이 국토발전에 있어서 '개발의 섬'이 아니라 자연생태계의 보전과 개발이 조화를 이루는 차원에서 접경지역은 관리되어야 한다. 지금의 접경지역은 한반도의 군사적인 분쟁결과의 소산이라 할 수 있다. 따라서 민선4기 시대의 지방자치를 실시하는 현시점에서 살펴보면 지방자치단체와의 의지와는 무관하게 접경지역의 지정·관리 속에서 주민들은 여러 가지 제약요인을 감수하며 생활하는 지역이라 할 수 있다.

한반도는 마지막 남은 분단국으로 세계 각국의 뉴스초점이 되고 있으며 접경지역 역시 비무장지대(DMZ)를 중심으로 여러 가지 뉴스를 양산하고 있다. 분단의 아픔의 중심지를 영상산업과 연계시킨 전례가 있으며, 철원의 노동당사는 그곳이 가졌던 사회적·역사적 가치와 연계하는 문화예술 공연마저 열리는 실정이다.

지역의 공간통합화의 문제는 지역의 인위적인 도농통합이 안고 있는 행정구역의 통합적 모형 접근이 아니라 분권화 시대의 도래에 따른 지역특화 속의 협력적 관계의 통합모형 정립에 목표를 두어야 한다. 교통, 산업, 관광자원의 협력적 관계 속에서 협력적 관계를 모색해야 한다. 이것은 거시적으로는 남북협력사업의 경쟁력 있는 교두보를 확보하는 것이고, 인접자치단체 간의 협력적 관계의 구축은 지방행정서비스 공급의 극대화를 통한 행정효율성을 개선하는 데 기여하게 될 것이다. 더욱이 협력적 관계의 모형 정립에는 광역행정의 효율적인 추진으로 지방자치단체의 예산절감의 효과도 기대할 수 있을 것이다.

❖ 참고문헌 ❖

1. 강원도(2000), "제3차 강원도 종합개발10개년계획(2000~2020)".
2. 강원도(2002), "강원도 접경계획(안)".
3. 건설교통부(2000), "제4차국토종합계획".
4. 건설교통부(2003), "참여정부신국토관리전략".
5. 통일원(1997), "비무장지대 및 인접지역기초조사 연구".
6. 행정자치부(2003), "접경지역종합계획(2003~2012)".
7. 양병이(1997), "접경지역보존", 대한국토·도시계획학회, 제32권 제4호 8.
8. 제성호(1996), "접경지역지원법" 제정의 의의와 방향, 강원포럼.

제8장

합리적인 토지규제 개선을 통한 지역경쟁력 강화

- 개발제한구역의 해제와 기반시설부담금 부과문제

I. 개발제한구역 지정과 도시성장관리

개발제한구역제도는 1971년에 도시의 무질서한 확산을 방지하고 도시 주변의 자연환경을 보호하기 위하여 도입하였으며, 전국적으로 14개 도시권(5,397㎢)에 지정되었다. 지역별로는 수도권(1,567㎢), 부산권(597㎢), 대구권(537㎢), 광주권(555㎢), 대전권(414㎢), 울산권(284㎢), 춘천권(294㎢), 청주권(180㎢), 전주권(225㎢), 여수권(88㎢), 진주권(203㎢), 통영권(30㎢), 마산·진해·창원권(314㎢), 제주권(83㎢)으로 분포되어 있었다.

수도권의 경우에는 서울시의 확산을 방지할 목적으로 서울의 일부지역, 인천의 일부지역, 경기도의 경우는 현재 전체 31개 시·군중 21개 시·군이 지정되었다.

이와 같은 개발제한구역제도는 도시성장관리(Urban Growth Management) 측면에서 기여한 것은 사실이지만, 이 제도 자체가 신도시에서 적용된 것이 아니라 기존 도시를 중심으로 지정하였기에, 지정대상이 된 구역에서는 주택의 신축은 물론 기존 주택의 증, 개축 등이 제한되어 지극히 열악한 도시주거환경을 가지고 있었다.

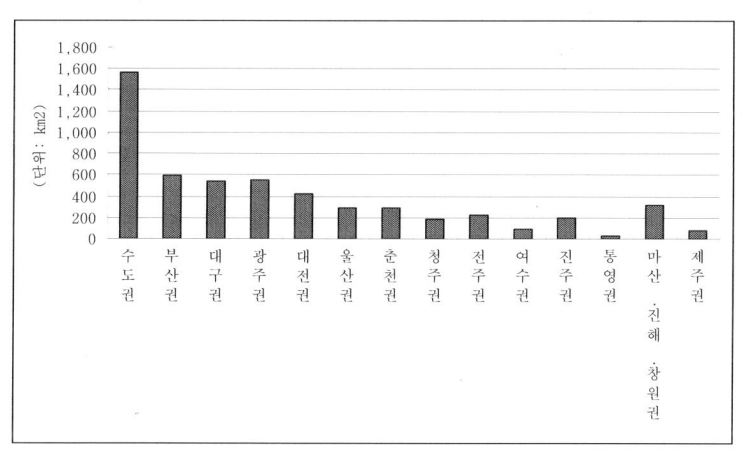

〈그림-1〉 전국 개발제한구역 지정현황(일부 권역별 해제 추진)

다만 이와 같이 30년 이상 도시주거환경 개선에 있어서 강한 규제로 작용했던 개발제한구역은 도시 내의 녹지축의 유지 등으로 개발제한구역을 그린벨트(greenbelt)로 칭하는 경우도 많이 있었으나, 현지조사 등을 해 보면 경기도의 경우 폐염전, 도로 개설 등도 폭넓게 이루어져 있어서 그린벨트(greenbelt)라는 말을 무색하게 하기도 한다.

심지어 일부지역에서는 한강수계나 주변의 잘 보전된 녹지축을 이용하여, 지정당시 건물을 유흥시설로 영업하며, 불법으로 증, 개축하여 활용하는 사례도 있는 실정이다. 오히려 그동안 주민들만 주거환경 개선에 어려움을 겪은 것으로 보이는 것도 이것에 기인한다.

현재 개발제한구역 해제정책과 연계해서 문제가 되는 점은 20호 이상 집단취락 우선해제지역의 부정형의 해제지역과 20호 이하의 미해제지역 그리고 우선해제지역에서의 기반시설 설치에 대한 재원부담을 주민들에게 전가하는 기반시설부담금의 문제이다.

여기에서는 개발제한구역이 전국에서 가장 많이 지정되어 있는 경기도 하남시의 집단취락 우선해제와 그에 따른 기반시설금 부과문제를 살펴보고자 한다.

〈그림-2〉 잘 정비된 일부시가지(좌)와 개발제한구역 내의 열악한
도로(우) 비교(하남시 사례)

〈그림-3〉개발제한구역 밖 아파트단지(좌)와 개발제한구역 내 노후화된 주택(우) 비교(하남시 사례)

II. 개발제한구역 내 집단취락 우선해제 실태분석

전국에서 개발제한구역이 가장 많이 지정되어 있는 경기도의 하남시의 경우는 도시 전체 면적(87.82㎢)에서 98%를 차지하는 정도이다(86.41㎢ 지정, 1971년 기준).

현재(2005.8 기준)도 일부 택지개발지구(풍산택지개발지구: 1,022㎢. 2003.3.13 해제) 및 집단취락 우선해제(0.739㎢, 20개 취락, 2005.7.22 해제)에 따라 다소 면적이 감소한 것은 사실이지만, 아직도 대부분의 지역이 개발제한구역이어서 도시주거환경의 악화는 물론 도시발전의 저해요인이 되고 있는 실정이다.

더욱이 하남시의 경우는 한성백제의 수도라는 역사성으로 인해, 지하에는 많은 역사유물도 산재하고 있어서 도시주거환경 개선에 복합적인 어려움을 겪고 있다.

〈표-1〉 하남시 기본현황 및 해제취락 실태

하남시 인구현황

구 분	'98	'99	2000	2001	2002	비 고
인 구 (인)	123,989	123,709	123,664	124,018	127,935	최근 5년간 0.6% 증가
인구증가율(%)	-	△ 0.2	-	△ 2.9	△ 3.1	
주택보급율(%)	65.70	66.70	64.90	65.20	66.70	

지목별 토지이용현황

구 분	계	전	답	대	임	목	잡	기 타
하 남 시 (㎢)	87.82	8.0	8.9	3.6	50.1	2.9	2.7	11.62
해제취락 (㎢)	5.99	1.5	0.8	1.6	0.5	0.5	0.2	0.89

건축물 및 공작물 현황 (45개 취락)

구 분	계	주 택	근 생	주민공동 시 설	사회복지 시 설	창 고	동 식 물 관련시설	공 장	기 타
해제취락 (동수)	5,540	2,329	503	32	41	394	1,733	204	304
구성비 (%)	100.0	42.0	9.1	0.6	0.7	7.1	31.3	3.7	5.5

〈표-2〉 집단취락의 우선해제 주택호수 산정기준

구 분	내 용
목 적	계획적인 취락정비등을 유도함으로써 취락내 낙후된 생활환경 개선을 도모하고 취락외 지역으로의 확산을 방지하는등 개발제한구역의 장기적 보전에 기여
지 정 기 준	주택 20호이상 취락지역
면적산정방법	주택호수 × 1,000㎡ + 1,000㎡ 초과 나대지 + 도시계획시설부지

주택호수산정 대 상	▪ 도시계획 입안일 (2002. 12. 31) 당시 건축물대장에 등재된 주택
	▪ 개발제한구역 지정 당시부터 있던 공동주택 및 무허가주택
	▪ 개발제한구역 지정당시부터 지목이 대지인 나대지
	▪ 다음의 경우는 입안일 현재 건축허가가 이루어진 것에 한함
	  - 주택
	  - 주택으로부터 용도변경가능 근린생활시설 및 사회복지시설
	  - 주민공동이용시설 중 근린생활시설에 해당되는 시설

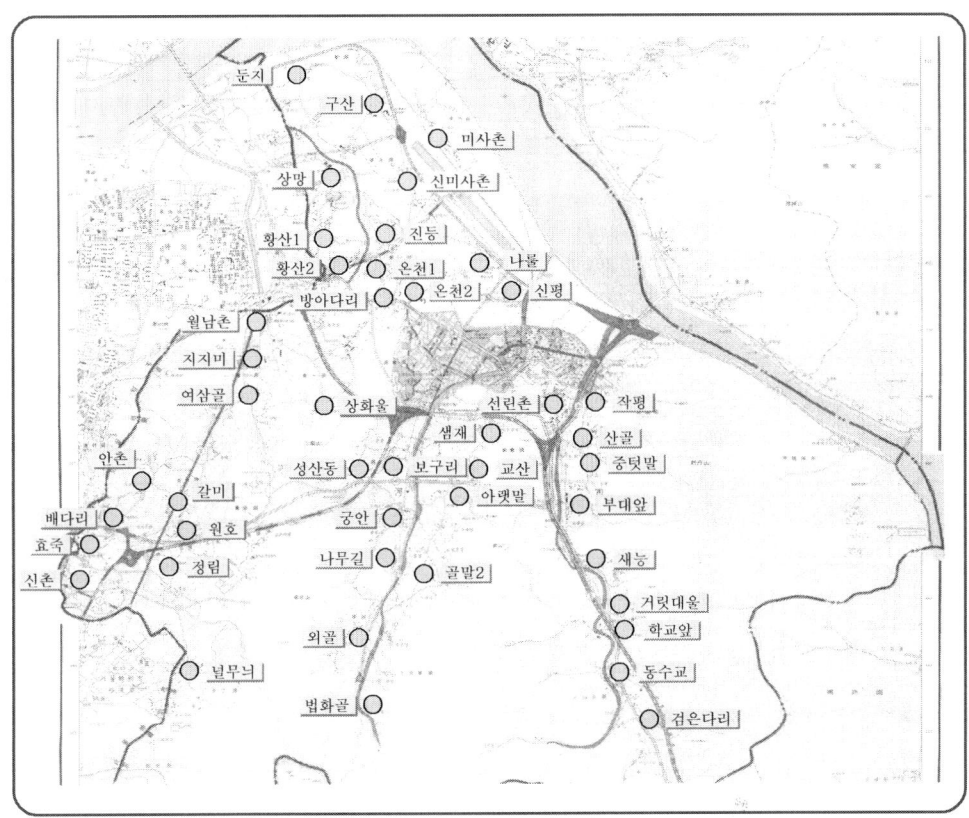

〈그림-4〉 하남시 집단취락 우선해제지역 위치

<표-3> 개발제한구역 우선해제(2005.7.22 해제)

번 호	위 치	취락명	주택호수	해제면적		
				총 계	주 택	시 설
계		20개소	534	738,689	520,634	218,010
1	망월동	하 망	35	47,750	34,485	13,265
2	덕풍동	방탱이	29	33,738	25,594	8,144
3	초이동	대사골	23	31,094	21,956	9,138
4	초이동	사래기	26	37,293	25,482	11,811
5	광암동	산 밑	21	29,904	20,766	9,138
6	초이동	송 림	22	33,447	21,747	11,700
7	감일동	능 안	29	41,136	28,699	12,437
8	감일동	신우실	25	34,547	23,753	10,749
9	광암동	넓은바위	30	37,480	28,772	8,708
10	학암동	학암계곡	33	43,943	30,794	13,149
11	교산동	교 산	25	38,434	24,999	13,435
12	하사창동	골말1	22	31,027	20,988	10,039
13	하사창동	되촌말	23	35,690	22,992	12,698
14	상사창동	중촌말	38	48,184	36,923	11,261
15	상사창동	샘 골	23	34,287	23,296	10,991
16	창우동	바깥창모루	29	36,001	28,537	7,464
17	창우동	안창모루	30	39,720	29,925	9,795
18	상산곡동	산 곡	23	32,618	22,962	9,656
19	상산곡동	섬 말	26	36,965	25,997	10,968
20	상산곡동	어둔이골	22	35,431	21,967	13,464

자료: 하남시 녹지관리과(2005).

정부의 20호 이상 집단취락지역의 개발제한구역 우선해제는 개발제한구역 내에 거주하는 주민들에게는 우선적으로 주거환경 개선에 큰 도움을 줄 수 있는 정책이다.

〈표 - 4〉 개발제한구역 우선해제(2005.12 해제)

번 호	위 치	취락명	주택호수	해제면적		
				총 계	주 택	시 설
총 계		44개소	3,407	5,166,092	3,388,777	1,777,315
1	선 동	둔 지	72	109,125	71,223	37,902
2	망월동	구 산	95	133,658	93,820	39,838
3	미사동	미사촌	127	179,225	126,993	52,232
4	망월동	신미사촌	119	185,478	118,599	66,879
5	망월동	상 망	79	113,393	81,966	31,427
6	풍산동	황산1	100	161,085	104,052	57,033
7	풍산동	황산2	115	183,778	117,294	66,484
8	풍산동	진 등	42	64,639	40,016	24,623
9	풍산동	온천1	49	56,420	43,915	12,505
10	풍산동	방아다리	38	57,082	39,499	17,583
11	덕풍동	온천2	71	164,204	103,667	60,537
12	덕풍동	나 룰	42	66,206	42,213	23,993
13	신장동	신 평	67	92,960	65,063	27,897
14	초이동	월남촌	116	163,800	100,968	62,832
15	초이동	지지미	95	140,897	93,552	47,345
16	초이동	여삼골	83	88,977	61,562	27,415
17	초일동	상화울	71	98,816	68,871	29,945
18	감북동	안 촌	120	159,873	119,940	39,933
19	감북동	갈 미	63	90,173	61,446	28,727
20	감북동	배다리	135	200,684	134,834	65,850
21	감북동	원 호	140	268,204	139,687	128,517
22	감일동	효 죽	75	109,500	75,066	34,434
23	감일동	신 촌	56	109,112	66,372	42,740
24	감이동	정 림	108	162,832	103,613	59,219
25	감이동	널무늬	43	57,184	41,187	15,997
26	춘궁동	성산동	53	81,352	51,765	29,587
27	춘궁동	보구리	75	124,485	74,981	49,504
28	교산동	아랫말	47	89,303	44,903	44,400

번 호	위 치	취락명	주택호수	해제면적		
				총 계	주 택	시 설
29	춘궁·하사창	궁 안	92	138,991	90,349	48,642
30	항동	나무길	43	59,053	42,768	16,285
31	하사창동	골말2	48	77,102	48,200	28,902
32	항 동	외 골	53	71,757	49,162	22,595
33	상사창동	법화골	47	65,387	46,130	19,257
34	천현동	샘 재	71	100,621	70,159	30,462
35	천현동	선린촌	147	203,166	154,892	48,274
36	창우동	작 평	41	58,013	40,959	17,054
37	창우동	산 골	85	115,239	83,967	31,272
38	하산곡동	중텃말	51	74,624	50,684	23,940
39	하산곡동	부대앞	158	234,360	156,001	78,359
40	하산곡동	새 능	69	93,224	66,810	26,414
41	하산곡동	거릿대울	43	65,756	42,133	23,623
42	상·하산곡동	학교앞	36	86,439	34,471	51,968
43	상산곡동	동수교	50	85,837	49,056	36,781
44	상산곡동	검은다리	77	124,078	75,969	48,109

자료: 하남시 녹지관리과(2005).

다만 20호 이상의 집단취락의 우선해제는 적지 않은 문제도 있다. 이 해제가 도시계획적인 전체 관점에서 보면, 우선해제지역이 도시계획적인 정형화된 지역이 아니라 기준에 충족하면 해제 요건이 된 것이다. 그 결과 하남시의 집단취락 우선해제지역은 벌레가 파먹은 듯이 부정형화되어 있으며 해당 지역들과 연계된 기반시설 확충에 적지 않은 어려움이 따른다는 점이다.

〈그림-5〉 우선해제 집단취락 세부경계선 설정기준(하남시)

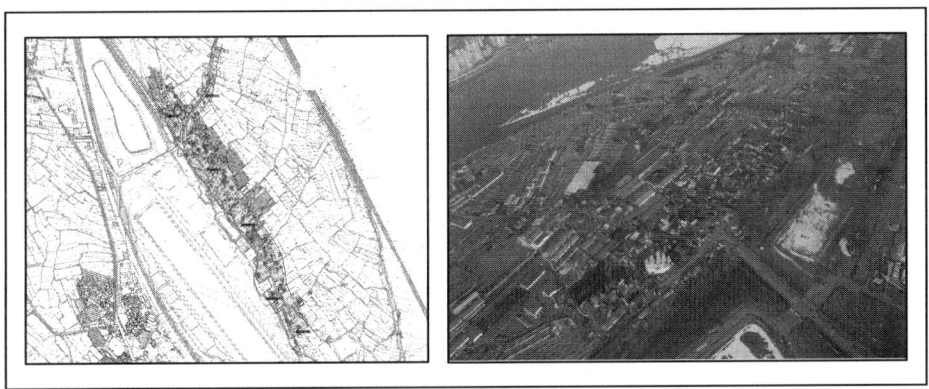

〈그림-6〉 경기도 하남시 미사촌 우선해제 집단취락 일부 사례(항측사진)

이와 함께 해제지역의 경계선 확정에서 발생하는 지적문제도 주민들에게는 적지 않은 부담으로 남겨진다는 것이다. 한편 20호 이하의 취락지역은 해제가 되지 않아서 여전히 주거환경 개선에 어려움이 남게 된다는 점은 또 다른 문제라 할 수 있다. 부정형의 난개발문제와 함께 20호 이하의 주거환경 악화라는 점이 상존할 수 있기 때문이다. 집단취락의 우선해제의 목적은 계획적인 취락정비 등을 유도함으로써, 취락 내 낙후된 생활환경 개선을 도모하고 취락 외 지역으로의 확산을 방지하는 등 개발제한구역의 장기적 보전에 기여하는 데 있다. 따라서 이런 취지를 살려서 개발제한구역의 도시녹지축을 보전하고(환경평가 1-2등급 지역만 보전), 도시계획적인 측면에서 주거환경 개선을 위한 개발제한구역의 전면적 제도 개선을 추진한다면 개발제한구역관리의 많은 문제도 줄어들 수 있을 것이다.

Ⅲ. 기반시설부담금 부과문제

정부의 개발제한구역 재조정계획에 따라 개발제한구역 안의 20호 이상의 집단취락 해제에 있어서 앞서 제기한 부정형의 지역문제와 함께, 드러나는 문제가 기반시설부담금 부과문제이다. 기반시설부담금 부과제도의 취지는 개발제한구역에서 해제시 건축물의 건축 또는 공작물의 설치, 토지의 형질변경 등의 개발행위가 집중되어 기반시설의 용량이 부족할 것으로 예견되기에 기반시설부담구역으로 지정하여 체계적으로 기반시설을 확보하는 데 있다. 문제는 집단취락 우선해제지역의 기반시설부담금을 해당 주민들에게 부과한다는 점에 있다.

〈표-5〉 집단취락 해제지역의 기반시설의 검토(하남시 사례)

도　로	▪ 취락지구 지정 추진시 기결정되어 있는 도로를 최대한 반영하며 불합리한 선형은 일부 조정 ▪ 지구내 연계성 강화를 위해 확폭되는 도로의 개설은 기존도로를 최대한 활용하여 건축물 피해를 최소화 ▪ 주택 등이 밀집되어 불가피하게 4m로 계획되어 있는 도로변으로 건축한계선을 계획하여 전면공지를 보차혼용통로로 활용
주차장	▪ 현재 지구내 주차문제 해결과 개발에 따른 차량증가에 대비한 주차수요를 감안하여 계획 ▪ 해제대상에 포함되는 대지 이외의 토지등을 활용하여 주차수요가 많은 곳에 소규모로 분산 배치 ▪ 교통영향평가 검토 결과에 따른 주차수요예측에 의한 면적 확보
공　원 및 녹　지	▪ 주변에 자연환경이 보존되어 있는 지역이므로 과도한 시설의 지정은 지양 ▪ 해제대상에 포함되는 대지 이외의 토지등을 활용하여 적정면적으로 계획하되 최소규모(1,500㎡)를 감안하여 계획 ▪ 주변현황을 감안하여 양호한 주거환경이 될수 있도록 완충녹지 및 경관녹지 계획

개발제한구역이 지정된 곳에서 살아온 지역주민들은 지난 30년 동안 주거환경 개선은 물론 재산권행사에도 큰 제약을 받았는데, 기반시설부담금까지 내면서 주거환경 개선에 임하는 것은 문제라 할 수 있다.

개발제한구역 밖에 거주하는 주민들이 지가나 주거환경이 상대적으로 좋은 것은 그동안 이 지역의 도로 개설, 문화시설 확충 등 도시기반기설이 아무런 문제 없이 정부 또는 지방자치단체의 재정지원으로 이루어졌기에 가능했다.

따라서 이들 지역도 개발제한구역이 지정되지 않았다면 주거환경 악화 등 많은 문제발생도 없었을 것이다. 따라서 이 부담금제도는 제도 운영상에 적지 않은 문제가 제기된다.

경기도 하남시의 경우에도 법적 근거(국토의 계획 및 이용에 관한 법률 제67조)를 바탕으로 하남시 일원 개발제한구역우선해제 64개 집단취락을 기반시설부담구역(5,904,781㎢)으로 지정고시한 바 있다(2005.7.5). 그러나 제도 운영상에 적지 않은 어려움이 있다.

IV. 결 론

개발제한구역의 지정은 사유재산권의 침해라는 큰 문제를 안고 있지만, 무분별한 도시성장을 억제하는 효과도 가지고 있다.

수도권지역의 개발제한구역은 서울의 무질서한 확산을 방지한다는 수도권 도시성 장관리(urban growth management) 측면에서는 긍정적으로 평가할 수 있으나, 지구지 정 당시의 획일성과 함께 현재는 그 대상이 경기도의 21개 시·군을 점하고 있어 현실성과 제도적인 한계를 지니고 있다.

연구대상으로 삼은 경기도 하남시는 대상면적이 다소 변했지만 현재도 98%에 달 하는 지역이 개발제한구역으로 지정되어 있어서 시가화 인구밀도가 4만 명(㎢당)을 상회하고 있는 실정이다.

이것은 도시정부에 큰 부담이 되며, 개발가능지의 축소 등 도시민들에게 양질의 도시행정서비스를 공급하는 데 있어서 커다란 제약요인이 되는 것이다.

주민들의 주거환경 개선은 도시의 미관뿐만 아니라 도시거주민에게도 새로운 활 력을 주는 정책이므로 보다 신중한 정책적 접근이 필요하다. 최근 아파트 건설에서 부과되던 학교시설부담금(입주자에게 학교시설건설을 위해 부과하던 부담금)은 헌법 불합치 판정 등으로 다시 입주자에게 돌려주는 실정이다. 이와 같이 부담금제도는 운영상의 목적 여하에 따라서 그 평가 여부가 달라질 수가 있는 것이다. 기반시설 부담금제도가 집단취락 우선해제지역의 난개발을 막는다는 취지에서 도시성장관리 차원의 원칙에는 공감하지만, 제도 운영상에는 큰 문제가 있다.

개발제한구역 우선해제는 기존 취락을 계획적으로 정비할 수 있도록 유도함으로 써, 낙후된 생활환경을 개선하고자 추진하는 계획이므로, 주민부담이 최소화될 수 있도록 해야 한다. 따라서 주민들에게 기반시설부담금을 부과하는 것은 재검토되어 야 한다.

이를 위해서는 기반시설의 집행비용 재원을 국, 도비 및 해당 지방자치단체자체

재원의 병행투자방안을 모색하는 등 정부의 투, 융자심사방식 도입을 신중하게 검토할 필요가 있다.

❖ 참고문헌 ❖

1. 하남시(2005.7), "기반시설부담구역지정고시(하남시 지정고시 제2005-42호)".
2. 하남시(2005.7), "우선해제 취락조서".
3. 하남시(2005.8), "하남시 도시기반시설계획".
4. F. R. Stener(1984), Land conservation and development, ELSEVIER.
5. Hubert N. van Lier(1994), Sustainable land use planning, ELSEVIER.
6. I. Miller(1998), Urban Environmental Planning, Ashgate.
7. Granham haughton(1994), Sustainable Cities, Cromwell Press .
8. Gregory D. Squires(2002), Urban Sprawl, The Urban Institute Press.

· 저자 ·

이해종
(李海鍾)

·약 력·

현) 한중대학교 행정학과 교수(행정학 박사, 도시행정전공)

〈학력〉
강원대학교 법과대학 토지행정학과   (행정학 학사)
서울시립대학교 대학원 도시행정학과 (행정학 석사)
서울시립대학교 대학원 도시행정학과 (행정학 박사)

〈주요경력〉
내무부 지역경제국 전문위원(전)
수도권 광역교통기획단 위원(전)
인천발전연구원 도시개발연구부 부연구위원(전)
경기개발연구원 수도권정책연구센터장 연구위원(전)
경기개발연구원 도시지역계획부장 연구위원(전)
경기도 하남시 도시계획심의위원(현)
강원도 동해시 인사위원(현)
강원도 동해시 시정평가위원장(현)
강원도 동해시 도시계획심의위원(현)
강원도 행정혁신지원단 위원(현)
행정자치부 지방행정혁신평가위원(현)
한중대학교 교무처장(현)

〈학회활동〉
한국도시행정학회, 정회원, 이사.
한국주거환경학회, 정회원, 이사.
한국행정학회, 정회원.
강원행정학회, 정회원, 이사.

·주요 논저·

수도권과 비수도권의 지역격차 연구
수도권 난개발 방지를 위한 제도적 개선방안
국가경쟁력 강화를 위한 수도권정책의 뉴패러다임 설정
  － 수도권과 비수도권의 공동번영(win-win strategy)
국가경쟁력강화를 위한 수도권 규제정책개선방안
국가경쟁력강화를 위한 수도권 토지정책개선방안
수도권 도시성장관리정책에 관한 연구
한국 중소도시의 성장잠재력분석에 관한 연구
도시주거환경개선을 위한 개발제한구역 집단취락 우선해제와 기반시설부담금
  부과에 관한 연구
경기도 성장관리정책연구
광역시 도농통합형 도시발전에 관한 연구
지방자치단체장의 효율적인 공약추진을 위한 제도적 개선방안 연구
국가균형발전과 강원도 접경지역관리방안연구
동해시 지역경제활성화 방안
동해시 고객만족을 위한 지방행정서비스의 혁신방안
외국인투자를 위한 지자체 정책
인천의 지역발전과 첨단산업 육성에 관한 연구
인천광역시의 도시교통문제 및 정책개선 방향
외 다수

도시정책과 지역정책 연구 ①

도시정책과 지역경쟁력

• 초판 인쇄	2008년 6월 20일
• 초판 발행	2008년 6월 20일
• 지 은 이	이해종
• 펴 낸 이	채종준
• 펴 낸 곳	한국학술정보㈜
	경기도 파주시 교하읍 문발리 513-5
	파주출판문화정보산업단지
	전화 031) 908-3181(대표) · 팩스 031) 908-3189
	홈페이지 http://www.kstudy.com
	e-mail(출판사업부) publish@kstudy.com
• 등 록	제일산-115호(2000. 6. 19)
• 가 격	27,000원

ISBN 978-89-534-9315-5 93350 (Paper Book)
　　　 978-89-534-9316-2 98350 (e-Book)